숭실대학교 한국기독교박물관 소장

동 물 학

이 자료총서는 2018년 대한민국 교육부와 한국연구재단의 지원을 받아 수행된 연구임(NRF-2018S1A6A3A01042723)

메타모포시스 자료총서 02
숭실대학교 한국기독교박물관 소장

동물학

초판 1쇄 발행   2020년 1월 31일

편   역 | 애니 베어드(A.L.A Baird)
해   제 | 오지석

펴낸이 | 윤관백
펴낸곳 | 도서출판 선인

등   록 | 제5-77호(1998.11.4)
주   소 | 서울시 마포구 마포대로 4다길 4(마포동 324-1) 곶마루 B/D 1층
전   화 | 02) 718-6252 / 6257
팩   스 | 02) 718-6253
E-mail | sunin72@chol.com

정가   34,000원

ISBN   979-11-6068-343-1   93490

· 잘못된 책은 바꿔 드립니다.

메타모포시스 자료총서
02

숭실대학교 한국기독교박물관 소장

동 물 학

애니 베어드(Annie L. Baird) 편역
오지석 해제

도서
출판 선인

발간사

숭실대학교 한국기독교문화연구원은 2018년 한국연구재단의 인문한국플러스(HK+) 사업 수행기관으로 선정된 이후 '근대 전환 공간의 인문학-문화의 메타모포시스'라는 어젠다로 사업을 수행하고 있다. 본 사업단은 어젠다에 따라 한국 근대 전환 공간에서 외래 문명의 유입, 이에 따른 갈등과 대립, 수용과 변용, 확산 등 한국 근대의 형성 및 변화 과정을 총체적으로 검토 및 분석하고 있다. 특히 숭실대학교 한국기독교박물관이 소장하고 있는 근현대 희귀 소장 자료를 토대로 보다 더 구체적이고 실증적인 연구를 수행하고 있다.

한국기독교박물관이 소장하고 있는 근대 이후 자료들은 한국 사회의 근대 문명 도입과 전개 과정을 살펴볼 수 있는 중요한 자료이다. 한국기독교박물관에서 소장하는 있는 문헌 자료는 2018년 3월 현재 조선 중기 이후부터 해방까지 고문서, 고서, 서화류, 근대 인쇄물류 등으로 구분할 수 있으며 이 중 현재 박물관에서 등록한 문헌 자료는 총 6,977점에 달한다. 연구자들에게 이를 활용할 수 있도록 제공하고 있다. 그동안 한국기독교박물관은 소장하고 있는 자료에 대해 주제별로 해제집을 발간하였다. 2005년 2월 『한국기독교박물관 소장 고문헌목록』을 시작으로 『한국기독교박물관 소장 기독교 자료 해제』(2007년 1월), 『한국기독교박물관 소장 과학·기술 자료 해제』(2009년 2월), 『한국기독교박물관 소장 한국학 자료 해제』(2010년 12월), 『한국기독교박물관 소장 민족운동 자료 해제』(2012년 12월) 등을 발간하였다.

특히 개항 이후부터 1945년까지 역사 자료 중 주목할 만한 기독교 자료로는

성경, 찬송가, 신앙교리서, 주일학교 공과, 교회 회의록, 한국 교회사, 기독교 신문, 기독교 잡지 등이 있고 천주교 자료로는 천주교 신앙 형성과 관련된 자료, 천주교 교리서, 천주교 성인들의 전기류, 한국 천주교 역사, 천주교 성가집, 조선 선교에 관한 소개서류 등이 있다. 한국학 자료로는 한말 정치 경제 자료, 을미사변 전후 의병활동 자료, 외교사 관련 자료, 학부, 일제강점기 독립운동 관련 자료 등이 대표적이다. 근대 교과서로는 인문과학, 역사, 수학, 천문지리학, 동식물학, 생리해부학, 물리·화학, 자연과학 일반, 군사학 등을 소장하고 있다. 또한 개화기와 일제강점기에 발행된 서적류가 다량 소장되어 있다. 예를 들어 인문사회과학 일반, 역사지리 일반, 언어·어학, 문학예술, 음악, 교육, 의생활, 농학 및 경제학, 전통 유학, 기타 종교·잡술 등을 들 수 있다. 중국과 일본에서 발행된 여러 종류의 서적류, 다종의 근대 신문·잡지 등도 있다.

　이와 같이 한국기독교박물관에 소장되어 있는 자료는 모두 본 사업단의 어젠다 연구에서 반드시 필요한 문서들이다. 특히 학계에서 아직은 많은 관심을 보이지 않고 있는 자연과학과 관련된 자료는 본 사업단 연구에 매우 필요한 문헌들이다. 근대 자연과학은 전근대 한국인들이 합리적이고 이성적인 근대인으로 전환했다고 믿게 해주는 학문이었다. 근대라는 것이 합리성의 추구라면 그것을 뒷받침해주는 것이 근대 자연과학이라고 할 수 있다. 그러므로 근대 자연과학의 도입에 대한 탐구는 본 사업단에서 추구하는 어젠다에 반드시 포함시켜야 할 주제이다. 한국기독교박물관에서 소장하고 있는 구한말 근대 자연과학 자료는 근대 서양과학의 도입, 변용, 그리고 확산을 밝혀줄 수 있는 매우 중요한 역사적 문헌들이다.

　그래서 본 사업단에서는 제1차로 대한제국 시기 평양 숭실대학에서 교과서로 사용했던 근대 자연과학 교과서를 해제 및 영인하여 본 사업단의 연구뿐만 아니라 나아가 한국 근대 과학사 연구에 도움을 주고자 하였다. 제1차로 추진된 근대 자연과학과 관련된 해제 및 영인 자료는 모두 4개의 자료총서로

구성되어 있다. 희귀 자료인 『텬문략히』(1908), 『동물학』(1906), 『식물도셜』(1908), 『싱리학초권』(1908) 등이다.

자료총서 1 『텬문략히』는 미국 북장로교 선교사로서 평양 숭실학당을 설립한 윌리엄 베어드(William M. Baird)가 쓴 천문학 교과서이다. 이 책은 1899년에 발행된 조엘 스틸(Joel Dorman Steele)의 *Popular Astronomy*를 번역·편찬한 것이다. 베어드는 일찍부터 교과서 편찬에 힘을 쏟았다. 초창기에 사용할 수 있는 교재의 대부분은 한문과 일본어로 된 것이었다. 그러나 베어드는 이런 교재를 사용하지 않았다. 한국어가 일반 교육 언어가 되어야 한다고 믿었기 때문이다. 베어드는 자체적으로 한국어로 된 교육용 교재를 편찬하였다. 베어드의 『텬문략히』는 사립학교에서 독립 교과과정으로 사용되었고 당시 천문학 지식을 전파하는 역할을 했다.

자료총서 2 『동물학』은 1906년 애니 베어드(A.L.A Baird)가 편역한 교과서이며 현존하는 대한제국기의 '동물학' 교과서로는 가장 앞선다. 이 책은 한국 근대 전환 공간에서 '기독교와 과학'이라는 근대 학문 지식을 전달하고 있으며 평양 숭실의 교육정책(한국인에게 한국어로 학문을 가르치고, 사용되는 교육용어는 한국어로)이 반영되어 있다. 애니 베어드의 과학 교과서 시리즈 가운데 그 첫 번째 책이고, 발행부수가 2,000부로 『식물학』, 『생리학초권』의 발행부수 1,000부보다 1,000부가 더 발행되어 많은 이들에게 읽혔다. 한국의 근대 전환기의 서구 학문(생물학)의 수용사와 국내 학술용어의 형성사에 가장 기초적인 자료로 가치가 있으며, 한국 근대 교과서 형성사, 기독교와 과학을 다루는 기독교계 학교교육 연구, 한국 교육사에 기초 사료로서의 가치가 크다.

자료총서 3 『식물도셜』은 1908년 애니 베어드가 숭실중학교 첫 졸업생이며 오늘날 독립운동가로 널리 알려진 차리석의 도움을 받아 순한글로 편역한 평양 숭실대학의 과학 교과서였다. 페이지는 색인을 포함해 총 259면으로 구성되어 있다. 이 책은 아사 그레이(Asa Gray)가 1858년 뉴욕의 아메리칸 북 컴퍼

니(American Book Company)에서 출간한 총 233페이지 분량의 *Botany for young people and common schools : how plants grow*를 번역한 것이었다. 애니 베어드가 번역 출간한『식물도셜』은 일제강점기 이후에도 평양 숭실대학에서 교재로 계속 사용되었으며, 숭실 학생들에게 서양 근대과학을 배울 수 있는 기회를 주었다. 이러한 의미에서 애니 베어드의『식물도셜』은 한국 근대과학사 연구를 위해서도 매우 중요한 자료이며, 아울러『식물도셜』에서 번역된 학술 용어와 오늘날 사용되고 있는 식물학 관련 학술 용어를 비교함으로써 식물학 관련 학술 용어가 어떤 변화 과정을 거치면서 정착되었는지를 밝힐 수 있는 중요한 근거 자료가 될 수 있다.

자료총서 4『싱리학초권』은 1908년 애니 베어드에 의해 번역 출판되었다. 이 책은 미국 중등학교 생리학 교과서였던 윌리엄 테이어 스미스(William Thayer Smith)의 책, *The Human Body and its Health-a Textbook for Schools, Having Special Reference to the Effects of Stimulants and Narcotics on the Human System* (New York, Chicago, Ivison, Blakman, Taylor & Company, 1884)를 충실하게 번역하였고, 평양 숭실대학의 과학 수업 교재를 개발하기 위한 생물 교과서 번역 작업의 결과물 중 하나였다. 이러한 애니 베어드의『싱리학초권』은 기존 한국에서는 낯선 학문 분야였던 생리학을 자세히 소개하는 동시에 체계적인 과학 교과서로서 한국의 생리학 교육이 확립되는 중요 기반을 제공했다. 또한 생리학은 자연과학 지식뿐만 아니라 건강을 유지하기 위한 위생 관념을 포함한다는 점에서 통제와 절제를 강조하는 청교도적 규범을 제시하는 것이기도 했다.

2020년 1월
숭실대학교 한국기독교문화연구원
HK+사업단장 황민호

목 차

발간사 / 5

애니 베어드(Annie L. A. Baird)의 『동물학』 해제 / 11

동물학 / 25

애니 베어드(Annie L. A. Baird)의 『동물학』 해제

오지석*

1. 애니 베어드의 동물학 강의와 『동물학』 발간 배경

"베어드 부인 만큼 뛰어난 문학적 성과를 남긴 여선교사는 없을 것이다."

― 백낙준

애니 베어드는 한국의 근대전환공간에서 활동하면서, 특히 평양숭실학교와 숭실대학의 교재 번역 및 편찬에 힘을 쏟았다. 그 흔적은 주로 과학·역사 교과서 등에서 나타난다.[1] 미장로회역사관에 소장된 그녀의 자료 "Information about Annie Baired copied from the book of data for Korea Miision History"에 따르면 14권의 책을 번역[2]하고 저술하였다. 이 책은 1906년 애니 베어드가 미국 동물학 교재 여러 개를 추려서 편집·번역해 평양 숭실에서 사용한 초기 생물학 관련 교과서 가운데 하나이다. 애니 베어드가 맡아 편찬한 생물학 교과서 시리즈는 1906년 『동물학』이 먼저 번역되어 출판된 후 1908년에 『생리학

---

* 숭실대학교 한국기독교문화연구원 HK+사업단 HK교수
1) 한명근은 이러한 사정을 "1900년대 들어 학교 교과서는 주로 기독교 학교에서 발행되었고, 그중에서도 수학, 천문지리, 동·식물학, 물리·화학 분야의 교과서가 압도적으로 많았다."라고 적고 있다. 한명근, 「한국기독교박물관 소장 근대 자료의 내용과 성격」, 한명근외 4인, 『한국기독교박물관 자료를 통해 본 근대의 수용과 변용』, 선인, 2019, 66쪽.
2) "Partial list of books translated or prepared by Mrs. Annie L. Baird. Primary tabs"을 보면 『생리학초권』, 『식물학』과는 달리 원저자와 원서에 대한 기록은 없고, "Compiled from Many Sorcese By Mrs. Baird"라 표기되어 있다. 그래서 선행연구(김성언, 오지석)에서 언급하고 있는 Asa Gray 박사의 저술을 번역한 것이라는 것은 수정되어야 한다.

초권』, 『식물도셜』이 차례로 번역 출판되었다. 최근의 연구에 따르면 현전하는 동물학 교과서 가운데 가장 앞선 것으로 볼 수 있다.[3]

『동물학』의 말미에는 이 책이 출판될 수 있도록 도와준 숭실 중학 졸업생들(번역-한준겸Han Choon Gyum, 한승곤Han Seung Gon, 이근식Lee Geun Sik[4]; 삽화-한승곤, 이근식, 정길용Chung Kil Young)에 대한 감사와 책을 발간할 수 있게 재정적으로 도와준 아담스 가문 여성들에 대한 감사의 마음을 표현한다.[5]

또한 애니 베어드는「외국독자들을 위한 서문」에서 미국 식물학계의 태두였던 아사 그레이(Asa Gray) 박사가 *Stuctural Botany*의 서문에서 제시하고 있는 정신에 따라 한국 사정에 맞게 영어 교재들을 번안하면서 간결성, 정의(定義)의 훼손 없이 집필하고자 했다고 밝히고 있다.[6] 아사 그레이는 하버드대학교에 1842년부터 몸담으면서 다윈과 교류하며, 진화론과 기독교 신앙이 모순이 아님을 밝히려고 노력했다. 그는 예일대학 신학과 교재였던 *Natual Sience and Religion; Two Lectures delivered to the Theological Scool of Yale College*(New York, Sxribner's, 1880)를 저술하기도 했다. 대한제국기 평양 숭실에서 시행된 자연과학 교육은 예일대학 신학과의 자연과학 강좌의 계보 속에 놓여 있었다.[7]

---

[3] 허재영,「근대 계몽기 전문 용어의 수용과 생성 과정 연구-생물학 담론을 중심으로」,『한말연구』제42호(2016. 12)의 235쪽 "근대 계몽기 생물학 교과서류" 도표에서 그 근거를 찾을 수 있다. 이 부분은 의의부분에서 자세히 다루겠다.

[4] 숭실대학교 한국기독교박물관에서 2017년 펴낸 평양숭실대학 역사자료집 Ⅵ 모의리편,『崇實校友會 會員名簿』126쪽을 보면 한준겸(韓俊謙, 숭중 3회), 한승곤(韓承坤, 숭중 4회), 이근식(李根軾, 숭중 4회)은 알 수 있는 데 정길용에 대한 정보를 찾아 볼 수 없다.
김성연은 "안애리는 역사, 과학, 음악 교재를 번역하고 찬송가를 집필하는 등 활발한 문서 활동을 하였는데 초창기 조선어 학습교재를 집필할 정도로 조선어 실력이 상당했다. 그녀를 도운 조선인에 관한 기록은 아직 발견되지 않았다"고 밝히고 있다. 김성연,『서사의 요철-기독교와 과학이라는 근대의 지식-담론』, 소명출판, 2017, 201쪽.

[5] 안애리 역,『동물학』, ?, 1906, 218쪽.

[6] 위의 책, 219쪽.

[7] 김성연, 앞의 책, 202~203쪽.

2. 책의 구성과 내용

애니 베어드의 『동물학』8)은 숭실대학교 한국기독교박물관에 소장되어 있는 자료(유물번호 IA0144)9)로 1906년(光武 10)에 발간된 책이다. 흔히 알려진 바와는 다르게 아사 그레이의 Zoology를 번역한 것이 아니라 애니 베어드가 미국의 여러 '동물학' 책에서 '대한'(애니 베어드 언급)의 자연환경을 고려해 친숙한 동물을 중점으로 선취(選取)하여 서술한 것이다. 이 책의 형태는 22.8cm×15.2cm 헝겊겉표지로 되어 있고, 구체적으로 어디에서 출판되었는지를 밝히고 있지 않지만 "Information about Annie Baird copied from the book of data for Korea Mission History"의 기록에 따르면 생물학(『싱리학초권』은 1,000부, 『식물도설』은 1,000부) 시리즈 가운데 가장 많은 2,000부가 인쇄되었다.

이 책의 구성을 살펴보면 "셔문 1면, 동물학총론 7면, 동물학 목록 3면, 본문 동물학 1권 유척(추) 동물 19장, 2권 무척(추) 동물(13장)10) 총 32장 233면, 동물명목 26면, 감사의 글 1면, 외국인 독자를 위한 셔문 1면, 영문 Index 5면" 총 274면으로 구성되어 있다. 이 책은 국한문병용으로 기술되어 있으며 '본문'과 '습문', 그리고 삽화로 되어 있다. 본문은 동물을 "지파, 죡, 떼, 작은떼, 과, 속, 류, 죵"으로 분류한다.

---

8) 애니 베어드의 『동물학』을 숭실대학교 한국기독교박물관이외에 소장하고 있는 곳은 국립중앙도서관·연세대학교학술정보원·한국교육개발원 등 세 곳이다.
9) 숭실대학교 한국기독교박물관편, 『한국기독교박물관 소장 고문헌목록』, 2005, 210쪽에 보면 동일본 3권 더 있는 것으로 나와 있다.
10) 동물학 목록에는 구분 없이 32장으로 표시되어 있으나 본문 1면에는 동물학 일권(척추동물을 다루는 부분) 제1장 동물의 나누는 것과 두 손 있는 작은 제부터 시작되며, 본문 150면에는 동물학 이권(무척추동물을 다루는 부분) 제20장 관절 동물을 의론함이라로 시작되고 있다.

〈동물 분류표〉

					파지
쌔	심	등			쪽
피	운	더			
것	눈	이	먹	젓	쌔
손		두			쌔은작
					과
					쇽
름		사			류
인디안	멜네	니그로	고기션	몽고리안	죵

특정한 동물에 대해서는 성서의 내용과 연관시키기도 하며, 일반적 현상을 설명하고, 그림을 제시하였으며, 습문은 본문 내용을 복습하기로 되어 있다. 본문 설명에서 동물학 용어는 괄호 안에 로마자 원어나 한자를 병기하였는데, 책의 끝부분에는 '명목'란을 두어 용어를 정리하고, 색인(Index)은 영어 알파벳(Alphabet) 순으로 동물 용어를 다시 정리하였다.[11] 허재영은 『동물학』이 순 한글로 학명 등이 기술되지 않은 이유에 대해 "대중성을 목표로 한 신문의 경우 기존에 사용하던 일상어의 비중이 높은 데 비하여, 전문 지식을 전달하는 데 목표를 둔 근대 교과서의 경우 한자어나 신조어의 비중이 높은 경향을 보인다."[12]고 이야기하고 있다.

『동물학』에서 다루는 것에 대해 "동물학 일권 유척(有脊)동물이라 Vertebrates 뎨일쟝은 동물의는혼것과두손(兩手)잇는(Bimana)작은쎄를의론흠이라"에서 "(一) 동물을네가지에는호앗스니첫지는유척동물(Vertebrates)(有脊動物)이오둘지는

---

[11] 김성연은 애니 베어드의 『동물학』이 1908년 편찬 보성관번역부 역술의 『동물학교과서』에 비교할 때 완성도와 가독성에서 뛰어나다고 평가한다(김성연, 앞의 책, 203쪽).
[12] 허재영, 앞의 글, 259쪽.

관졀동물(Articulates)(關節動物)이오 셋지는 연톄동물(Mollusks)(軟體動物)이오 넷지는 사형동물(Radiates)(射形動動)이라." 하여 동물분류를 한다.

또한 애니 베어드의 『동물학』은 기독교계 과학교과서의 성격을 잘 드러내는 데 미국의 식물학의 태두였던 아사 그레이가가 취했던 진화론과 기독교의 대화를 수용하고 있다. 특히 「셔문」과 「동물학총론」, 「뎨이쟝은 사름과 다른 동물을 비교흠이라」를 살펴보면 세계의 합리적 설계자로서의 창조주를 전제로 자연계의 질서를 신의 지혜이자 섭리로 이해하고 가르치고자 하는 것이 분명하게 드러난다.[13] 〈셔문〉을 잠시 현대어로 옮겨 보면, 아래와 같다.

> 하나님께서 지으신 모든 물건을 상고하여 세 등분에 나누었으니 첫째는 **동물**[14]인데 사람과 나는 새와 다니는 짐승과 생선과 모든 버러지니 능히 다니며 제 먹을 것을 찾는 것이오, 둘째는 **식물**인데 꽃과 풀과 나물들이니 가히 공기를 빨아 먹데 움직여 다니지는 못하며, 셋째는 **명물(성물)**인데 금과 은과 구리와 철과 석탄과 돌이니 모든 명질(성질)있는 물건이라 이제 동물의 류를 상고하여 보건대 동물 중에 지극히 신령한 자는 사람밖에 없는지라 그러나 사람이 지혜와 우준한 것을 판단하며 자세히 살필 줄도 알며 족히 사람을 흥기케도 하는 것은 그 마음 가운데 계셔 주재하시는 이의 기묘함이 세속에 용출한 자의 의견과 크게 다름이라(욥기[15] 12장 7절로 10절). 이제 시험하여 짐승에게 물으면 저가 너를 가르칠 것이오, 공중에 나는 새에게 물으면 저가 장차 너를 가르치리로다. 땅에서 말해도 저가 너를 가르칠 것이오. 바다의 고리를 또한 네게 가르치리로다. 이 모든 것을 뉘가 여호와의 손으로 지으신 줄을 아지 못하리오. 대개 그 손에 모든 물건을 살리는 기운과 모든 사람의 신령하심이 있도다 하셨느니라.

---

[13] 김성연, 앞의 책, 204쪽.
[14] 여기서는 〈셔문〉과 〈동물학총론〉에서 인용한 원문을 훼손하지 않는 범위에서 가독율을 높이는 방식으로 현대어로 표현하였고, 〈셔문〉에는 방점을 찍어서 표현한 것을 진하게 표시하였다.
[15] 욥기를 중국어 성경에서는 '約伯记'로 표현하는 데 애니 베어드는 그 번역을 따라 음차해 '요빅긔'라 표기하고 있다.

「동물학 총론」끝에 이 책의 성격, 달리 말해 기독교 세계관을 투영한 자연과학 서적의 특성을 다음과 같이 강조하고 있다.

하나님께서 이 천지 만물을 잘 다스리사 어떤 동물이 너무 왕성하는 것도 막으시고, 어떤 동물의 종자가 다른 것에 의해 일찍 소멸하는 것도 막으시느니라. 이 짐승끼리만 서로 상관할 뿐 아니오 모든 짐승이 사람에게도 먼 상관이 있는가 온 상관이 다 크게 있나니 이는 사람사는 곳마다 다 같이 있고 그 있는 동물은 사람을 위하여 지으심이라. 그러므로 모든 동물이 사람과 상관이 이 같이 많으나 사람은 동물 중에 특별히 영혼이 있는 고로 이 본다 더 높은 세상과도 상종하게 되었으니 세상에 있는 동물과 상관이 끊어지면 하나님께 이 보다 더 영화로운 다른 몸을 받아 영원히 있을 곳과 적당케 될 것이로다(총론 7면)

〈뎨이쟝은사람과다른동물을비교홈이라〉는 창조신앙과 기독교의 인간관이 잘 드러난다. 잠시 들여다보면 다음과 같다.

하나님께서 지은신 모든 사는 물건 중에 사람이 가장 기묘하고 존귀하니 세상 삼재 가운데 거하여 만물위에 뛰어난 지라(창세기1장16절로 31절) 하나님이 가라사대(이르시되) 우리 무리가 마땅히 사람을 지으되 우리의 형상과 같이하여 그로 하여금 바다의 고기와 나는 새와 다니는 짐승과 땅과 땅에 사는 버러지(벌레)를 다스리게 하자하고 하나님께서 자기 형상대로 사람을 지으사 사나이와 여인을 지으신 후에 복을 주시고 또 이르시되 생육이 많아 이 땅에 가득하여 바다와 고기와 나는 새와 땅 위에 모든 곤충을 다스리게 하리라 하시고 다니는 짐승과 나는 새와 및 땅에 기는 모든 생물은 풀을 먹게 하리라 하시니 그 말씀대로 된지라 하나님께서 지으신 것을 보시고 좋다(됴타)하시니라(『동물학』7면)

『동물학』의 목록은 다음과 같다.
동물학 일권
유척(有脊)동물이라 Vertebrates

뎨일쟝은 동물의눈혼것과두손(Bimana)(二手)잇눈젹은쎼를의논홈이라

뎨이쟝은 사룸과다른동물을비교홈이라

뎨삼쟝은 네손(Quadrumana)(四手)잇눈쟉은쎼를의론홈이라

뎨ᄉ쟝은 눌기로손로룻ᄒ눈(Cheiroptera)(翼手動物)쟉은쎼와네발(Quadrupeds)(四足)잇눈쟉은쎼를의론홈이라

뎨오쟝은 고기먹눈쇽(Carnivora)(食肉獸)을다시의론홈이라

뎨쟝은 고기먹눈(Carnivora)(食肉獸)쇽을다시의론홈이라

뎨칠쟝은 버러지먹눈(Insectivora)(食虫獸)ᄒ쇽과너눈(Rodentia)(齧齒獸)ᄒ쇽을의론홈이라

뎨팔쟝은 니업눈(Edentata)(無牙獸)ᄒ쇽과주머니잇눈(有袋獸)쇽을의론홈이라

뎨구쟝은 가죡둡거온(Pachyrermata)(厚皮獸)쇽을의론홈이라

뎨쟝은 싹임질ᄒ눈(Ruminantia)(返嚼獸)ᄒ쇽을의론홈이라

뎨십일쟝은 싹임질ᄒ눈(Ruminantia)(返嚼獸)ᄒ쇽을ᄯᅩ의론ᄒ고슈죡업눈(Cetacea)(무수죡동물)쟉은쎼를의론홈이라

뎨십이쟝은 새(Bird)(鳥部)쎼를의론홈이라

뎨십삼쟝은 잘안눈새(Insessores)(雀屬流)과를의론홈이라

뎨십ᄉ쟝은 잘안눈새(Insessores)(雀屬流)과를다시의론홈이라

뎨십오쟝은 반목됴(Scansoes)(攀木鳥)와소발됴(Rasores)(搔撥鳥)와치쥬됴(馳走鳥)의과를의론홈이라

뎨십륙쟝은 물새쟉은쎼를의론홈이라

뎨십칠쟝은 파힝부(Reptiles)(爬行部)를의론홈이라

뎨십팔쟝은 파힝부(Reptiles)(爬行部)를다시의론홈이라

뎨십구쟝은 물고기쎼(Fish)(魚部)를의론홈이라

동물학 이권

무쳑(武脊)동물이라 Invertebrates

데이십쟝은 관졀(Articulates)동물을의론홈이라

데이십일쟝은 경시(Coleopera)(硬翅)츙부를의론홈이라

데이십이쟝은 직시(Orthoptera)(直翅)츙부를의론홈이라

데이십삼쟝은 믹시(Neuroptera)(脉翅)츙부를의론홈이라

데이십ᄉᆞ쟝은 ᄉᆞ모시(Hymenoptera)(四膜翅)츙부를의론홈이라

데이십오쟝은 린시(Lepidoptera)(鱗翅)츙부를의론이라

데이십륙쟝은 반시(Hemiptera)(半翅)츙부와쌍시(Diptera)(雙翅)츙부와미현시(Aphaniptera)(未現翅)츙부와무시(Aptera)(無翅)츙부를의론홈이라

데이십칠쟝은 다죡(Myriapoda)(多足)부와지쥬(Arachnida)(蜘蛛)부를의논함이라

데이십팔쟝은 갑각부(Crustacea)(甲殼部)와련졉부(Annelida)(連接部)를의론홈이라

데이십구쟝은 연톄(Mollusks)(軟軆)동물을의론홈이라

데삼십쟝은 샤형(Radiates)(射形)동물을의론홈이라

데삼십일쟝은 샤형(Radiates)(射形)동물을의론홈이라

애니 베어드는 '한글(가치) – 한자(鵲) – 영자(Magpie) – 쟝졀(13쟝 7졀)' 순으로 『동물학』 부록 '동물학 명목'을 졍리하였다. 용어는 가치~킹가루(60), 나뷔~니그로(17), 다름쥐~디박(30), ᄅᆞ마~린시츙부(13), 마모셋~밀화부리(40), 바다소~빅셜됴(40), 사번~셩어(22), 소리~싱쥐(27), 아마딀도~잉무새(46), 작은싱우~직올(38), 춤새~치구(15), 코기리~ᄯᆞ오쌴리알랴쓰(2), 타됴~토규(10), 파힝부~피먹ᄂᆞᆫ박쥐(8), 하이나~흰곰(34) 총 402항목이 정리되어 있고, Index[16]는

Alphabet 순서로 'Acalephs－30장9절'이런 형식으로 되어있는 데, Acalephs~ Auricle(26), Baboon~Blossoms of Stony Plants(21), Camel~Cuttlefish(52), Dayfly~ Dugong(13), Earthworm~Ermine(14), Falcon~Frog(15), Gallfly~Gyrfalcon(27), Hairworms~Hymenop tera(22), Ibex~Itch mite(11), Jackal~Junebug(3), Kangaroo~ Kudu(5), Ladybird~Louse(18), Maggot~Myriapoda(31), Nakedserpent~Nightingale(9), Omnivorous~Oyster(11), Pachyd ermata~Pupa(29), Quadrumana~Quails(3), Rabbit~ Ruminantia(18), Sable~Swordfish (52), Tadpole~Turtle (23), Unguiculata~Ursidae(3), Vampire bat~Vulture(6), Walking stick~Wriggler(19), Yak(1), Zebra~Zebu(2) 총 438종을 분류하였다.

3. 『동물학』의 의의

동아시아에서 동물은 전통적으로 인간의 질병 치료와 관련하여 본초학 및 지리지 등에서 부분적으로 다루어졌고 분류방식도 獸·禽·虫·魚 등으로 외형과 생활환경을 기준으로 삼은 것이 대부분이다.[17] 이경구에 따르면 이런 전통은 이어지다가 1820년경 유희가 만든 어휘사전인『物名考』에서는 동물을 430종에 이르는 종명을 '유정류'로 표현하고, 하위 범주로 羽蟲, 獸族, 水族, 昆蟲으로 분류하였다. 이것이 근대전환기 이전의 동물학에 대한 전통적 분류이다.

조준형은 1881년 일본의 학제를 소개한『문부성소할목록(文部省所轄目錄)』을 작성한다. 일본의 대학제도를 소개하면서 생물학이라는 용어가 최초로 등장한다. 생물학 또는 동물학이 본격적으로 알려지는 것은 1895년 근대식 학제 도입과 연관이 있다. 1895년 8월 15일 공포된 '소학교 규칙' 제8조를 보면 '이

---

[16] 『동물학』의 Index는『식물학』의 Index와는 달리 영어와 장절로만 구분되어 있다.
[17] 이경구,「21.初等動物學」, 한림과학원편,『동아시아개념연구 기초문헌해제』, 선인, 2010, 87쪽.

과'는 '천연물의 현상'과 '인생에 대한 관계'를 교육하므로, 동식물과 광물 등 광범위한 대상을 다룬다.[18] 학부 주도의 교과서 편찬시대가 지나 민간의 교과서 편찬이 이루어지면서 '동물학', '식물학', '생리학'등의 교과서가 다수 발간되었다.

대한제국기의 동물학 관련 교과서를 살펴보면 다음과 같이 표로 나타낼 수 있다.

책명	저자	출판년	발행처	표기 방식	소장처
동물학Zoology	애니 베어드(역)	1906		국문	숭실대학교한국기독교박물관, 국립중앙도서관, 연세대학교 학술정보원, 한국교육개발원
新編動物學	申海溶 譯述	1908	滙東書館	국한문	연세대학교학술정보원
初等動物學敎科書	鄭寅琥 譯編	1908	玉虎書林	국한문	고려대학교 과학도서관, 이화여자대학교 도서관
初等動物學	鄭寅琥 譯輯)	1908	石文館	국한문	국립중앙도서관
普通動物學敎科書	普成館編輯部 譯編	1908		국한문	이화여자대학교 도서관
動物學	용산 성심신품학 교편	1909	성심신품학교		대구가톨릭대학교 중앙도서관
中等動物學	朴重華	1910	新舊書林 光東書局	국한문	서원대학교 도서관, 성균관대학교 중앙학술정보관, 울산대학교 도서관

애니 베어드 역『동물학』은 현재까지 알려진 동물학 교과서 가운데 가장 앞선다. 『동물학』의 출판은 숭실을 세운 베어드(William Martyn Baird) 교장의 교육철학(학교 교육에서 사용되는 교육용어는 한국어야 한다)과 무관하지 않다. 그의 이런 생각은 숭실에서 사용되는 교과서를 편찬할 때도 적용되었다. 애니 베어드의 과학 교과서, 역사 교과서에도 그대로 반영이 되었다. 교재는

---
[18] 허재영, 앞의 글, 252쪽.

미국의 중등학교에서 사용하는 교과서를 선별하여 번역하고 이를 다시 한국 실정에 맞도록 고치거나 재편집하는 방식으로 편찬하였다.

배어드 교장의 1901년 선교보고서에는 1900년 신학기부터 시작된 5년제 정규과정을 실시하며 개설한 교과목에 대한 소개 부분은 다음과 같다.

> 학생들이 한문을 적지 않게 이해하고 있으므로 입수할 수 있는 각종 한문교과서를 사용한다. 또 신·구약성서와 19세기 특수사 등을 첨가할 터이며 수학에는 산학, 대수, 기하를, 과학에는 생리위생학 요의, 식물학, 동물학, 물리학, 천문학, 화학, 지리학, 인문학, 조선어 문법, 지도 그리기, 자재화自在畵, 작문, 체조 등을 포함한다.[19]

이에 따라 애니 베어드는 1903년 3월 9일 숭실에서 사용될 교재를 번역하고 나아가 교과서 편찬 업무를 전담하면서『동물학』,『식물도설』,『싱리학초권』등의 교과서 편찬 작업을 시작했다.[20] 숭실에서 사용된 교재는 학생자조사업을 위해 기계창에 설치한 인쇄기를 통해 자체 제작되었다.[21] 교재편찬을 수업 진도에 맞추어 교사가 일주일이나 한 달 치 분량을 준비해 기계창 인쇄실로 보내 인쇄하여 사용하였다. 이렇게 한 학기나 일 년 치를 모아서 교재를 완성했다. 한 종류의 교과서는 대략 2년에 걸쳐 수정, 보완, 개정을 거쳐 완성본을 만들었고 이 과정에서 숭실중학 졸업생들의 조력이 있었다. 한글 활자를 완비한 요코하마 복음인쇄소(福音印刷所)에서 인쇄 출판하였다.[22]『동물학』도 이와 같은 과정을 통해 출판된 것이다.

---

[19] 숭실대학교 120주년사편찬위원회 편,『민족과 함께한 숭실 120년』, 숭실대학교 한국기독교박물관, 2018, 60~61쪽.
[20] 숭실대학교 120주년사편찬위원회 편,『사진과 연표로 보는 평양 숭실대학』, 숭실대학교 한국기독교박물관, 2018, 14쪽.
[21] 1899년 숭실학교에 설치된 인쇄기는 평양 선교와 숭실학교 교재 출판 등에 이용되었는데, 이로 인해 경성에 위치한 조선예수회서회의 출판물이 경성과 평양에서 동시에 발행될 수 있었다(김성연, 앞의 책, 119쪽).
[22] 숭실대학교 120주년사편찬위원회 편,『민족과 함께한 숭실 120년』, 숭실대학교 한국기독교박물관, 2018, 64~65쪽.

이 책은 우선 한국 근대전환공간에 '기독교와 과학'이라는 담론과 지식을 소개하고 있고, 다른 서양 서적의 유입 과정과는 다르게 직접 영어에서 중국어나 일본어 등의 1차 번역 과정을 거치지 않고 서양인이 직접 한국어로 번역하여 '동물학'이라는 학문이 우리말로 수용되는 데 중요한 사료로 가치가 있다. 근대 학술어에서 개념의 경우 대부분 일본과 중국을 통해 들어왔지만 애니 베어드의 번역 작업과 같은 서양 선교사들의 내한과 그들의 번역 작업은 서양의 근대학문의 수용 과정과 갈등, 변용에 있어서 또 다른 시선을 갖게 한다는 데 의미가 있다. 달리말해 기존의 한국 지식과 번역이 필요 없던 중국어 그리고 새로운 학술용어를 서구어의 번역을 통해 만든 일본의 번역 용어와 영어 원문을 직접 한국어로 옮기는 일은 새로운 지식과 학문이 형성되는 과정을 그려낸다고 할 수 있다.

이 책은 대한제국 시기의 과학 지식의 수용 양상, 구체적으로 동물학의 전개 양상을 살필 수 있는 자료이다. 기존의 연구가 충분하지 않아 향후 많은 연구가 필요하다. 자료총서『동물학』은 한국의 근대교과서 형성사와 과학사(생물학), 그리고 기독교와 과학의 관계에 대한 기초연구서로서 큰 의의를 지닌다.

【참고문헌】

김성연, 『서사의 요철-기독교와 과학이라는 근대의 지식-담론』, 소명출판, 2017.
숭실대학교 한국기독교박물관편, 『한국기독교박물관 소장 고문헌목록』, 2005.
숭실대학교 120주년사편찬위원회 편, 『민족과 함께한 숭실 120년』, 숭실대학교 한국기독교박물관, 2018.
숭실대학교 120주년사편찬위원회 편, 『사진과 연표로 보는 평양 숭실대학』, 숭실대학교 한국기독교박물관, 2018.
오지석, 「해제: 개화기 조선선교사의 삶」, 『Inside Views fo Mission Life(1913): 개화기 조선선교사의 삶』, 도서출판 선인, 2019.
이경구, 「21.初等動物學」, 한림과학원편, 『동아시아개념연구 기초문헌해제』, 선인, 2010.
한명근, 「한국기독교박물관 소장 근대 자료의 내용과 성격」, 『한국기독교박물관 자료를 통해 본 근대의 수용과 변용』, 도서출판 선인, 2019.
허재영, 「근대 계몽기 전문 용어의 수용과 생성 과정 연구-생물학 담론을 중심으로」, 『한말연구』 제42호, 2016.

원문

동물학

ZOOLOGY

Translated by

Annie L. A. Baird

Thanks are due to Han Choon Gyum, Han Seung Gon and Lee Keun Sik for very efficient services rendered as secretarial assistants, also to Han Choon Gyum, Lee Keun Sik and Chung Kil Yong for the illustrations accompanying the text.

This book is published through the generosity of Mrs. N. H. Adams, Topeka, Kansas, Mrs. Ella Adams Emery, Philadelphia, Penn., and Mrs. Lillian Adams Mills, then of Topeka, Kansas, but now passed on into the Heavenly Country.

FOREWORD TO THE FOREIGN READER

Dr. Asa Grey, in the introduction to his textbook on Structural Botany, says:—"In theory it may seem proper to commence with the simplest plants and the most elementary structures; but that is to put the difficult and recondite before the plain and obvious. The type or plan of the vegetable kingdom is fully exemplified only in the higher grade of plants, is manifest to simple observation, and should be clearly apprehended at the outset." With this principle in mind, especially applicable as it is to the present condition of things in Korea, the translator has departed from the usual arrangement of English textbooks on Zoology, and has introduced the subject with the more or less wellknown orders of Man, Monkeys, Bats, Quadrupeds, &c., leading on in reverse order to the Echino-derms, Acalephs, Phytozoa, and other obscure forms of the Radiate Kingdom.

With the same object in view, that is, so far as possible, to work from the basis of things familiar, technical terms have been discarded wherever it could be done without sacrificing too much of brevity and definiteness.

INDEX

A

	장	절
Acalephs	30	9
Acephalous	29	6
Actinia	30	2
Airbladder	19	2
Albatross	16	17
Alligator	17	20
Ambulatoria	22	2
Amphibia	18	15
Amphibious	6	16
Animalculae	28	15
Annelida	20	12
Anteater	8	2
Antelopes	11	1
Ant Lion	23	7
Ants	24	11
Aphaniptera	21	1
Aphis	26	5
Apoda	18	23
Aptera	21	1
Apteryx	15	22
Arachnida	20	9
Armadillo	8	3
Articulates	1	1
Ass	9	18
Auks	16	16
Auricle	17	5

B

Baboon	3	8
Babyroussa	9	8

ii   INDEX

Badger	6 쟝	14 졀
Barnacles	28 „	1 „
Bat	4 „	1 „
Beaver	7 „	12 „
Bee-eaters	14 „	18 „
Bees	24 „	14 „
Bedbug	26 „	6 „
Beroe	30 „	17 „
Bimana	1 „	9 „
Bird of Paradise	13 „	9 „
Birds	1 „	8 „
Bison	10 „	12 „
Boa constrictor	18 „	14 „
Borers	24 „	4 „
Bowerbird	13 „	8 „
Bumblebees	24 „	15 „
Bustard	16 „	3 „
Butterflies	25 „	8 „
Blossoms of Stony Plants	31 „	1 „

C

Camel	17 „	5 „
Canidae	5 „	1 „
Carnivora	4 „	4 „
Carpenter bee	24 „	14 „
Carrion beetle	21 „	9 „
Cashmere Goat	10 „	16 „
Cat	4 „	12 „
Caterpillar	20 „	32 „
Caucasian	1 „	10 „
Caucasian Ibex	10 „	11 „
Cedarbird	14 „	6 „
Centipede	29 „	2 „
Centipedes	27 „	1 „

INDEX iii

Cephalopoda...	29 쟝	6 졀
Cephalous ...	29 ,,	6 ,,
Cetacea ...	1 ,,	9 ,,
Chameleon ...	18 ,,	3 ,,
Chatterers ...	14 ,,	6 ,,
Cheiroptera ...	1 ,,	9 ,,
Chicken...	15 ,,	11 ,,
Chimpanzee ...	3 ,,	2 ,,
Chinese Locust ...	22 ,,	7 ,,
Cicada ...	26 ,,	4 ,,
Cilia ...	30 ,,	8 ,,
Cirrhipoda ...	28 ,,	9 ,,
Civet cat ...	4 ,,	13 ,,
Clam ...	29 ,,	15 ,,
Clio Borealis ...	29 ,,	8 ,,
Cockroach ...	22 ,,	3 ,,
Coleoptera ...	21 ,,	1 ,,
Common Centipede ...	10 ,,	7 ,,
Common Ox ...	10 ,,	7 ,,
Common Falcon ...	12 ,,	16 ,,
Coney ...	9 ,,	9 ,,
Conirostres ...	13 ,,	2 ,,
Condor ...	12 ,,	21 ,,
Coldblooded...	1 ,,	7 ,,
Cowry ...	29 ,,	13 ,,
Crab ...	27 ,,	1 ,,
Crane ...	16 ,,	4 ,,
Creeper...	14 ,,	11 ,,
Cricket ...	22 ,,	6 ,,
Crocodile ...	17 ,,	18 ,,
Crossbill...	13 ,,	10 ,,
Crow ...	13 ,,	6 ,,
Crustacea ...	20 ,,	10 ,,
Cuckoo ...	15 ,,	5 ,,

iv   INDEX

Curassow ... ... 15 쟝 10 졀
Curlew ... ... 16 ,, 8 ,,
Cursoria... ... ... 22 ,, 2 ,,
Cursores ... ... 12 ,, 12 ,,
Cuttlefish ... ... 29 ,, 1 ,,

D

Dayfly ... ... 23 ,, 2 ,,
Decapoda ... ... 28 ,, 7 ,,
Dentirostres ... ... 13 ,, 2 ,,
Digitigrade ... ... 6 ,, 8 ,,
Diptera ... ... 21 ,, 1 ,,
Divers ... ... 16 ,, 15 ,,
Dog ... ... 5 ,, 2 ,,
Dolphin ... ... 11 ,, 12 ,,
Dragonfly ... ... 23 ,, 2 ,,
Duck ... ... 16 ,, 11 ,,
Duckbilled Platypus ... ... 8 ,, 10 ,,
Dungbeetle ... ... 21 ,, 8 ,,
Dugong ... ... 11 ,, 13 ,,

E

Earthworm ... ... 28 ,, 11 ,,
Echidna ... ... 8 ,, 9 ,,
Echino-dermata ... ... 30 ,, 13 ,,
Echinus ... ... 30 ,, 9 ,,
Edentata ... ... 4 ,, 4 ,,
Eel ... ... 19 ,, 12 ,,
Eider duck ... ... 16 ,, 13 ,,
Electric eel ... ... 19 ,, 14 ,,
Elephant ... ... 9 ,, 2 ,,
Elk ... ... 10 ,, 20 ,,
Elytra ... ... 20 ,, 26 ,,
Entellus ... ... 3 ,, 7 ,,

INDEX   v

Entozoa...	20 장	13 절
Ermine...	6 ,,	3 ,,

F

Falcon...	12 ,,	15 ,,
Felidae...	4 ,,	8 ,,
Finch...	13 ,,	4 ,,
Firefly...	21 ,,	13 ,,
Fish...	19 ,,	10 ,,
Fissirostres...	13 ,,	2 ,,
Flamingo...	16 ,,	14 ,,
Flea...	26 ,,	10 ,,
Fly...	26 ,,	7 ,,
Flycatchers...	14 ,,	5 ,,
Flying fish...	19 ,,	9 ,,
Flying fox...	4 ,,	3 ,,
Flying squirrel...	7 ,,	10 ,,
Fox...	5 ,,	9 ,,
Frog...	18 ,,	18 ,,

G

Gallfly...	24 ,,	5 ,,
Gallinaceous...	15 ,,	10 ,,
Gasteropoda...	29 ,,	6 ,,
Gavial...	17 ,,	19 ,,
Gecko...	18 ,,	4 ,,
Giant clam...	29 ,,	16 ,,
Gibbon...	3 ,,	5 ,,
Giraffe...	11 ,,	7 ,,
Glaucus...	29 ,,	14 ,,
Gnu...	11 ,,	4 ,,
Goat...	10 ,,	15 ,,
Goatsuckers...	14 ,,	13 ,,
Goose...	16 ,,	12 ,,

vi   INDEX

Gorilla	3 쟝	3 졀
Grallatores	16 ,,	1 ,,
Grasshopper	22 ,,	7 ,,
Greatfoot	15 ,,	19 ,,
Great Bustard	16 ,,	3 ,,
Grebe	16 ,,	15 ,,
Grizzly bear	6 ,,	11 ,,
Grosbeak	13 ,,	2 ,,
Grouse	15 ,,	16 ,,
Grub	20 ,,	32 ,,
Guinea fowl	15 ,,	15 ,,
Guinea pig	7 ,,	11 ,,
Gulls	16 ,,	17 ,,
Gyrfalcon	12 ,,	17 ,,

H

Hairworms	28 ,,	14 ,,
Hare	6 ,,	14 ,,
Hawkmoth	25 ,,	9 ,,
Hedgehog	7 ,,	5 ,,
Hemptera	21 ,,	1 ,,
Herbivora	10 ,,	2 ,,
Hermit Crab	28 ,,	8 ,,
Heron	16 ,,	5 ,,
Hippopotamus	9 ,,	14 ,,
Hive bees	24 ,,	15 ,,
Honey bear	6 ,,	15 ,,
Honeysucker	14 ,,	10 ,,
Hoopoe	14 ,,	10 ,,
Horned owl	12 ,,	24 ,,
Hornbill	13 ,,	11 ,,
Horned viper	18 ,,	12 ,,
Horse	9 ,,	14 ,,
Howling monkey	3 ,,	11 ,,

INDEX

Hummingbird	14 장	8 절
Hyena	5 ,,	12 ,,
Hydra	31 ,,	2 ,,
Hymenoptera	21 ,,	1 ,,

I

Ibex	10 ,,	17 ,,
Ichneumon rat	4 ,,	14 ,,
Ichneumon fly	24 ,,	6 ,,
Iguana	18 ,,	5 ,,
Imago	20 ,,	31 ,,
Indian	1 ,,	10 ,,
Insectivora	4 ,,	4 ,,
Insects	20 ,,	7 ,,
Insessores	12 ,,	12 ,,
Invertebrates	20 ,,	1 ,,
Itch mite	27 ,,	11 ,,

J

Jackal	5 ,,	11 ,,
Jerboa	7 ,,	9 ,,
Junebug	21 ,,	11 ,,

K

Kangaroo	8 ,,	7 ,,
Katydid	22 ,,	7 ,,
Kingbird	14 ,,	5 ,,
Kingfisher	14 ,,	17 ,,
Kudu	11 ,,	2 ,,

L

Ladybird	21 ,,	5 ,,
Lamprey	19 ,,	13 ,,
Land turtle	17 ,,	14 ,,

viii   INDEX

Lapwing	16 쟝	4 졀
Larva	20 ,,	31 ,,
Lark	13 ,,	4 ,,
Laemodipoda	28 ,,	9 ,,
Leech	28 ,,	11 ,,
Leopard	4 ,,	11 ,,
Lemur	3 ,,	13 ,,
Lepidoptera	21 ,,	1 ,,
Lhama	11 ,,	6 ,,
Lion	4 ,,	9 ,,
Lizard	18 ,,	1 ,,
Lobsters	28 ,,	1 ,,
Locust	22 ,,	8 ,,
Loris	3 ,,	14 ,,
Louse	26 ,,	11 ,,

M

Maggot	20 ,,	32 ,,
Magpie	13 ,,	7 ,,
Malay	1 ,,	10 ,,
Mammalia	1 ,,	8 ,,
Mandril	3 ,,	9 ,,
Manis	8 ,,	5 ,,
Marmoset	3 ,,	12 ,,
Marsh turtle	17 ,,	15 ,,
Marten	6 ,,	4 ,,
Marsupialia	4 ,,	1 ,,
Mason spider	27 ,,	9 ,,
Mason bee	24 ,,	14 ,,
Measuring worm	25 ,,	4 ,,
Medusa	30 ,,	16 ,,
Millepedes	27 ,,	1 ,,
Mink	6 ,,	5 ,,
Mite	27 ,,	5 ,,

INDEX ix

	章	節
Mockingbird	14	4
Mole	7	3
Mole crocket	22	6
Mollusks	1	1
Mongolian	1	10
Monitor	18	6
Moth	25	8
Mouse	7	8
Mule	9	19
Musk deer	10	21
Musk ox	10	11
Musquito	26	8
Mustelidae	6	1
Myriapoda	20	8

N

Naked serpent	18	23
Naked-eyed lizard	18	9
Narwhal	11	11
Natatores	16	1
Negro	1	10
Nerve	16	11
Neuroptera	21	1
Newt	18	21
Nightingale	14	3

O

Omnivorous	6	9
Opossum	8	8
Ourang-outang	3	4
Oriole	18	8
Orthoptera	21	1
Oryx	11	3

x INDEX

Osprey	12 장	18 절
Ostrich	15 ,,	21 ,,
Otter	6 ,,	7 ,,
Owl	12 ,,	23 ,,
Oyster	29 ,,	15 ,,

P

Pachydermata	9 ,,	1 ,,
Pangolin	8 ,,	5 ,,
Parrot	15 ,,	2 ,,
Peafowl	15 ,,	14 ,,
Pelican	16 ,,	19 ,,
Penguin	16 ,,	16 ,,
Petrel	16 ,,	17 ,,
Pheasant	15 ,,	13 ,,
Phocidae	6 ,,	16 ,,
Phytozoa	30 ,,	9 ,,
Pig	9 ,,	6 ,,
Pigeon	15 ,,	8 ,,
Plant-animals	30 ,,	1 ,,
Plantigrade	6 ,,	8 ,,
Platypus	8 ,,	10 ,,
Plover	16 ,,	4 ,,
Polar bear	6 ,,	12 ,,
Pollen	24 ,,	14 ,,
Porcupine	7 ,,	13 ,,
Porcupine anteater	8 ,,	9 ,,
Prawn	28 ,,	1 ,,
Praying mantis	22 ,,	4 ,,
Proboscis monkey	3 ,,	6 ,,
Pro-leg	25 ,,	3 ,,
Ptarmigan	15 ,,	16 ,,
Pteropoda	29 ,,	6 ,,
Puffin	16 ,,	16 ,,

INDEX　　　　　　　　　xi

Puma	4 장	12 절
Pupa	20 ,,	31 ,,

Q

Quadrumana	1 ,,	9 ,,
Quadruped	1 ,,	9 ,,
Quails	15 ,,	16 ,,

R

Rabbit	7 ,,	14 ,,
Raccoon	6 ,,	13 ,,
Radiates	1 ,,	1 ,,
Rails	16 ,,	9 ,,
Raptores	12 ,,	12 ,,
Raptoria	22 ,,	2 ,,
Rasores	12 ,,	12 ,,
Rat	7 ,,	7 ,,
Rattlesnake	18 ,,	13 ,,
Razorshell	29 ,,	16 ,,
Reindeer	10 ,,	19 ,,
Reptiles	17 ,,	1 ,,
Rhinoceros	9 ,,	11 ,,
Rhinoceros bird	9 ,,	12 ,,
River turtle	17 ,,	16 ,,
Rodentia	4 ,,	4 ,,
Rotifera	20 ,,	14 ,,
Ruminantia	9 ,,	1 ,,

S

Sable	6 ,,	4 ,,
Salamander	18 ,,	21 ,,
Saltatoria	22 ,,	2 ,,
Sandwasp	24 ,,	8 ,,
Sandflea	28 ,,	1 ,,

INDEX

	장	절
Scansores	12	12
Scorpion	27	5
Sea elephant	6	23
Sea horse	{ 6	22
	19	8
Seal	6	17
Sea lion	6	21
Sea nettles	30	15
Sea turtle	17	17
Sea urchin	30	13
Serpent	18	16
Shark	19	11
Sheathbill	15	17
Sheep	10	14
Shrimp	28	1
Shrikes	14	2
Siren	18	22
Skunk	6	6
Silk worm moth	25	10
Sloth	29	1
Slug	29	11
Snail	29	11
Snake lizard	18	8
Snipe	16	8
Snow bird	13	5
Snow owl	12	25
Social	24	14
Sowbug	28	1
Solitary	24	14
Spanish fly	21	14
Sparrow	13	5
Spider	27	5
Spider monkey	3	10
Spinal cord	1	2

INDEX xiii

Sponge	31 장	12 절
Spring beetle	21 ,,	12 ,,
Squirrel	7 ,,	10 ,,
Stag	10 ,,	18 ,,
Starfish	30 ,,	4 ,,
Starling	13 ,,	8 ,,
St. Bernard	5 ,,	3 ,,
Stingers	24 ,,	4 ,,
Stork	16 ,,	7 ,,
Sturgeon	19 ,,	10 ,,
Sunbird	14 ,,	9 ,,
Swallow	14 ,,	14 ,,
Swan	16 ,,	13 ,,
Swordfish	19 ,,	7 ,,

T

Tadpole	18 ,,	15 ,,
Tapir	9 ,,	10 ,,
Tenuirostres	13 ,,	2 ,,
Terns	16 ,,	18 ,,
Thermometer	17 ,,	2 ,,
Thibetan goat	10 ,,	16 ,,
Thrush	14 ,,	4 ,,
Tiger	4 ,,	17 ,,
Tigerbeetle	21 ,,	6 ,,
Tinamous	15 ,,	18 ,,
Toad	18 ,,	20 ,,
Todies	14 ,,	15 ,,
Torpedo	19 ,,	15 ,,
Toucan	15 ,,	3 ,,
Tree toad	18 ,,	18 ,,
Trogon	14 ,,	16 ,,
Tropic bird	16 ,,	20 ,,
True lizard	18 ,,	7 ,,

xiv   INDEX

True moth ... ...   25 쟝   9 졀
True wasps ... ... 24 " 10 "
Turkey ... ... 15 " 12 "
Turkey buzzard ... ... 12 " 22 "
Turtle ... ... 17 " 12 "

U

Unguiculata ... ... 4 "   4 "
Ungulata   ... ... 14 "   4 "
Ursidae ... ... 6 "   8 "

V

Vampire bat ... ... 4 "   2 "
Ventricle   ... ... 17 "   5 "
Vermiform   ... ... 6 "   1 "
Vertebrates ... ... 1 "   1 "
Viper   ... ... 18 " 11 "
Vulture ... ... 12 " 20 "

W

Walkingstick ... ... 22 "   5 "
Walrus ... ...   6 " 22 "
Warmblooded ... ... 1 "   7 "
Wasp   ... ... 24 "   8 "
Warblers ... ... 14 "   3 "
Water buffalo ... ... 10 "   9 "
Weasel ... ...   6 "   2 "
Weavil ... ... 21 " 15 "
Whale ... ... 11 "   8 "
Whale louse ... ... 28 "   9 "
White ant ... ... 23 "   2 "
Wild cat ... ... 4 " 16 "
Wild hog ... ... 9 "   7 "
Wild ox ... ... 10 " 10 "

INDEX xv

Woodpecker	15 장	4 절
Woodwasp	24 ,,	8 ,,
Wolf	5 ,,	7 ,,
Worm	28 ,,	11 ,,
Wriggler	26 ,,	7 ,,

Y

Yak	10 ,,	10 ,,

Z

Zebra	9 ,,	20 ,,
Zebu	10 ,,	8 ,,

▎**편역자 | 애니 베어드(Annie L. Baird, 1864~1916)**

애니 베어드는 웨스턴여자신학교를 졸업한 후 윌리엄 베어드(William Baird)와 함께 선교활동을 위해 한국에 왔다. 애니 베어드는 선교사 부인으로서의 역할뿐만 아니라 평양 숭실에서 생물학을 가르친 교육자이자 과학교과서를 번역한 번역가, 다수의 소설, 에세이를 남긴 저술가로도 활발한 활동을 벌였다. 주로 생물학에 큰 관심을 가졌는데, 실제 평양 숭실의 교과서로 사용된 『식물도설』, 『동물학』, 『싱리학초권』을 번역한 것이 대표적이다.

▎**해제자 | 오지석**

숭실대학교 대학원에서 철학박사학위를 받았으며 현재 숭실대학교 한국기독교문화연구원 HK교수로 재직 중이며, 한국기독교사회윤리학회장을 맡고 있다.

저서로 『서양 기독교윤리의 주체적 수용과 변용: 갈등과 비판을 넘어서』, 『가치가 이끄는 삶』(공저), 『인간을 이해하는 아홉가지 단어』(공저), 『한국기독교박물관 자료를 통해 본 근대의 수용과 변용』(공저), 『근대 사상의 수용과 변용Ⅰ』(공저), 『개화기 조선 선교사의 삶』(해제) 등 다수가 있다.

동물학

5 · 동물학

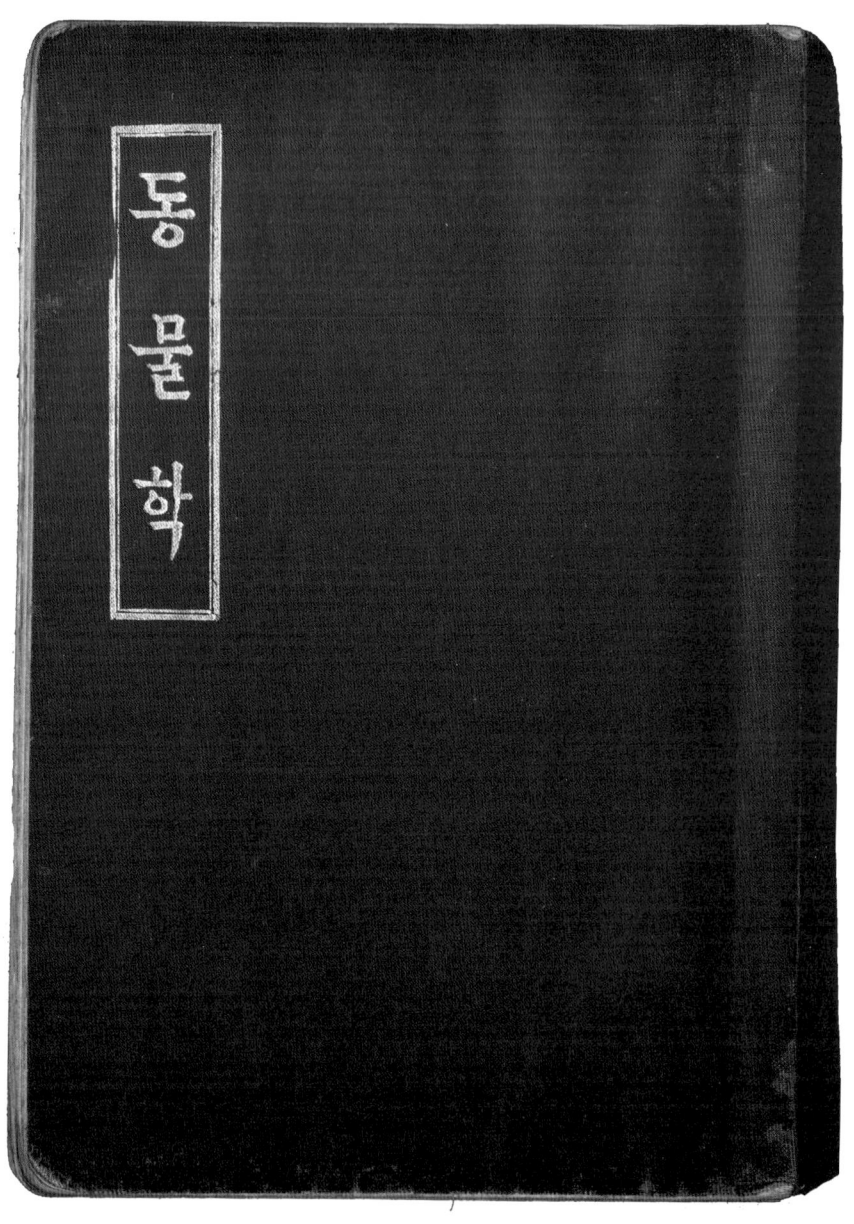

ZOOLOGY

동 물 학

예수강성일쳔구빅륙년

대한 광무십년 병오

셔문

하느님씌셔 지으신 모든 물건을 샹고ᄒ야 세 등분에 ᄂᆞ호앗ᄉᆞ니 쳣지ᄂᆞᆫ 동물인ᄃᆡ 사ᄅᆞᆷ과 나ᄂᆞᆫ 새와 닷ᄂᆞᆫ 즘ᄉᆡᆼ과 셩션과 모든 버러지ᄂᆞᆫ 능히 ᄃᆞ니며 제 먹을 거슬 찻ᄂᆞᆫ 거시오 둘지ᄂᆞᆫ 식물인ᄃᆡ 솟과 풀과 나무들이니 가히 공긔를 쌀아 먹으ᄃᆡ 동ᄒᆞ야 ᄃᆞ니지ᄂᆞᆫ 못ᄒᆞ며 셋지ᄂᆞᆫ 뎡물인ᄃᆡ 금과 은과 구리와 텰과 셕탄과 돌이니 모든 뎡질 잇ᄂᆞᆫ 물건이라 이 졔 동물의 류를 샹고ᄒ여 보건ᄃᆡ 동물 즁에 지극히 신령ᄒᆞᆫ 쟈ᄂᆞᆫ 사ᄅᆞᆷ밧긔 업ᄂᆞᆫ 지라 그러나 사ᄅᆞᆷ이 지혜와 우쥰ᄒᆞᆫ 거슬 판단ᄒᆞ며 조셰히 살필 줄도 알며 족히 사ᄅᆞᆷ을 흥긔 케도 ᄒᆞᄂᆞᆫ 거슨 그 모음 가온ᄃᆡ 게셔 쥬쟝ᄒᆞ시ᄂᆞᆫ 이의 긔묘ᄒᆞᆷ이 셔속에 용출ᄒᆞᆫ 쟈의 견과 크게 다ᄅᆞᆷ이라 (요빅 긔 십이쟝 칠졀 노 십졀) 이제 시험ᄒᆞ야 즘셩의 게 무르면 뎌가 너를 ᄀᆞᄅᆞ칠 거시오 공즁에 나ᄂᆞᆫ 새의 게 무르면 뎌가 너를 ᄀᆞᄅᆞ칠 거시오 바다에 고기를 ᄯᅩᄒᆞ네게 ᄀᆞᄅᆞ치리로다 싸혜셔 말ᄒᆞ도 뎌가 너를 ᄀᆞᄅᆞ칠거시오 아지 못ᄒᆞ리오 대개 그 손에 모든 물건을 살니ᄂᆞᆫ 긔운과 모든 사ᄅᆞᆷ의 신령ᄒᆞᆫ 심이 잇도다 ᄒᆞ셧ᄂᆞ니라

동물학총론

총론

학도들이 이 칙을 다 보아가는 뒤로써 듯를 거시 ᄒᆞ나 잇는 뒤 이는 각 동물마다 몸이 싱긴 모양이 제 형편과 사는 법에 뎍당케 ᄒᆞ 거시니 각각 ᄒᆞ 동물을 보아도 그러ᄒᆞ니 가령 십이쟝에 새를 보아도 그 몸 안헤 된 것과 몸 밧긔 싱긴 모양이 다 공즁에 놀아가기에 뎍당케 된 거시오 십구쟝에 물고기의 싱긴 것들에셔 혜임치기에 뎍당케 되엿스며 새 즁에 도 물에 잇기를 됴화ᄒᆞ는 새는 특별 방법이 잇셔 오며 ᄯᅩ 엇던 동물은 고기만 먹고 엇던 동물은 쳐소 만 먹고 엇던 동물은 맛나는 뒤로 아모 것도 다 먹는 뒤 그 니와 낙타도 이 여러 가지 먹기에 합당ᄒᆞ엿도 뒤 슈도로 말ᄒᆞ면 각 동 이 다 뎌회 잇는 쟝셔지라도 이여러 가지 먹기에 합당케 된 거시라 ᄯᅩ 슈도로 말ᄒᆞ면 각 동 이 다 뎌회 잇는 코끼리 가링뒤 에 는 슬흔 털이 잇는 즘 의 덥는 거시 열 뒤에 잇는 즘승과 크게 다르니 털이 셤긴 쟝셕 지라도 이여러 가지 먹기에 합당케 된 거시라 즘승은 다 북편에셔 나는 뒤 북빙양에 잇는 즘승들은 쎅쎅ᄒᆞᆫ 털이 잇는 가족으로 만 치움을 막을 뿐 아니라 ᄯᅩ 그 가족 속에 기름ᄒᆞᆫ 엽이 잇셔 그 몸에 잇는 열긔를 막아 나아 오지 못ᄒᆞ게 ᄒᆞᆷ 이오 이십삼 쟝 삼십칠 졀에 츙부를 보아도 봄 셕지지 내는 용은 고치를 지으되 치움을 막는 특별 방법이 잇스며 ᄯᅩ 여러 가지 즘승의 죵ᄌᆞ 마다 각각 졔 가 별ᄒᆞᆫ 형습이 잇고 그 몸에 싱긴 것도 졔 형습에 뎍당ᄒᆞ 거시니 이는 ᄒᆞᄂᆞ님 풍셩ᄒᆞᆫ 신지혜와 능ᄒᆞᆫ 심이 한량 업슴을 나타내

총론

눈거시라쏘이십쟝삼십졀에 화싱ᄒᆞᆫ 츙부로 보아도 ᄒᆞᆫ 기어도ᄂᆞᆫ 동안
에 변화ᄒᆞ야 놀아ᄃᆞᆫ니ᄂᆞᆫ 아름다온 시츙이 되ᄂᆞᆫ 거시 얼마나 오묘ᄒᆞ며 쏘이 십류 쟝팔졀에
엇던 버러지 눈물에 잇기에 합당ᄒᆞ야 운신 잘ᄒᆞ면셔 도 몸속으로 변화ᄒᆞᆷ을 밧아 순안간에
그 각 되기 눈물에 두고 허파가 나셔 물에셔 놀아나ᄂᆞᆫ 거시 더욱 이샹ᄒᆞ도다 쏘 동물의 의량
을 말ᄒᆞ면 싱명이 완젼ᄒᆞᆯ ᄉᆞ록 그 몸에 싱긴 것도 더욱 오묘ᄒᆞ니 이ᄂᆞᆫ 그 몸의 쓸 거슬 더욱 합
당ᄏᆡ 마련ᄒᆞᆷ이오 삼십일쟝이졀에 슈모류와 도규굿치 쳔ᄒᆞᆫ 거슨 오관을 밧고
업고 이 싱물브터 사ᄅᆞᆷ ᄭᅡ지 올나 가 보면셔 면 그 오관이 ᄎᆞᄎᆞ 더욱 총명ᄒᆞ게 된 거시ᄂᆞᆫ 것 밧고
통이다 말ᄒᆞ면 사ᄅᆞᆷ에셔 더령교ᄒᆞᆯ 동물이 업ᄉᆞ나 그러나 오관 즁에 ᄒᆞᆫ나만 말ᄒᆞ면 사ᄅᆞᆷ
보다 더 옥 총명ᄒᆞᆫ 즘싱이 잇ᄉᆞ니 가령 개ᄂᆞᆫ 사ᄅᆞᆷ보다 내음새를 잘 맛고 미ᄂᆞᆫ 사ᄅᆞᆷ보다 더 멀
니 볼수 잇ᄉᆞ나 그러나 오관을 다 말ᄒᆞ면 사ᄅᆞᆷ 굿치 온젼ᄒᆞᆫ 동물이 업고 힘줄도 그러ᄒᆞ니 즘
싱 즁에 혹은 사ᄅᆞᆷ 보다 무슴 ᄒᆞᆫ가지 일에ᄂᆞᆫ 운신을 잘 ᄒᆞᆯ수 잇ᄉᆞ나 각 여러 가지로 운신 ᄒᆞ야ᄂᆞᆫ
거슬 말ᄒᆞ면 사ᄅᆞᆷ인데 일 웃듬이 되며 쏘 이 근 도 그러 ᄒᆞ니 사ᄅᆞᆷ의 게셔 지니르고 이 밧긔 슈모류굿치
누려 가ᄂᆞᆫ 디로 몸 ᄎᆞᆷ내 뢰이 형지 못 ᄒᆞᆫ 동물의 게셔 지니ᄂᆞᆫ 더 완젼ᄒᆞ야 ᄎᆞ
뢰근 죵젹이 업ᄂᆞᆫ 나라이 여러 가지로 몸이 싱긴 것 가온 ᄃᆡ ᄒᆞᄂᆞᆫ 님 ᄭᅦ셔 극히 공
변되신 의 ᄉᆞ를 쓰샤 혼 셰샹이 되지 아니ᄒᆞ고 ᄎᆞ셔 되로 된 거시라 죵 ᄌᆞ 브터 지 파 ᄭᅡ지 다
혜아려 보아 도 유쳑 동물과 관졀 동물과 연 데 동물과 샤 형 동물이 다 그러 ᄒᆞ니 싱물의 빅

총론

데가다서로샹관이크게잇느니가령쎄마다다른쎄의게샹관훌뿐아니라여러빅테의게샹관이잇슴으로동물박학스가흔나흔쎄만보아도그즘싱의몸의싱긴모양과힝습을능히알수잇느니가령이빅류십이재그림에잇는니룰훈나차즈면그뿌리가둘이잇고버히는쑈족훈굿잇는거슬보면그첫재알거순이즘싱이유첵동물인줄알지니이눈유첵동물밧긔눈이굿흔니잇는동물이업슴이오둘재알거순이즘싱이골도잇고등골이잇고붉은피잇슬줄도알거시며쏘그니를에두긴쑤리롤보면그니가업슴인포유슈인줄알지니이눈포유슈밧긔눈이니가갈슘이흔구멍둘이뚤넛겟고쏘이즘싱이포유슈인줄알지니이즘싱은고기만먹으되량턱아리로갈아먹지오쏘그니쑷이버히기덕당케된거슬보면이즘싱이고기만먹지안코가위질훙는것인줄알고쏘미루어알거순이즘싱은발동이업고제먹을동물잡는발톱이잇고쏘그다리와머리힘줄이건장훙게되고비위도엇더훙며온젼신의형샹샤지라도다짐쟉훌수잇느니라쏘동물이이셰샹디구우헤퍼지눈거슬말훙건듸아모곳이나다살수잇눈거순사룸밧긔업스며사룸은령혼과무움이잇셔그잇눈곳에슈도와잇눈물건의데덕당케홀수잇스며릴듸에잇눈동물은죵즛가별노만

三

총론

치못ᄒᆞ나 그 수효는 심히 만ᄒᆞ니 이는 물고기와 물새가 만흔ᄃᆡ 오리와 구됴와 쟝아무리 이 곳에 잇는 동물은 다 회석빗쳔고로 새라 ᄃᆞ광쳐나는 것은 흔ᄒᆞ나 업고 륙ᄃᆡ에 둔니는 동물은 흰곰과 흰여호와 원록이 잇고 바다개와 고리가 잇스되 파힝부는 도모지 업고충부도 거반 업스며 온ᄃᆡ에 잇는 동물은 남북 빙양에 잇는 동물보다 여러 가지가 더 만히 잇는ᄃᆡ 륙ᄃᆡ에 둔니는 즘싱도 만코 ᄉᆡ도 여러 가지 빗치 잇스며 ᄯᅩ 열ᄃᆡ에 잇는 동물은 ᄃᆡ일만ᄐᆡ에 잇고 슈동물과 치소먹는 거시 ᄃᆡ일만ᄒᆞ니 봉쟉ᄉᆡ로 만 말ᄒᆞ여도 거진 수 빅가지나 다 열코 여러 가지와 환훈 빗 잇는 거시 ᄃᆡ일만ᄒᆞ니 봉쟉ᄉᆡ로 만 말ᄒᆞ여도 거진 수 빅가지나 다 열이 곳 밧긔 업고 ᄉᆡ 즁에 도잉무ᄉᆡ와 거훼됴와 파힝부 즁에 코기리와 강물과 언셔와 온 무아 슈는동물 즁에도 고쟉 아름다온 죵즛는 다른 곳에 잇는 것보다 뛰여나 며 ᄯᅩ 수효를 말ᄒᆞ면 각 갑부와 두각속과 무부가 바다에 만히 ᄡᅳ리는 ᄃᆡ 유도 형샹이 크고 각각 여러 가지가른 것보다 만흔 ᄒᆡ유들도 심히 만하 운신도 죠ᄒᆞ며 샹쳐 유의 지은 ᄲᅧ로에 웨ᄡᅡ 흔시만 ᄒᆞ니라 (삼십일장 십일졀 보라) ᄯᅩ부쥬마다 열ᄃᆡ에 만 잇는 즘싱도 잇ᄂᆞ니가령 강물과 장경록은 아프리가 쥬열ᄃᆡ 밧긔 업고 목구는 아메리가 쥬열ᄃᆡ 밧긔 업고 봉쟉ᄉᆡ는 거진 시라 온 셰샹 즁에 만히 눈훈나도업고 다만 아시아와 아프리가와 태평양 여러 셤에 만히 퍼진 거시라 온 셰샹 즁에 눈훈나도 오스트렐니아 쥬갓치 이상ᄒᆞ게 싱긴 동물 잇는 곳이 업스니 이 곳에 허다 훈 ᄒᆡ유ᄃᆡ가 잇고 동물 즁에

四

대일이샹훈압췌슈도잇고검은곤이도잇느니라쏘이쳑을다공부훈사람이라도각동물
이엇더혼것과여러가지식잇는거슬다넉넉히셰듯슈업눈거슬신쳑이단호야각무리동
다두어죵즈식밧긔혜아려보지못홈인듸누가온동물의죵즈가얼마냐무려보면유쳑동
물은삼만죵즈가량되눈듸이즁에포유슈눈이쳔가지오새눈오쳔가지되고파회부눈
이쳔가지되고이밧긔눈다물고기무리오연톄동물은거진오쳔가지가잇고관졀동물
은지금안거슨십만가지나되나쏘아직산지샹고치못훈거시이안것보다만홀듯호듸이
즁에만흔거슨츙부이니지금산지샹고훈거슨팔만가지나도이밧긔도동물의수다흔거슬셰듯라알냐
되니다합호면이십오만가지라도이밧긔도동물의수다흔거슬셰듯라알냐
호면눈으로볼수업눈극미(極微)동물을잠간혜아려보더인듸이는현미경으로오십만
빅나크베홍여도겨우보기만호눈거시라동물박슈의말이물호방울가온듸잇눈버러
지의수효가온듸구우헤사논사람의수효와굿다호니이눈거졋말이아니오실노오리
동안격물리치듸로시험호야본거신듸이조고마호싱물도형샹과몸이각각여러가지모
양으로되야잇셔코끼리와거믜가판이흠굿호며혹은극히오묘호아름답고작
으나눈과피줄과빗와되근이다잇스며쏘긔력과운신호눈거시쏫밧긔이샹호야엇던거
손조곰도쉬지아니호니에른쎠크(Ehrenburg)동물학슈가닐♢듸내
가쥬야로이거슬슈래허보아스나가만히잇셔쉬는거슬보지못호엿다호고가펜듸(Carpenter)

총론

五

총론

동물학 소는 말 호되 내가 물 호방울을 가지고 현미경으로 보매 그 운신 호 눈거시 각각 제 성품 디로 달나셔 그 경치가 극히 이상 호고 조미가 만흔 디 엇던 거슨 살듸 놀아가는 것 곳치 그 몸을 바로 더져 쌜니 가는거슬 눈으로 밋쳐 볼 수 업고 혹은 검아리와 곳치 몸을 물고 쳔쳔히 가는 것도 잇고 혹은 졔 몸을 쌜니 둘너 수레박회 곳치 못 호눈 것 곳고 혹은 압셔 갈때에 물결 놀듯 호며 혹은 졔 몸보다 여러 곱으로 뛰 눈 것도 잇스니 알 언이 폐지 홀 면 이 극미 동물이 운신 호 눈 즁에 못홀 거시 업 겟스며 그 수효는 사룸이 능히 다 혜일 수도 업고 셔틋 수만 호니 모든 식물의 진익과 흙쌈에나 다 이거스로 최우고 깁흔 바다에도 다 잇는 디 격은 나무닙 스귀와 격은 물 방울에 나 격은 모릭 알에라도 다 여러 술 흠이 잇고 사룸의 니 스이에도 쳔만 마리 나 잇고 일 우리 빗 속에 드러 가는 거시 억만 마리나 되며 피 줄에도 군 스의 뼈와 곳치 달녀든다 호엿고 또 셔 쨘회엘(Sir John Hill) 박학소는 말 호되 내가 대 솔박 속 혼 나 흘 가져 현미경 아릭 두고 보니 거긔 조고마흔 버러지 멧무리가 잇셔 서로 희롱 호야 뛰 놀며 자란 호 눈 거시 뵈이는 디 내가 여러 날 동안 빅 소물 견폐 호고 이 것만 보미 뎌 희 힘지 거 눈 동과 셩품과 조미 잇게 지 내 눈 큰 나무 테와 곳고 그 스이 눈 넙은 거 현미경으로 보니 속판은 광대 훈 평디 가 되고 솟 줄기 눈 큰 나무 테와 곳고 그 스이 눈 넙은 거 리 곳치 뵈이 눈 디 거리에 눌 리 잇 눈 버러지 가 혼 조도 잇 고 둘식도 잇 고 무리 를 지어 류도 호 눈 디 그 빗 츤 환 훈 보리 빗 치 광 치 잇 눈 금 빗 과 셕 긴 것 곳 호 야 사룸이 몬드 눈 비 단 빗 보 다 지

六

총론

나는지라 내가 보니 그 묘흔 몸과 향긔로운 긋흔 놀기와 하놀긋치 푸른 등심이와 눈이 금강셕긋
치 빗노는 거슬 다 형언홀 수 업스며 쏘 숫 것시 제 됴화호는 아름다온 암컷을 뒥호야 제 놀기로
소리도 내여 그 암컷의게 칭찬을 밧고 저호며 쏘 흠쎄 됴흔 수풀 속으로 단니니 이는 잘 지은
시와 쏨에 맛나 눈 것 다호더라 이런 거슬 다 보니 우리 눈압혜 잇는 것만 하는 님 묘흔 신권
을 나타낼 뿐 아니라 우리 발 아릭 잇는 씌 속과 호흡호는 공긔와 마시는 물에 도 다 하는 님
의 조셩호신 권능을 나타내여 영화를 하는 님쎄 돌녀 보내는 거시라 이 동물을 다 합호야 보
니 조고마 흔 극미 동물브터 지극히 큰 코기리와 고릭 섯지 다 서로 샹관이 잇스니 이 샹관은
무엇신지 아직 다 알 수 업스나 동물박학 소가 궁구호는 딕로 더 옥 알 지로다 하는 님쎄셔 이
턴디 만물을 잘 다스리샤 엇던 동물이 너머 왕셩호는 것도 막으시니 그리 만일 셔로 샹관 할 일
른 것의 게 아 조 쇼멸호는 것도 막으시니 나라이즘 싱들세리 만 일셔로 샹관이 잇던 동물의 죵자 가
즘싱 이 사름의 게 도 면 샹관이 나 갓 가온 샹관이 다 크게 잇는 곳 마 다 다 긋
치 잇고 그 잇는 동물은 사름을 위호야 지으심이라 고 모든 동물이 사름과 샹관이 이 긋 치
만흔 나 사 름은 동물 즁에 특별이 령혼이 잇는 고로 이 보다 더 놉흔 세샹과 도 샹죵 호게 되엿
스니 이 셰샹에 잇는 동물과 샹관이 쓴허 지면 하는 님쎄 이 보다 더 옥 영화 로 온 다른 몸을 밧
아 그 영원히 잇슬 곳과 뎍당케 될 거시로다

七

동물학 목록

뎨일쟝은 동물의 눈혼것과 두손(Bimana)(二手) 잇는 젹은 떼를의 론홈이라

뎨이쟝은 사름과 다른 동물을 비교홈이라

뎨삼쟝은 네손(Quadrumana)(四手) 잇는 쟉은 떼를의 론홈이라

뎨스쟝은 놀기로 손 노릇ᄒᆞ는(Cheiroptera)(翼手動物) 쟉은 떼와 네발(Quadrupeds)(四足) 잇는 쟉은 떼를의 론홈이라

뎨오쟝은 고기먹 눈쇽(Carnivora)(食肉獸) 을 다시의 론홈이라

뎨륙쟝은 고기먹 눈(Carnivora)(食肉獸) 쇽을 다시의 론홈이라

뎨칠쟝은 버러지 먹는(Insectivora)(食虫獸) 혼쇽과 너는(Rodentia)(齧齒獸) 혼쇽을의 론홈이라

뎨팔쟝은 니업는(Edentata)(無牙獸) ᄒᆞᆫ 쇽과 주머니 잇는(Marsupialia)(有袋獸) ᄒᆞᆫ 쇽을의 론홈이라

뎨구쟝은 가쥭 둡거온(Pachydermata)(厚皮獸) 쇽을의 론홈이라

뎨십쟝은 싹임질ᄒᆞ는(Ruminantia)(返嚼獸) 쇽을의 론홈이라

뎨십일쟝은 싹임질ᄒᆞ는(Ruminantia)(返嚼獸) ᄒᆞᆫ 쇽을 쏘 의론ᄒᆞ고 슈죡 업는

一

목 록

뎨십이쟝은 (Cetacea) (無手足動物) 쟉은 쩨 물의 론홈이라
뎨십삼쟝은 새 (Birds) (鳥部) 쩨 물의 론홈이라
뎨십ᄉᆞ쟝은 잘안눈새 (Insessores) (雀屬類) 과 물의 론홈이라
뎨십오쟝은 잘안눈새 (Insessores) (雀屬類) 과 물 다시의 론홈이라
뎨십륙쟝은 반목됴 (Scansores) (攀木鳥) 와 소발됴 (Rasores) (搔撥鳥) 와 치쥬됴 (Cursores) (馳走鳥) 의 과 물의 론홈이라
뎨십칠쟝은 물새쟉은쩨 물의 론홈이라
뎨십팔쟝은 파힝부 (Reptiles) (爬行部) 물의 론홈이라
뎨십구쟝은 물고기쩨 (Fish) (魚部) 물의 론홈이라
뎨이십쟝은 관졀 (Articulates) (關節) 동물을의 론홈이라
뎨이십일쟝은 경시 (Coleoptera) (硬翅) 츙부물의 론홈이라
뎨이십이쟝은 직시 (Orthoptera) (直翅) 츙부물의 론홈이라
뎨이십삼쟝은 믹시 (Neuroptera) (脉翅) 츙부물의 론홈이라
뎨이십ᄉᆞ쟝은 소모시 (Hymenoptera) (四膜翅) 츙부물의 론홈이라
뎨이십오쟝은 린시 (Lepidoptera) (鱗翅) 츙부물의 론홈이라

목록

뎨이십륙쟝은 반시(Hemiptera)(半翅) 츙부와 쌍시(Diptera)(雙翅) 츙부와 미현시(Aphaniptera)(未現翅) 츙부와 무시(Aptera)(無翅) 츙부들의 론흠이라
뎨이십칠쟝은 다죡(Myriapoda)(多足)부와 지쥬(Arachnida)(蜘蛛)부들의 론흠이라
뎨이십팔쟝은 갑각부(Crustacea)(甲殼部)와 련졉부(Annelida)(連接部)들의 론흠이라
뎨이십구쟝은 연톄(Mollusks)(軟軆) 동물들의 론흠이라
뎨삼십쟝은 샤형(Radiates)(射形) 동물들의 론흠이라
뎨삼십일쟝은 샤형(Radiates)(射形) 동물을 다시 의 론흠이라

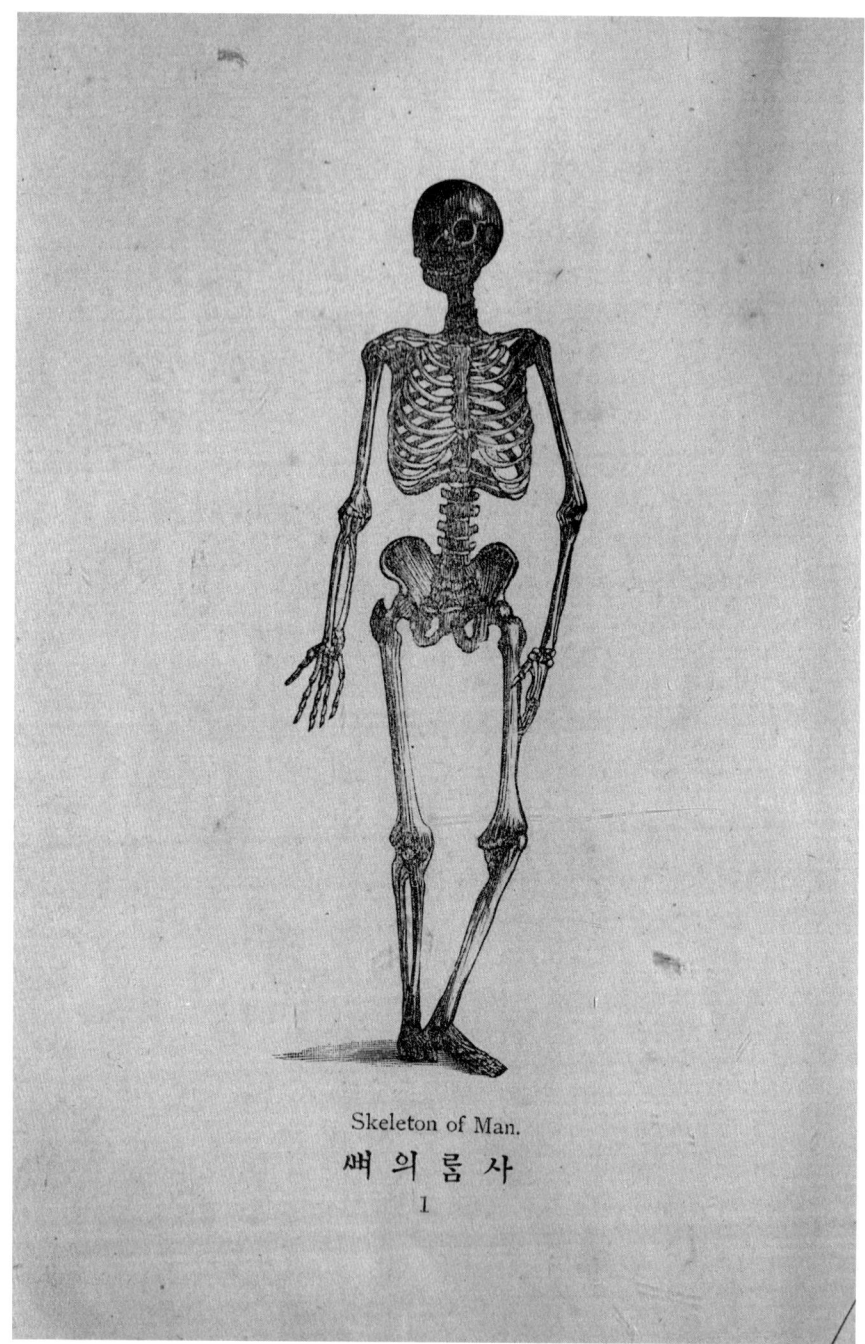

Skeleton of Man.
뼈의름사
1

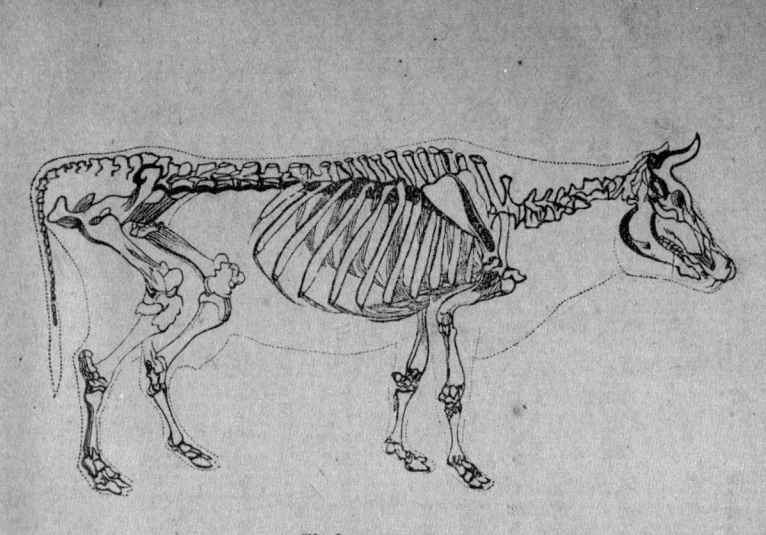

Skeleton of Cow.

뼈의 소
2

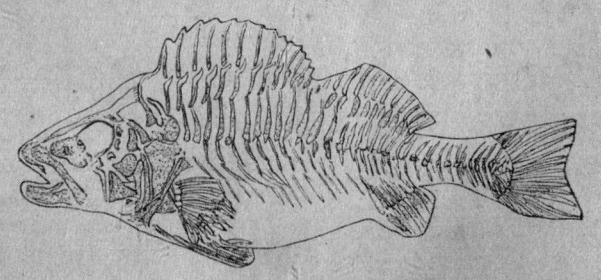

Skeleton of Fish.

뼈의 션싱
3

동물학 일권

유쳑(有脊)동물이라 Vertebrates,

데 일 쟝

데일쟝은동물의 눈 한것과 두손(両手)(Bimana)잇는 작은쎄를의론홈이라

(一) 동물을네가지에눈호얏스니쳣지는유쳑동물(Vertebrates)(有脊動物)이오둘지는 관졀동물(Articulates)(關節動物)이오셋지는연톄동물(Mollusks)(軟軆動物)이오넷지 는샤형동물(Radiates)(射形動物)이라

(二) 무릇유쳑동물지파는다쎼슬경이잇스니닉쟝을보호호는지톄는쎄와살과그밧긔 부드러온가쥭이잇고등에는쎼기동호줄기가잇고쏘여간히젹은쎼들이차례로졉호엿 누니라등심쎄가온티큰구멍호나히잇서등골(Spinal Cord)이가득호게찻누니라

(三) 관졀동물은몸속에쎄슬경이업스나몸을덥는마티로된갑옷굿혼거시잇눈티그힘 줄이든든혼싹티기와혼티붓헛시나가지를보면그집긔를움작이게혼거시잇는힘줄이 혼몸쟉티기와혼티붓헛고혼낫혼집긔쟉티기와혼티붓혼거시라

一

예 일 쟝

(四) 관졀동물에게 족속과 디렁이 족속과 검의와 견갈 족속과 충부가 드러간 거시니 게 족 속에 마디로 된 싹티기가 뎡물 노면 둑 둘러 스니 그 중 든든 ᄒᆞ고 쏘 츙류를 혜아려 보아도 싹 디 기 든든 ᄒᆞᆫ 거시 잇고 쏘 다 디렁이라도 그 몸 속에 잇는 것보다 싹 디 기가 좀 든든 ᄒᆞᆫ 집에 잇

(五) 동물 눈 혼것중에 셋지 는 연ᄃᆡ 동물이니 이 눈 부드러온 거시 오 거반 다 든든 ᄒᆞᆫ 거시라

(六) 빗치 샤형 동물은 이 상 ᄒᆞᆫ 거시 신 틱 그림을 보면 몸 된 의 스를 알터이니 이지 파에 드러 256

(七) 유혁 동물은 사람과 즘승과 새와 셩션과 빅암과 기고리 ᄀᆞᆺ 흔 것들이니 서로 크게 ᄀᆞᆺ 지 아니 ᄒᆞ나 다 등심뼈가 잇는 고로 유혁 동물이라 ᄒᆞ ᄂᆞ 니라 1 2 3 4 5 6 몸 술 두 쪽에 ᄂᆞᆫ 호 앗스니 쳣지 ᄂᆞᆫ 더 운피 (Warm-blooded) 잇 ᄂᆞᆫ 거시 오 둘지 ᄂᆞᆫ 찬피 (Cold-blooded) 잇 ᄂᆞᆫ 거시 신ᄃᆡ 더 운피 잇 ᄂᆞᆫ 거 손ᄯᆡ가 차 나 더 우나 ᄒᆞᆼ상 더 운 거시로 되 찬피 잇 ᄂᆞᆫ 거 손그러 치 아니 ᄒᆞ야 ᄯᆡ 가 덥 고 찬 거 술 ᄎᆞᆺ 차 변 ᄒᆞ 니 가령 말 ᄒᆞ 면 물에 잇 ᄂᆞᆫ 성 션 이 물이 차고 더 우ᄂᆞᆫ 거 술 ᄎᆞᆺ 차 변 ᄒᆞᆫ ᄀᆞᆺ ᄒᆞ 니라

(八) 더 운피 잇 ᄂᆞᆫ 쪽을 ᄂᆞᆫ 호 면 두 ᄶᅢ 인 ᄃᆡ 쳣지 ᄂᆞᆫ 식 기 낫코 날키 나 ᄂᆞᆫ 거시니 이 ᄂᆞᆫ 새 (Birds) (鳥) 인 ᄃᆡ 이 두 가지 가 다 허 파 가 잇서 호흡을 둥ᄒᆞ며 념둉에 네 방이 잇서 붉은 피와 쟈 석 色紫 피를 서로 matia) (晡乳獸) 라 ᄒᆞ ᄂᆞᆫ 거시 오 둘지 ᄂᆞᆫ 알 낫코 날키 나 ᄂᆞᆫ 거시니 이 ᄂᆞᆫ 포 유 슈 (Mam-

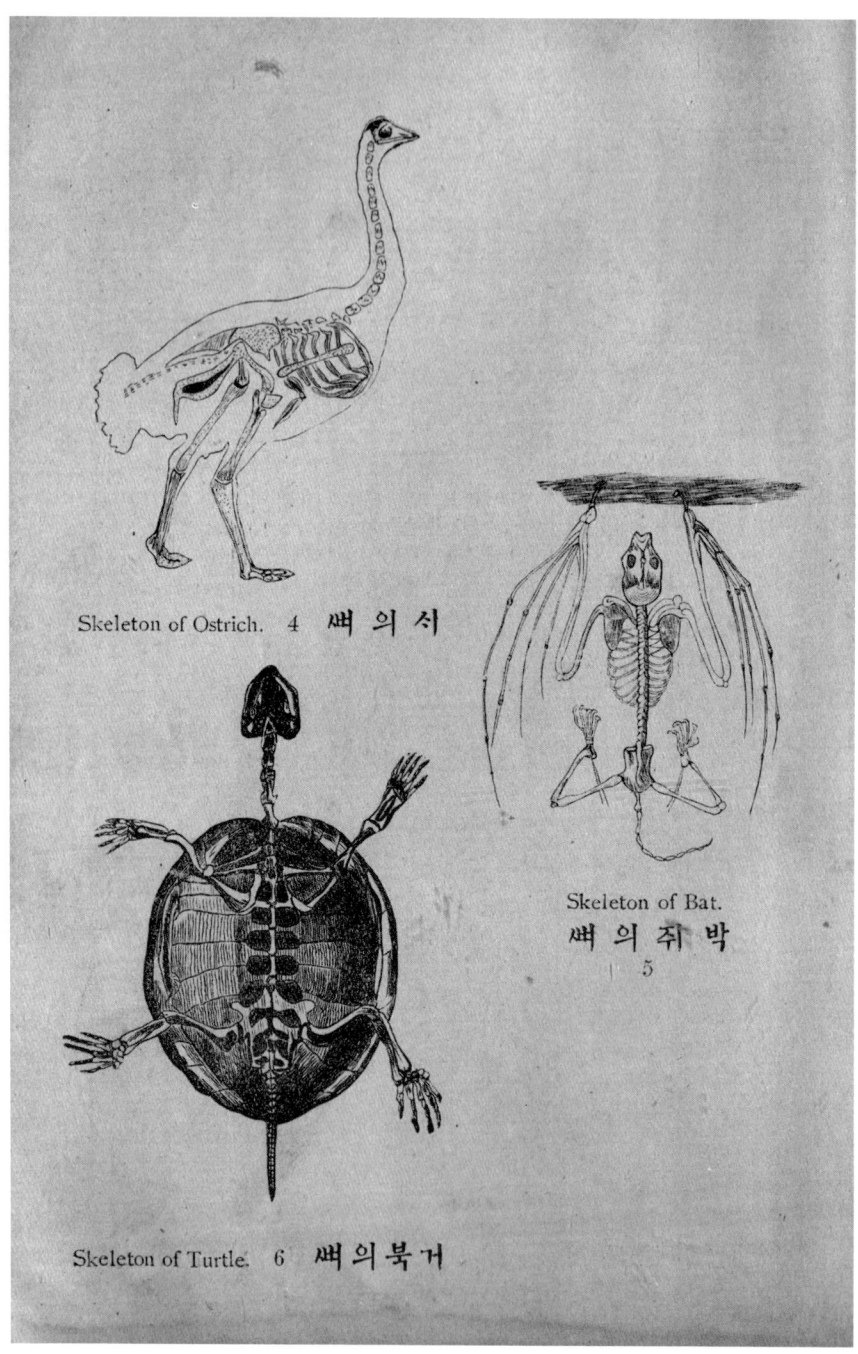

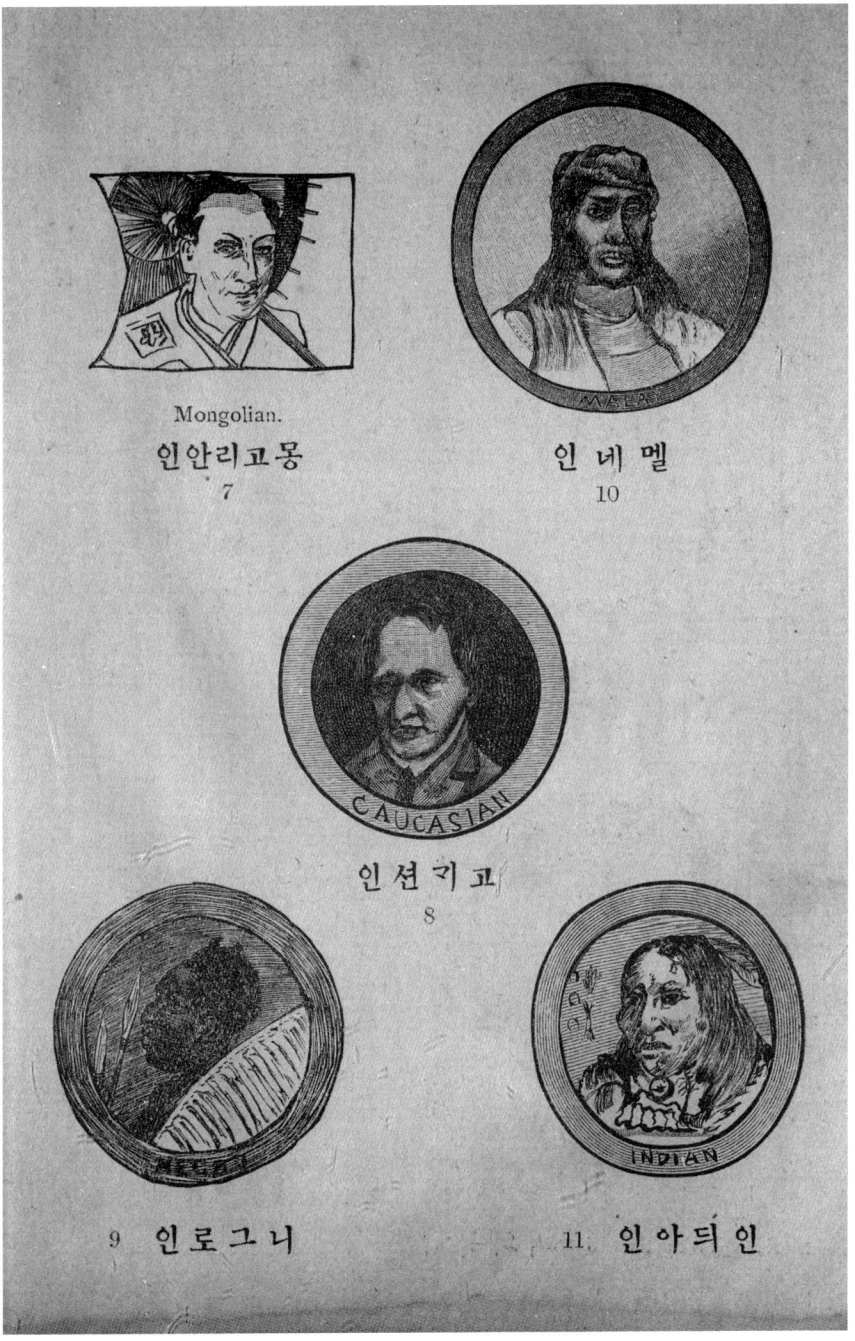

(九) 졋먹이는거슬눈호면다숫작은쎄가잇스니 첫재는두손잇는량슈동물(Bimana)이니원숭이류요 둘재는네손잇는스슈동물(Cheiroptera)(翼手動物)이니박쥐류요 넷재는날기로손노릇ᄒᆞ는익슈동물(Quadrumana)(四手動物)이니 다숫재는손발업는무슈동물(Cetacea)(無手足動物)이니고리류나라이는형샹이물고기와ᄀᆞᆺ고물에잇스나피는더우며식기를나서졋을먹이며귀살미디신허파가잇스니이는포유슈류에드러간거시라

(十) 두손잇는거슬샹고ᄒᆞ여보니곳사름이라사름을다숫죵ᄌᆞ에눈호앗스니 첫재는몽고리안죵ᄌᆞ(Mongolian)인듸 7 畧아시아동편에사ᄂᆞᆫ지라그곳사름은얼골이흰거시 석기고눈빗촌검고도흐리며털빗촌검고쏘곳은거시오 둘재는고가션죵(Caucasian)인듸 8 畧아메리까와유로바와아시아셔편에사ᄂᆞᆫ지라이사름들은얼골빗치희고코가놉흐며눈은남빗도잇고검은빗도잇스며털은누릇코검기도ᄒᆞᆫ거시오 셋재는니그로죵(Negro)인듸 9 畧아푸리까에사ᄂᆞᆫ듸그곳사름은얼골이검고코이평평ᄒᆞ고넓으며입수눈듯텁고털은검고짜르며 넷재는말네(Malay)죵이니 10 畧태평양모든셤가온듸사ᄂᆞᆫ듸얼골이검븕으며입과코는넓고눈은검으며털은검고도

뎨 일 쟝

곳으며 너 마는 좁고 작은 거시오 다섯지 눈인듸안 (Indian) 죵인듸 II 鼉 곳 아메리사대쥬에 도인이라 그 곳 사람은 얼골이 붉은 구리빗치 오털은 검고 곳으며 광듸뼈 가 놉고 눈이 깁흐니이다 솟죵즈에 얼골이 비록 크게 다르나 대계 샹 사람의 오관과 지혜와 골육은 호나히니라

파지			죵
족졔			몽고리안
뎨은쟉	등더먹졋		고기션
과	심운이두		너그로
속	뼈피것 손		멜네
류	룸 사		인듸안

(十二) 이 우희 말한 거슬 다시 미루어 본즉 질병과 깃부고 노호며 슯흐고 즐거오며 맛잇고 됴화 호며 사랑 호고 미워 호는 거시 조곰도 다름이 업는 고로 혼 사람의 몸을 보면 가히 온 텬하 사람의 몸을 집쟉 호야 알지라

(十三) 셩셔에 닐너스 다 호는 님 께셔 처음에 혼 혈 밋으로 빅셩을 셰샹에 닉이샤 온 싸헤 거 호게 호 셧다 호 셧스니 이럼으로 공즈 말솜에 도 스히 안에는 다 형뎨라 호 셧느니라 대한과 쳥국과 일본은 몽고리안혼 죵으로써 셰나라 혜는 혼 거시 분명 호 지라 쑥쑥이 말 호 면 혼 사람으로 혼 집 안이 되는 듸 혼 부즈와 형뎨의 용모가 크게 다르지 안 흐되 즈셰히 보 면 굿호 즁에 도 죠 다르니 이럼 으로 셰샹에 두 사

룸의 모양과 독굿흔거시 업스나 하느님의 크신 능력이 아니면 엇지 그러케 ᄒ엿스리오 (시편 일빅 삼십 륙편 삼십 소결 노십륙결) 쥬끠셔 나의 몸을 지으시니 신묘ᄒ믈 헤아릴 수 업도다 쥬의 경륜이 귀이ᄒ시니 이는 나의 아는바요 ᄯᅩ 쥬끠 찬숑ᄒᆞ노니 내가 모틱에셔 지음을 밧음이 심히 공교ᄒ고 쎠 가자람도 다 쥬끠셔 ᄒ심인줄 내가 알고 ᄯᅩ 내가 티되여 슬쎼에 쥬의 눈이 보시고 내가 나지 못ᄒ여 슬쎄 도 모든 일을 다 쥬끠셔 뎡ᄒ신 바 오니 이거 순쥬의 칙에 긔록 ᄒ엿도다

습 문

문 ○ 하ᄂᆞ님끠셔 지으신 물건을 몃가지에 눈호앗ᄂᆞ뇨 ○ 어ᄂᆞ거시 동물이며 ○ 어ᄂᆞ거시 식물이며 ○ 어ᄂᆞ거시 뎡물이뇨 ○ 동물을 몃지파에 눈호앗ᄂᆞ뇨 ○ 유쳑동물은 엇더ᄒᆞ뇨 ○ 관졀동물은 엇더ᄒᆞ뇨 ○ 연톄동물은 엇더ᄒᆞ뇨 ○ 샤형동물은 엇더ᄒᆞ뇨 ○ 어ᄂᆞ거시 유쳑동물지파에 붓헛ᄂᆞ뇨 ○ 유쳑동물은 몃죡에 눈호앗ᄂᆞ뇨 ○ 더운 피눈 잇는 죡을 쏘 몃쎄에 눈호앗ᄂᆞ뇨 ○ 더운 피눈 엇더ᄒᆞ며 이는 거슬 몃작은 쎄에 눈호앗ᄂᆞ뇨 ○ 어ᄂᆞ동물이 두손이 잇ᄂᆞ뇨 ○ 포유슈는 무ᄉᆞᆷ듯시 뇨 ○ 젓먹이는 거슬 몃작은 쎄에 눈호앗ᄂᆞ뇨 ○ 어ᄂᆞ동물이 두손이 잇ᄂᆞ뇨 ○ 사람의류 룰 몃죵즛에 눈호앗ᄂᆞ뇨 ○ 몽고리안 모양은 엇더ᄒᆞ뇨 ○ 니그로 모양은 엇더ᄒᆞ뇨 ○ 고기션 모양은 엇더ᄒᆞ뇨 ○ 멜네죡 모양은 엇더ᄒᆞ뇨 ○ 인듸안 모양은 엇더ᄒᆞ뇨 ○ 무엇보고

데 일 쟝

데 일 쟝.

사롬이 혼 혈믹으로 난 줄 아ᄂ뇨 ○몽고리안은 다 혼 가지뇨 ○뉘가 몽고리안이뇨 ○셰계에 두 사롬의 낫 모양이 혼 사롬과 굿ᄒᆞᆼ뇨 ○사롬의 권셰를 셩경에 엇더케 닐넛ᄂ뇨

六

뎨이쟝은 사룸과 다른 동믈을 비교홈이라

하ᄂ님ᄭ셔 지으신 모든 사눈물 건즁에 사룸이 가쟝 긔묘ᄒ고 존귀ᄒ니 셰샹 삼 지가 온 뒤 거ᄒ야 만물우 회 뛰여 난지라 (챵셰긔 일쟝 십륙 졀 노 삼십일 졀) 하ᄂ님이 ᄀᆞᆯᄋᆞ샤 뒤 우리 무리가 맛당히 사룸을 지으되 우리의 형샹과 굿치 ᄒ야 그로 ᄒ여 곰 바다에 고기와 나눈새와 닷눈 즘ᄉᆡᆼ과 밋 싸헤잇 눈 버러지를 다 스리게 ᄒ쟈 ᄒ고 하ᄂ님ᄭ셔 즈긔 형 샹 ᄃᆡ로 사룸을 지으샤 나 히와 녀 인을 지으신 후에 복을 주시고 쏘 닐ᄋᆞ샤 ᄃᆡ 셩육이 만하 싸헤 가득ᄒ야 바다와 고기와 나눈새와 밋 싸우회 모든 하 닐ᄋᆞ샤 ᄃᆡ 볼지어다 온 싸 헤 씨 잇 눈 치 소와 실과 눈 다 너 를 주어 먹 게 ᄒ고 닷눈 즘ᄉᆡᆼ과 나 눈 새와 밋 싸헤 기 눈 모든 싱물 은 풀을 먹 게 ᄒ리라 ᄒ시 니 그 말솜 ᄃᆡ 로 된지라 하ᄂ님ᄭ 셔 지 신 거슬 보 시 고 됴 타 ᄒ시 니 라

(一)

사룸과 다른 동믈이 엇더 케 분별 되 엿 눈지 ᄌ 셰 히 샹 고 ᄒ 면 열 여 돏 됴 목 이 잇 눈 니 라

새와 즘ᄉᆡᆼ은 다 만 소리 만ᄒ 되 사룸은 가히 말도 ᄒ 눈 니 라 긔 굿 ᄒ 즘 ᄉᆡᆼ 은 혹 깃 부 던 지 압 흐 던 지 소리로 나 타 니 고 잉 무 새 눈 능 히 사룸의 말을 본 밧 지 만 은 다 만 사룸의 음 셩 만 닉 혀 말 ᄒ 눈 고 로 그 말 에 ᄯᅳᆺ 슬 아 지 못 ᄒ 니 그 런 고 로 사룸 이 ᄆᆞ 음 과 신 으 로 싱 각 ᄒ 야 즐 거 울 ᄯᅢ 에 턱 어 리 를 흔 드 러 능 히 ᄆᆞ 음 가 온 ᄃᆡ 잇 눈 ᄯᅳᆺ 슬 달 홈 과 굿 지 아 니 ᄒ 니 라

뎨 이 쟝

七

데이쟝

(二) 산이깁고 수풀이 씩씩훈 곳에 새와 즘싱들이 비록 깃슬 드려 살며 구멍을 파 고쳐 ᄒᆞ나 엇지 사름이 봇쟝과 기동으로 집을 짓는 것과 굿ᄒᆞ리오 ᄯᅩ 새와 즘싱은 깃드리고 구멍 팔 때에 공교ᄒᆞᆷ이 잇스나 오리 셔 놁어져도 새롭게 ᄒᆞ지 못ᄒᆞ 느니 이는 사름들이 새 법을 베프러 능히 밧그로 보기도 아름답고 곰 안에 의도 합당ᄒᆞ게 ᄒᆞᆷ과 비교 ᄒᆞ면 크게 서로어 그러지 느니라

(三) 새와 즘싱을 말ᄒᆞᆷ면 혹 한 가지 일만 힘쓰면 사름보다 나ᄒᆞ나 그러나 엇던 째에 사름의 힘으로 ᄒᆞ지 못ᄒᆞᆯ 거슬 무슴 물건에 힘이나 긔계 힘을 비러 ᄒᆞᆯ 수 잇느니라 코 기리가 능히 무거온 물건을 실 수 잇스나 사름 도 계교를 베풀면 코기리 보다 더 무거온 것을 옴길 수 잇고 민눈이 사름보다 멀니 보나 사름은 쳔리경으로 미 보다 더 멀니 볼 수 잇고 고양이 귀가 심히 볿아 도 사름은 던보와 무션뎐 (줄 업는 던 보라) 으로 그 보다 더 멀게듯고 됴 흔 물에 힘이 능히 번기와 바람을 ᄯᅩ른다 고 ᄒᆞ나 화륜 거는 순식간에 능히 쳔리를 가느니 아모리 먼디라도 못 밋츨디 가 업느니라

(四) 무릇 동물이나 식물들이 보고 조곰 그 형지는 아는 것슨 되 셰히 ᄒᆞ는 모 르느니 사름은 물건마다 일마다 ᄆᆞ음으로 가만히 술피는 고로 능히 그 가온 디리 치ᄯᅥ지라 도 궁구 ᄒᆞ야 아ᄂᆞ니라

(五) 새와 즘싱은 비록 졔동무와 짝이 잇스나 엇지 사름과 굿치 동심합력 ᄒᆞ야 모든 일을 ᄒᆞ리오 혹 병뎡이 되여 ᄊᆞᄒᆞᆷ을 ᄒᆞ던지 밧츨 갈던지 ᄒᆞ야 강로를 긔쳑ᄒᆞ고 곡식 농부가 되여

올거두눈되각각그소임을잘ᄒᆞᄂᆞ니라또셜ᄉᆞ금슈의ᄒᆞ는거동은사ᄅᆞᆷ과ᄀᆞᆺᄒᆞ나사ᄅᆞᆷ만못ᄒᆞ니라

(六) 푸른빗과누른빗과붉은빗과흰빗과검은빗굿ᄒᆞᆫ거슬새와즘셩이능히분간ᄒᆞ나사ᄅᆞᆼᄒᆞ고잇기는듯이업스나사ᄅᆞᆷ은빗츨보면깃버ᄒᆞ야사랑ᄒᆞ고잇길쁜만아니라더욱중히넉이며온갓그림과화초중에구경홀만ᄒᆞᆫ거슨다ᄇᆞ리지안ᄂᆞ니라

(七) 널니버려잇는새와즘셩을보면졸거나먹거나서로ᄉᆞ양ᄒᆞ는모양이좀잇는듯ᄒᆞ되실샹은ᄉᆞ양ᄒᆞ는거시아니라이는그약ᄒᆞᆫ즘싱이강ᄒᆞᆫ것을뒤ᄯᅥ러지지못ᄒᆞ야그러ᄒᆞ나사ᄅᆞᆷ을보면형셰가강ᄒᆞ고약ᄒᆞᆷ으로그러ᄒᆞᆫ거시아니라범ᄉᆞ에례의딕로힘흠이니그법을ᄡᅩᆺ차ᄉᆞ양흠은례ᄒᆞᆫ가짐나졂고어린이를혜아릴줄아ᄂᆞ니왕졍이라ᄒᆞᆫ눈글에도반빅된쟈는길에서니은이를공경ᄒᆞ고지지안는다ᄒᆞ엿스니곳이ᄯᅳᆺ슬ᄀᆞᄅᆞ침이라

(八) 셰샹에새와즘셩들이ᄯᅢ를슬필줄아ᄂᆞ니ᄯᅡ기는밤을직희고닭은시벽을슬피ᄂᆞ니라그러나ᄯᅡ기와독이층으로ᄯᅢ를아는거시아니오이는텬셩이그러ᄒᆞ거니와사ᄅᆞᆷ처럼문을든든히ᄒᆞ야도젹을막으며죵표를믄드러시간을뎡ᄒᆞ기는능히못ᄒᆞᄂᆞ니라

(九) 새와즘싱들은항샹사ᄅᆞᆷ의ᄀᆞᄅᆞ침을듯고심부름을잘ᄒᆞᄂᆞ니ᄯᅩ양의무리를도라보며소와ᄆᆞᆯ이메이눈수레와멍에를살피ᄂᆞᆫ거시다사ᄅᆞᆷ이ᄀᆞᄅᆞ치ᄂᆞᆫ

뎨이쟝

밧긔 눈ㅎ지 못ㅎ느니라 사름은 무숨어려온 일에 쳐ㅎ여도 호번 놉흔 션셩의 ᄀᄅ침을 밧으면 깁히 싱각홈으로 이를 인ㅎ야 도 알며 ㅎ나 흘트어 셋석지 싱각ㅎ야 능히 모든 법을 셰드르 알고 일만일을 일우느니라

(十) 져퍼ㅎ며 두려워ㅎ는 것과 깃버ㅎ며 셩닉는 것과 ᄉ랑ㅎ며 뮈워ㅎ는 것과 즐거워 흠을 밧그로 나타닉는 거시 사름과 즘셩이 대샹부동ㅎ니 즘셩은 무셔우면 도망ㅎ고 즐거워 던지 뭡던지 ㅎ면 제 짝과 동모를 ᄯᅥ나고 깃부고 ᄉ랑ㅎ면 무리를 일우고 ᄯᅩ 제 본셩 을 나타닉느니 잡은 양과 작은 달이 뛰여 둔니는 것과 긔가 ᄭᅬ리를 흔드는 거시다 그러ㅎ거 시라 그러나 사름은 즘셩과 굿지 아니ㅎ야 무셔옴이 잇스면 법을 베프러 면ㅎ고 즐거음이 잇스면 그즐 거온 거슬 오릭 도록 굿치지 안ㄴ니라

(土) 새와 즘셩은 무솜 병이 잇슬 때에 약을 킬여먹을 줄도 알되 혹 일신 즁에 어되 상쳐 가 잇 거나 혹 이 목에 병이 나거나 가ᄶᅡ지고 발이 상ㅎ여도 곳칠 방책을 모로니 엇지 사름이 안 경으로 안력을 도으며 바람긔게 (귀먹은 쟈를 듯게 ᄒᆞ눈긔게) 로 귀에 드림을 도아 주며 니를 문 드러 음식 널기를 편케 ᄒᆞ며 나무로 슈족을 문 드러 쓰기에 편케 흠과 굿ᄎᆞ리 오 그런 고로 사름은 무솜 병이 던지 솟밧긔의 다 곳치는 법이 잇느니라

(圭) 우례소에셔 심부름 ᄒᆞ는 말이 일을 필혼 후에 능히 제 본소로 도라 갈 줄을 알고 멀니 노 훗던 비들기가 작은 깃발을 보고 제 잇던 딕 로 도라오고 ᄯᅩ 편지도 젼ᄒᆞ눈 거슬 보면 금슈 즁

에도모지긔역ᄒᆞ여두ᄂᆞᆫ성품이업ᄂᆞᆫ거소아니나 그러나사ᄅᆞᆷ은이ᄀᆞᆺ할뿐만아니라무
어술ᄒᆞ던지보고드른ᄃᆡ로ᄎᆔᆨ에써서외이면무ᄋᆞᆷ의졸연히닛지안ᄂᆞ니라
ᄉᆞᆷ크나젹은물건을맛나면엇더케ᄒᆞ야든든히잡을것과엇더케ᄒᆞ여야쉽게ᄒᆞᆯ거ᄉᆞᆺᄒᆞ나무
사ᄅᆞᆷ마다일을할때에두손을의지ᄒᆞᄂᆞᆫᄃᆡ금슈즁에도ᄌᆞ나비ᄂᆞᆫ손이잇ᄂᆞᆫ것ᄀᆞᆺᄒᆞᆯ거술사
ᄅᆞᆷ과ᄀᆞᆺ치모르고ᄯᅩ무겁고가비야온거슬쳐드ᄂᆞᆫ것과등군거슬굴니ᄂᆞᆫ것도사ᄅᆞᆷ과ᄀᆞᆺ처
분수잇게못ᄒᆞᄂᆞ니라
(齒) 엉지ᄃᆞ리ᄒᆞᆫ놈이병아리열두마리를기르ᄂᆞᆫᄃᆡ사ᄅᆞᆷ이제무ᄋᆞᆷ티로그병아리를옴겨가
도그암둙이못춤ᄂᆡ제식기가만코젹은거슬아지못ᄒᆞ고ᄯᅩ엉지고양이가식기다ᄉᆞᆺ마
리를나핫ᄂᆞᆫᄃᆡ사ᄅᆞᆷ이틈을타셔두세마리를가져가도더가아지못ᄒᆞ니두리과ᄉᆞᆺ
혜이ᄂᆞᆫ거술아지못ᄒᆞᄂᆞᆫ동물이라이거슬보면말지안코도사ᄅᆞᆷ과즘ᄉᆡᆼ의보ᄂᆞᆫ거시다
른줄알겟도다
(奇) 셰샹사ᄅᆞᆷ들은ᄀᆞᆯ침을밧아셔션ᄒᆞᆫ거슬됴화ᄒᆞ며악ᄒᆞᆫ거슬슬혀ᄒᆞᄂᆞᆫ무ᄋᆞᆷ과그른
거슬ᄇᆞ리고올흔ᄃᆡ에나아갈무ᄋᆞᆷ이잇ᄂᆞᆫᄃᆡ오직금슈ᄂᆞᆫ사ᄅᆞᆷ의역ᄉᆞᄒᆡᆷ을밧아도감히억
지로겨으르지못ᄒᆞᄂᆞᆫ거시손금슈가능히션악과시비를분간ᄒᆞ여그러ᄒᆞᆫ거시아니라실상
은사ᄅᆞᆷ의ᄯᅡ림을밧올ᄉᆡ두려워ᄒᆞ야ᄯᅢ로일을실수치안ᄂᆞ니엇지사ᄅᆞᆷ이본셩품ᄃᆡ로
션악과시비를분간ᄒᆞ야ᄒᆞᄂᆞᆫ일만ᄒᆞᆯ수잇스리오

데이쟝

十一

대이쟝

(五) 금슈는 다만 사름만 알고 하느님은 아지 못하는디 사름은 임의 제 몸 잇는 거슬 안 연후에 그 근본을 상고하여 제 몸을 뉘시고 셩품을 주신 하느님 계신 줄 셔지 알고 쏘 하느님은 홀노 계신 줄도 아느니라

(六) 금슈는 거의 제 눈 압만 도라보고 뒤일은 아지 못하는디 맛당히 비 오기 젼에 예비하는 거시 올커늘 그러케 못하느니라 사름은 물건을 대츅하였다가 늙을 쌔와 죽은 후에 쓸 거시비하고 쏘 후셰에 심판할 일이 잇슬 줄도 분명히 아느니라

(七) 무릇 셰샹에 금슈는 다만 령혼은 갓초 아스나 령혼은 갓초지 못하여스니 이 안는 령혼이 갓초인고로 만물 가온디 웃치하고 우쥰하고 비록 미하한 사름이라도 지극히 총명한 금슈보다 오히려 나흐니 그게 다름이 하늘과 싸 굿한지라 (챵셰긔 구쟝 이졀) 히 모든 즘싱과 나는 새와 긔여 단니는 물건들과 바다에 고기를 내가 다 네 손에 붓쳐셔 네게 복죵케 한리라 하시고 (시편 팔편) 여호와 우리의 하느님이시여 아름다오신 그 일홈이 온 싸해 퍼지고 쥬의 영광이 하늘우희 빗최엿도다 쥬씌셔 원슈의 션듥으로 어린 아희의 입으로 찬미하야 원슈가 입을 닷고 말하지 못하게 하셧느니다 내가 쥬씌셔 문드신 하늘과 쏘 베프신 둘과 별을 보니 셰샹 사름은 뉘가 되기에 쥬가 싱각하시며 사름

뎨이쟝

의 즈손은 뉘가 되기에 도라보시느뇨쥬씌셔 사람으로 ᄒᆞ여금 런ᄉ보다 좀낫게 ᄒᆞ시고 도 존영으로 더의 게 씨 우셧슴ᄂᆞ이다 쏘 쥬의 손으로 지으신 거슬 다 스리게 ᄒᆞ시 고 륙츅과 금슈와 바다에 고기와 밋 빅가지 물건 들을 다 져의 발 아리 복종케 ᄒᆞ시도다 여호와 우리 하ᄂᆞ님이시여 아름다오신 일홈이 온 셰샹에 퍼졋ᄂᆞ니라

데이쟝

뎨삼쟝은 네손(四手)(Quadrumana) 잇는 쟝은 뎨를 의론홈이라

파지	등	심	뼈
족	더	운	피
쎄	이먹	눈	것
쎄은쟉	네		손
과			
쇽			
류	잣	나	비
죵	집판시		
	골일나		
	오링우		
	쟝미	쟝분	짜
	쟝비후	대후	반후
	오굉후		웅셩후
	링모		마몰셋
	디니라니		

(一) 잣나비에 소지를 비록 네손이라 말ᄒᆞ나 실샹은 손과 발이 크게 구별이 업ᄉᆞ니 대개 그 손이 엄지가락으로 나무가지를 잡지 못ᄒᆞ는 거슨 엄지가락이 짧어셔 다른 손가락과 서로 졉ᄒᆞ지 못ᄒᆞ는 연고라 엇지 사람의 손에 공교ᄒᆞᆫ 것만 ᄒᆞ리오 ᄯᅩ 잣나비가 네손으로 나무가지를 단단히 잡고 무시에 굴어 안즌 거시 사람과 굿ᄒᆞ나 사람과 굿치 ᄭᅩᆺᄭᅩᆺᄒᆞ게 셔지 못ᄒᆞ며 ᄯᅩ머리는 사람의 다 놉ᄒᆡ 들고 길며 입도 크니 라 동편에 잇는 잣나비 눈ᄶᅩ리가 모지 업는 거시만 코혹 짧은 것과 긴 것 도 잇스며 ᄯᅩ 불기짝 ᄒᆞᆫ 곳에 굿은 가족 잇는 쟈 비도 만ᄒᆞ니 안즌 거 시 사람과 굿고 쌈도 잇느니라 로 향ᄒᆞᆫ 것도 사람 과 굿고 코 구멍이 아리 셔 편에 잇는 잣나비는 긴ᄭᅩ리가 잇는 ᄃᆡ 그ᄭᅩ리로

十四

써 나무가지를 감기도 ᄒᆞ며 불기싹에는 굿은 가족이 업고 코구멍은 시가 넙으며 좌우쌤에 주머니가 업느니라

(二) 짐판시 (Chimpanzee) 12號 눈 아푸리싸에셔 나느니라 잣나비가 본릭 사름모양과 굿ᄒᆞᆫ거시로되 짐판시는 더옥 쑥굿ᄒᆞ니 몸은 길기가 다 솟쟈 (지여 보는 거 션다 미국쟈딕로 말ᄒᆞᆫ 거시라 미국쟈는 대한 목슈쟈 열치와 비슷ᄒᆞ니라) 이 오힘이 만하 엿던 때에는 희세리무리를 짓고 나아가서 코기리와 소쟈로 더브러 쌔홈ᄒᆞ야 이긔는 닷 흥샹 나무열미를 먹고 나무에 거ᄒᆞ느니라 두귀가 두렷ᄒᆞ게 크고 입이 넙고 코가 평평ᄒᆞ며 털은 거출고 길며 빗촌은 딕두쌤에 슈염과 굿ᄒᆞᆫ 긴털이 잇스며 눈썹과 살눈썹은 잇스나 쇼리는 업고 니라 ᄒᆞᆫ날은 산양ᄒᆞ는 사름이 짐판시 식기ᄒᆞ나 흘 잡아오미 그 어미가 즉시 와서 산양군을 향ᄒᆞ야 울거늘 그 산양군이 불상히 녁여 노하주니 제어미가 즐거워ᄒᆞ야 완연히 사름의 어미가 어린 으 히를 스랑홈과 굿더라 그 때에 산양군이 스스로 닐 으 딕 내가 이제브터 눈이 이즘싱을 산양ᄒᆞ지 아니ᄒᆞ리라 다시 이 즘싱을 산양ᄒᆞ면 사름을 희ᄒᆞ는 것과 다름이 업스리라 ᄒᆞ엿느니라

(三) 골일나 (Gorilla) 13號 는 잣나비 즁에 도지극히 큰거시니 길기여 솟쟈인 딕 아푸리싸에서 나느니라 이 잣나비가 몹시 사오나와 길드리기 어려오나 나아가 든 닐때에 눈 짐판시처럼 ᄒᆞᆫ 무리를 짓지 안코 엇던 때에는 서로 버려 ᄃᆞᆫ려 고 엇던 때에는 홀노 나아가 든니

데 삼 쟝

ᄂᆞ니라 제 잇ᄂᆞᆫ 굴은 ᄯᅡ헤 도 파 고 혹 골작이 가온ᄃᆡ 도 잇스며 ᄯᅩ 능히 나무에 올나 가기를 잘 ᄒᆞ고 ᄃᆞ르 날ᄯᅢ에 눈발 쟝심을 쓰지 안코 발 쟝심 의 편 녑 만 집 ᄂᆞ 니라

(四) 오 랑 우 팅 (Orangoutang) 14 題 은 흔 가지 일홈 올 수 풀 가온ᄃᆡ 늙은 사ᄅᆞᆷ이라 고 ᄒᆞᄂᆞ니 팔이 길 허 몸을 지나 고 곳게 셔 면 손이 ᄯᅡ헤 ᄂᆞ러지고 몸은 길 가 다 슷쟈이 며 셩 졍 은 온 유 ᄒᆞ고 털은 黃으 나 나무 시 에셔 자 기를 됴 화 ᄒᆞ야 목 마르지 아 니 ᄒᆞ 면 나무 에셔 자 조 ᄂᆞ려 오지 안ᄂᆞ니라 이 짓 나 비 가 수 마드 라 셤 에 와 쎤 니 오ᄂᆞ니라 그러나 사ᄅᆞᆷ 의 ᄀᆞ르 침 을 밧 아 밥 먹을 ᄯᅢ에 갈 과 져 를 굿 초 아 놋 코 차 마 실 ᄯᅢ에 눈ᄃᆞᆯ 심히 지 혜 가 잇 눈 교 로 사ᄅᆞᆷ의 ᄀᆞ른 침 을 밧 아 밥 먹 을 ᄯᅢ에 갈 과 져 를 굿 초 아 놋 코 차 마 실 ᄯᅢ에 잔을 가져 과 굿 ᄒᆞ 되 말은 못 ᄒᆞᄂᆞ 니 그 셩 경을 말 ᄒᆞᆫ 되 기 만 못 ᄒᆞ 야 가 히 사ᄅᆞᆷ 의 역 스만 ᄒᆞ ᄂᆞ 니라 젼 에 엇 던 화 륜 션 함 쟝 이 큰 오 링 우 팅 두 어 머리를 빈에셔 기르더니 박 소 공 들 이 뭇 춤 희 롱 ᄒᆞᄂᆞᆫ ᄃᆡ 빈 에 잇 던 큰 놈 이 그 거 슬 보 고 쟈 은 놈 과 희 롱 ᄒᆞᄂᆞ 기 를 깃 버 ᄒᆞ 더니 후 날 에 큰 놈 이 ᄯᅩ 함 쟝 이 자 은 놈 과 만 희 롱 ᄒᆞᄂᆞ 거 슬 보 고 믄 득 싀 긔 ᄒᆞ 야 그 후 에 자 은 놈 을 마 자 잡 아 셔 온 몸 에 옷 진 으 비 두 놈 을 잡 아 바 다 물 에 던 지 고 ᄒᆞᆫ 놈 만 남 앗 더 니 다 시 ᄒᆞᆫ 놈 을 마 자 잡 아 도 망 ᄒᆞ 야 비 돗 ᄃᆡ 곡 ᄃᆡ 기 에 올 로 바 르 니 그 ᄯᅢ 에 ᄒᆞᆫ 사ᄅᆞᆷ 이 보 고 쏘 아 죽 게 되 미 그 졔 야 ᄂᆞ 려 왓 ᄂᆞ 니라

나 가 잇 다

(五) 쟝 굉 오 후 (Gibbon) (長肱烏猴) 15 題 눈 팔 이 길 단 말 이 니 남 아 푸 리 ᄯᅡ 에 셔 나 는 ᄃᆡ

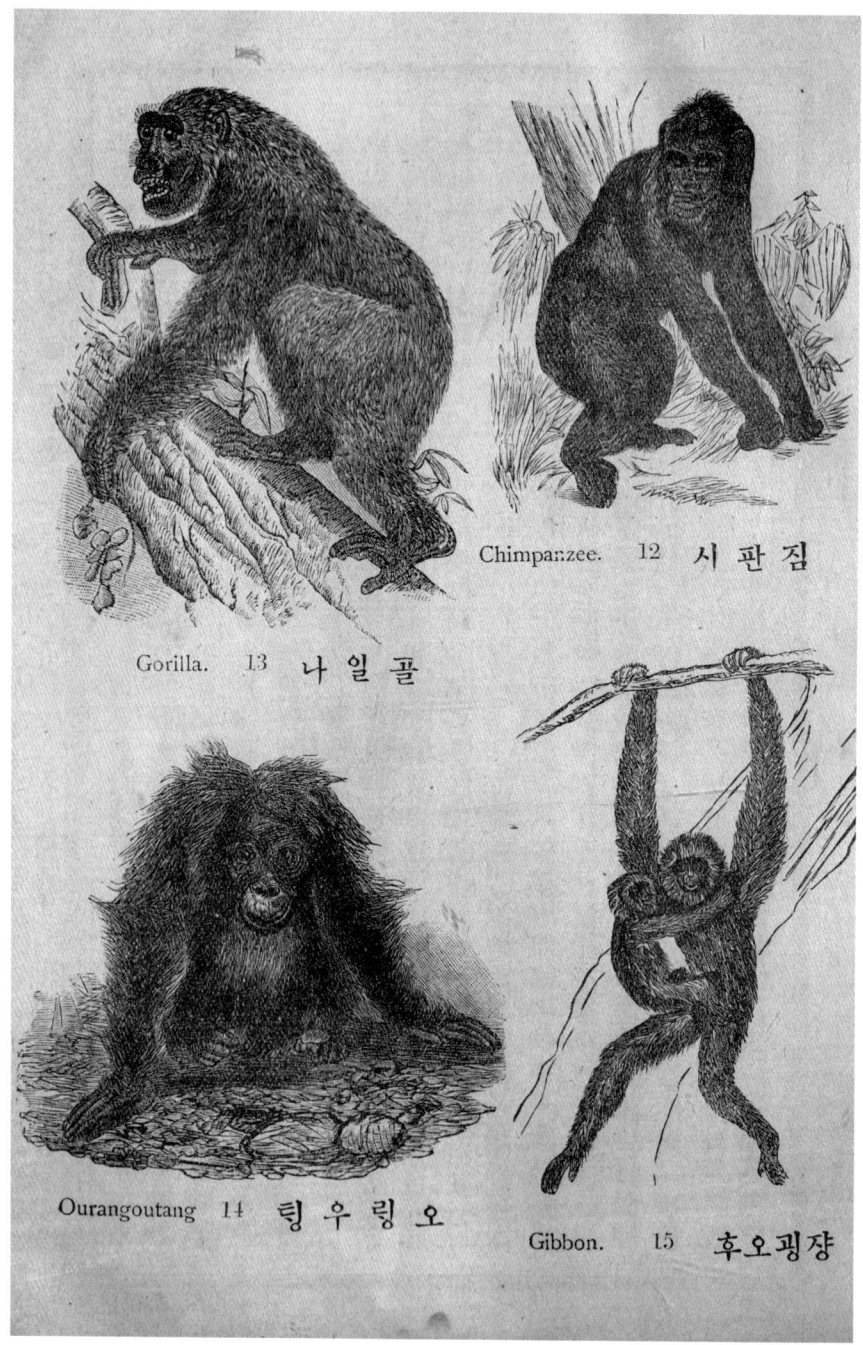

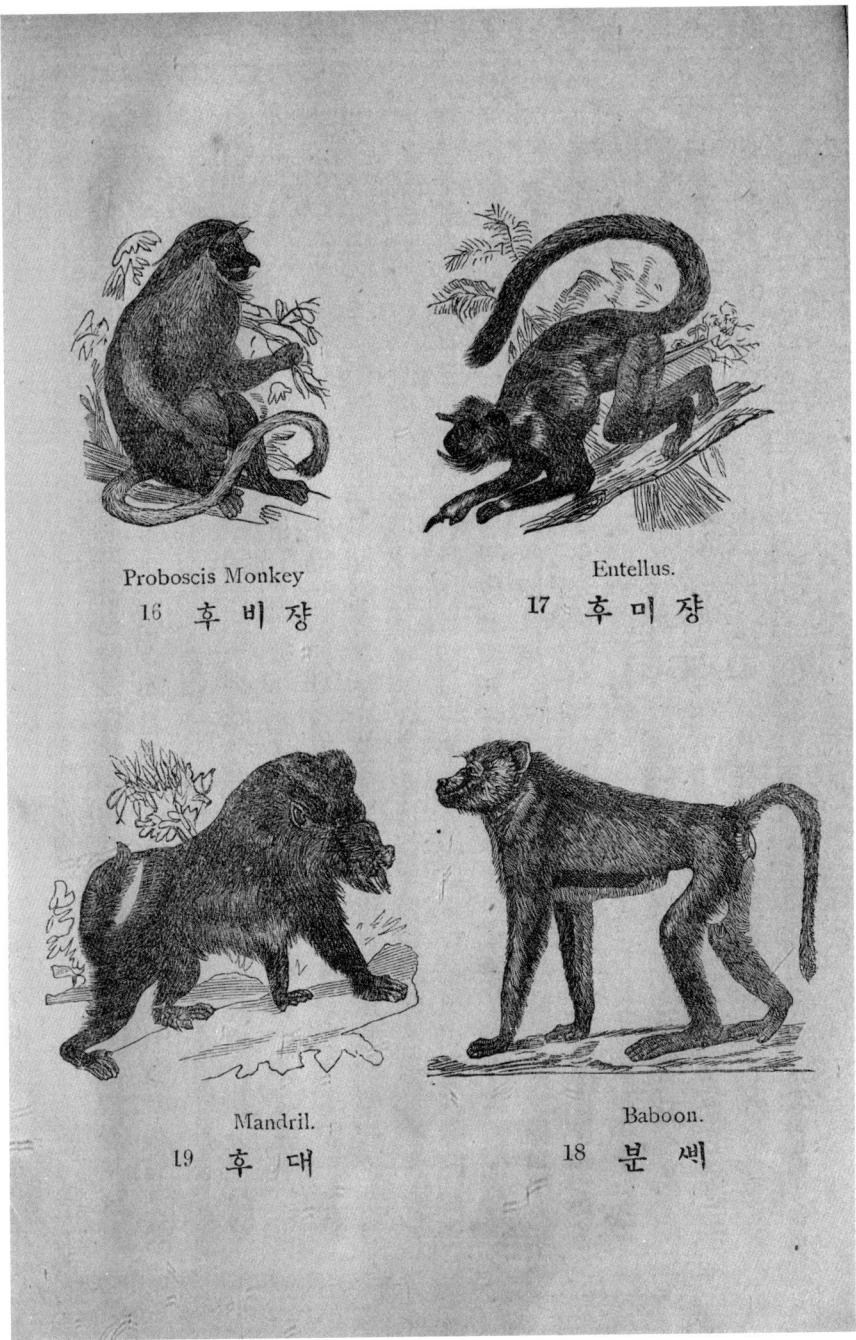

몸은 간흘고 팔은 긴지라 항샹 나무 시에 잇스며 능히 이십 쟈 샹거를 뛰느니라

(六) 쟝비후 (Proboscis Monkey) (長鼻猴) 16쯤 는 코이 길단말이니 썬니 오히 도됴에 서나 느니라 그 코 눈 심히 부드럽고 길기는 여 숫치즘 되며 쇠리도 길고 셩졍은 몸시 사오나 오니 길 드리기 어려 오니라

(七) 쟝미후 (Entellus) (長尾猴) 17쯤 눈 쇠리 길단말이니 낫춘 누루고 목에 털도 좀 길고 쇠리는 대단히 길며 손으로 나무 가지를 든든히 잡지 못ᄒᆞ나 이 거슨 인뒤 아에서나 눈뒤 그 나라 사ᄅᆞᆷ들이 놉혀셔 거륵ᄒᆞᆫ 즘ᄉᆡᆼ이라 ᄒᆞ야 이 즘ᄉᆡᆼ이 혹 식물을 도젹ᄒᆞ던 지 물건 을 못 ᄭᅦ 몬드러 도 ᄯᅡ리지 아닐 ᄲᅮᆫ만 아니라 도로혀 쏫지 안코 집안헤 그 잣나비가 잇슬 면 복이라 ᄒᆞ야의 원슈지 지 여 준다 더라

(八) 쎅분 (Baboon) 18쯤 은 아푸리카에서 나 눈 뒤이 눈 잣나비 중에 도 뎨일 사오 납고 머리 눈 키 와 ᄀᆞᆺ ᄒᆞᆫ 뒤 두 ᄲᅡᆷ 에 주머니 가 잇 서 제 먹을 거슬 간직 ᄒᆞ 며 볼기 ᄶᅡᆨ ᄒᆞᆫ 곳에 붉은 털 이 잇 느니라 항샹 산 가온 뒤 굴 속 에 거 ᄒᆞ 느니라 혹시 사ᄅᆞᆷ이 더 를 ᄯᅡ리 면 더도 ᄀᆞᆺ 치 돌 노 써 사 ᄅᆞᆷ 을 ᄯᅡ 려 죽 이 느니라

(九) 대후 (Mandril) (大猴) 19쯤 눈 얼골이 쎅분과 ᄀᆞᆺᄒᆞ되 몸이 크고 쇠리 가 작으며 셩졍 이 몹시 사오나 와 사ᄅᆞᆷ들이 무서워ᄒᆞ 느니라 두 ᄲᅡᆷ은 크고 누루며 낫파 볼기 ᄶᅡᆨ 에 오식 털이 잇스며 슈염은 누루고 몸은 회식 이니 아푸리 셔 편 에 서나 느니라

(十) 반후(Spider-Monkey)(攀猴) 20쪽 눈 남아메리사에 나 눈디 몸이 간흘고 코구멍 이 넓으며 쇼리도 길고 소지도 긴거시니 엄지 손가락을 잘 놀니지 못흥며 흥샹 나무에 거흥 느니라 이 잣나비가 다른 잣나비보다 몸이 더 경첩흥며 혹 쇼리로써 둔둔히 마라 가지고 손 힘을 듸신도흥 느니 사룸들이 노름을 잘식히 느니라 젼에 남아메리사에서 이 즘싱이 흥일 을 보면 잣나비의 자혜 잇슴을 알거시니 거긔서 여러 사룸이 잣나비의 게광 듸 노름을 구ㄹ 쳐서 희롱흥눈 동산으로 돈니 길에서 도젹을 맛나 민 그 도젹의 게 물건을 쎄앗기고 또 그 도젹이 즘싱과 사룸을 죽여 싸혜 뭇고 그 도젹이 도망흥야 요힝 잣나비 흥 나무 잇 눈디로 도망흥야 그 우회 군어 안저 숨어 보더니 맛춤 그 겻흐로 수레 타고 가눈 사룸을 보고 잣나비 가 즉시 느려와서 수레 압헤 절흥며 누리라고 흥 눈듯을 보이거늘 그 사룸이 잣나비 를 싸라 가 곳에 니르니 잣나비가 발흡으로써 싸 흘과 서 죽은 사룸을 보히거늘 그 사룸이 맛나 그제야 도젹의 게 히 밧은 줄을 알고 즉시 수레를 타고 셩뉘로 드러 가서 졔가 길에서 만나 본 일을 죳졔히 말흥고 다시 탐지 흥야 도젹의 괴 슈를 잡아 다 형벌 주니 그 일이 쇽 쇽이 드러 난 지라 그 사룸이 수레를 타고 셩뉘로 드러 갈때에 총망 흥 가온디 놀난 무음으로 모든 잣나 비 눈 고 도라 보지 안엇다 더 니 그 잣나비 눈 발서 수레를 타고 곳 치 왓눈지 라 이 사룸이 그제 브 터 잣나비를 귀히 녁엿 다 더라 그런고로 네와 지금 사룸들이 대단히 스랑흥눈 거시라 (렬 왕긔 십쟝 이십이졀) 다시 스 빅 호쎄와 하람 비 호쎄와 흠 쩨 사 룸 이 바 다 를 건 너 가 더 니 다 시 스 빅

눈금과 은과 호손(잣나비)과 공쟉 시를 싯고 삼년에 흔번식 도라왓다 ᄒᆞ엿ᄂᆞ니라

(十二) 웅셩후(Howling Monkey)(雄鮮猴) 눈 소리가 큰우뢰 소리와 ᄀᆞᆺᄒᆞ야 일빅즘싱의 소리보다 대단히 큰거시니 남아메리샤에 사ᄂᆞᆫ인듸 안사ᄅᆞᆷ들이 웅셩후의 고기를 잘먹ᄂᆞ니라

(十三) 마모셋(Marmoset) 21題 은 여러가지 잇ᄂᆞᆫ듸 모양이 흔졀반은 잣나비와 ᄀᆞᆺᄒᆞ고 외양을 보면 심히 아름다온 고로 사ᄅᆞᆷ들이 집에서 기르ᄂᆞ니라 이즘싱이 엄지 손가락은 잘 놀니지 못ᄒᆞ고 또 손가락마다 시 발돕과 ᄀᆞᆺ치 구부러지고 니 흔돕이 낫스니 이거시 남아메리샤에서 나ᄂᆞ니라

(十四) 니몰(Lemur) 22題 도 여러가지 인듸 모양이 원숭이와 ᄀᆞᆺᄒᆞ니 그중에 흔가지ᄂᆞᆫ 몸이 크고 쇼리ᄂᆞᆫ 길고 도ᄂᆞᆫ 슬ᄒᆞ며 빗츤 검고 회ᄉᆡᆨ도 잇고 혹간 흰뎜이 잇ᄂᆞ니라 낫에ᄂᆞᆫ 졸기를 깃버ᄒᆞ고 밤에ᄂᆞᆫ 나아와 먹을거슬 찻ᄂᆞ니 이ᄂᆞᆫ 마다가스가 바다셤에서 나ᄂᆞᆫ 듸 그 곳밧긔ᄂᆞᆫ 이런 죵류가 만치 안ᄂᆞ니라

(十五) 디라니(Loris)(遲羅利) 23題 ᄂᆞᆫ 니몰즁에 흔 가진 듸 모양이 아름다와 보기 가 미우 됴흔지라 낫에ᄂᆞᆫ 나무 수풀에서 자고 밤에 나아와 시를 잡아 먹으며 ᄯᅩ 이즘싱이 이샹흔거 순 둔 닐ᄯᅢ에 라도 사ᄅᆞᆷ이 그 소리를 드를 수 업ᄂᆞᆫ 고로 사ᄅᆞᆷ들이 말ᄒᆞ기를 귀신이라 ᄒᆞᄂᆞ니

뎨삼쟝

十九

이는 썰란이란히 도에 잇느니라

습 문

문○네손잇는흔젹은떼가무어시뇨○사람이잣나비와무어시굿ᄒ뇨○또무어시굿
지안느뇨○그손이능히사람의손과굿치령교ᄒ뇨○디구동셔편에잇는거시엇더ᄒ
뇨○셔편에잇는거슨무엇시다르뇨○어느거시사람과굿ᄒ뇨○짐판시는엇더ᄒ뇨
○셕기를무엇과굿치귀히녁이느뇨○골일나눈엇더ᄒ뇨○오랑우팅은엇더ᄒ뇨
무솜일을그르쳐야사람과굿치ᄒ느뇨○엇는더케싀괴ᄒ는무음을나타니느뇨○쟝괴
오후눈엇더ᄒ뇨○쟝비후눈엇더ᄒ뇨○엇던거슬집에서기르느뇨○인듸사람들이
이잣나비를보고엇더케ᄒ느뇨○대후눈엇더ᄒ뇨○남아메리까잣나비는엇더ᄒ느뇨○식물
을어듸간직ᄒ느뇨○웅셩후는엇더ᄒ뇨○작은잣나비는무어시라ᄒ느뇨○니몰
은엇더ᄒ뇨○다라니눈엇더ᄒ뇨

뎨삼쟝

뎨삼쟝은 날기로 손 노릇ᄒᆞᄂᆞᆫ (Cheiroptera) (翼手動物) 쟉은 쎄 왜 네 발 잇ᄂᆞᆫ (Quadrupeds) (四足) 쟉은 쎄를 의론홈이라

(一) 날기로 손 노릇ᄒᆞᄂᆞᆫ 쟉은 쎄 ᄂᆞᆫ 박쥐 (Bat) 니 포유슈 (哺乳獸) 가 이 밧긔 ᄂᆞᆫ 날기 잇ᄂᆞᆫ 거 시 업ᄂᆞ니라 24 쎼몸은 쥐와 ᄀᆞᆺᄒᆞ되 날기 가 잇서 날기를 잘 ᄒᆞᆼ 고 쎄 슬ᄭᅥᆼ은 사ᄅᆞᆷ과 ᄀᆞ반 ᄀᆞᆺᄒᆞ 니 만일 사ᄅᆞᆷ의 손가락쎄 가 녀ᄌᆞ즘길 온 몸에 쎄 가거 반 박쥐 와 ᄀᆞᆺᄒᆞᆯ 터 이라 5 쎼 날기 에 눈 얼 운은 가죽으로 되여 털 잇ᄂᆞᆫ 디 서 ᄭᅩ리 ᄭᅥ지 붓터 ᄉᆞ니 활ᄶᅡᆨ 펴 면 우 산 ᄀᆞᆺ 기 도 ᄒᆞ고 구물 ᄀᆞᆺ 기 도 ᄒᆞᆫ 디 ᄯᅡ ᄒᆞ로 긔 여 ᄃᆞ니 기를 잘 못 ᄒᆞ고 날 기 에 눈 털 이 업ᄂᆞᆫ 고 경쳡 ᄒᆞ게 날고 낫 이 면 헌집 이 나 깁흔 곳 에서 자고 잠 이 깁히 들 ᄯᅢ 에 눈 두 뒷 발 톱 을 고부러쳐 무 슴 나 무 가 지 에 나셔 사릭 ᄉᆞᆾ ᄒᆡ 나걸고 ᄶᅥᆨ구리 미 며 엇 ᄯᅢ 에 는 엄지 발 톱을 담에 붓치 고 미 여 ᄃᆞ니 기 도 ᄒᆞᄂᆞ니라 밤이 면 나 아 와서 쎄 먹기 됴화 ᄒᆞᄂᆞᆫ 박 나 뷔 나 모긔 나 여러 가지 밤에 ᄃᆞ니 ᄇᆞ러지를 나라 가면서 잡고 ᄭᅩ 제 식 기 가 그 어 미 의 가 슴을 잡으면 그 어 미 가 ᄭᅩ리 로 써 제 식 기를 보호 ᄒᆞᄂᆞ니라 눈 ᄌᆞ 우 눈 잇스나 안력이 업스며 만일 밤에 날 ᄯᅢ 에 제 먹을 거 슬 엇더 케 찻ᄂᆞ냐 무르면 오관 즁에 다른 거시 더 만 하 귀 눈 심 히 밝으 며 코 는 긔 는 닷 치 ᄂᆞᆫ 딕 로 써 드 라 알 기를 잘 ᄒᆞᆷ 야 비 록 침 침 훈 밤 에 어 둡고 좁은 골 목 으 로 나 라 ᄃᆞᆫ 닐 지 라 도 어 ᄃᆡ 걸 니 ᄂᆞᆫ 거 시 업 고 무 어 시 던 지 맛 나 면 즉 시 피 ᄒᆞᄂᆞ니라 박 쥐 의 죵 류 가 팔 십 인

二十一

파지족떼은작과속류			종
등더먹졋떼	손	박	피먹는박쥐
심운이날			
쎠피것기		쥐	나는호리

뒤심히작은거 산날개를펼치면넓기가네치밧 긔못되고큰거산날기가듯솟쟈나되고소리는 잇는것도잇고엄는것도잇스니겨울이면먹지 도안코흥샹숨어잇느니라

(二) 피먹 눈박쥐 (Vampire Bat) (食血蝙蝠) 25 룹 눈사람이나즘성이나잘때에가만히와서 귀뒤에나발녑헤붓허서피를쌀아먹느니이거 산남아메리까에서나느니라

(三) 나는호리 (Flying fox) (飛狐狸) 짜바히도에서나는뒤박쥐중에지극히큰거시라날 기는길기가다숫쟈이오실과를먹고나무에에서자느니심히잣나비와쏙굿호우가 큰딕머리눈여호와쏙굿호니라 26 룹

네발(Quadrupeds) (四足) 잇눈혼작은쎄고기먹눈(Carnivora)(食肉) 속이라

(四) 륙디에돈니눈즘성중에거반다이 쇼죡슈 (四足獸) 작은쎼에드러간거시니이쇼죡 슈를두과에 논호앗 눈 뒤 호 나 흔 툽 잇 논 유죠슈(Unguiculata) (有爪獸) 요둘지 논발굽잇논 유뎨슈(Ungulata) (有蹄獸) 니톱잇 논 거 솔 또 다 쇼쇽에 논 황 쇼 니 흔 고 기 먹 논 식 육 슈

(Carnivora) (食肉獸) 요둘지 는버러지먹 는식츙슈 (Insectivora) (食虫獸) 요셋지 는잘
너눈얼치슈 (Rodenta) (齧齒獸) 요넷지 는니업는무아슈 (Edentata) (無牙獸) 요다삿지
눈주머니잇는유듸슈 (Marsupialia) (有袋獸) 니라

(五) 고기먹 는식육슈를다 는호면다삿류인듸 고양이 (猫) 와기 (狗) 와 족져비 (黃狼) 와곰
(熊) 과 바다기 (海狗) 니이우헤발셔 혜아려본동물도 고기를잘먹 으나그러나 처소굿 것도소밧 과
잣나비즁에여러가지고기를살 수잇는듸박쥐 (蝙蝠) 는다른동물을잡아먹 잇고 또치소 밧 과
아모 것도먹 을거시업서도 살 수잇고여러가지 츙부 (禹部) 를먹 는거신 듸이 고기 먹는 거 슨 (食肉獸)
기를먹 는거 시아니오 여러가지 츙 라이 속에 잇 는동물과 뜬 거시 분명 훈
고반다 드른 즘싱의 살을먹사 누니라이속 에잇 는동물 너너동물과 뜬 거 드른 시분명 훈
거 슨니를 보고 알 지니 이는 그 니로 고기를잡고 뜻으며 잘버히 게 먹 뜬 럿 니라
먹 눈동물의니 는 잘갈아 먹게 뜬 드럿 니라

(六) 이속에 잇 눈동물의 빗속에 잇 눈쇼화 훈 눈괴 계 는 제 먹 눈 것 과 덕 당 훈 게 되엿 눈 듸 그
먹 눈 거 슨 교 기 라 졔 먹 눈 고 기 들 이 발 셔 먹 기 젼 에 라 도 졔 살 과 굿 항 야 여 러 가 지 쇼 화 훈 눈
과 계 눈 별 노 업 스 나 졔 몸 을 잘 도 아 줄 슈 잇 스 니 그 런 고 로 이 눈 비 위 가 작 고 니 쟝 도 잡 게 되
엿 슨 니 라 또 잔 씌 와 곡 식 을 먹 눈 동 물 의 쇼 화 호 눈 괴 계 는 여 러 가 지 지 잇 눈 거 슨 졔 먹 눈 물 건
들 이 졔 몸 의 살 과 곡 식 도 모 지 굿 지 아 니 호 라 차 차 곡 식 먹 눈 소 쇽 슈 를 혜 아 려 볼 째 에 이 말

을더분명히홀지니라

(七) 이속즁에혹은고기만먹지안코고기와치소를먹는디쳐소를먹느니와쇼화홀눈긔계를조곰식변호게호느니가령니는좀덜셤죡호게되여갈기를잘호느니라

(八) 고양이(Felidae)류눈이고기먹는(食肉動物)속즁에쟝본인디고기만잘먹느니라 포유슈(哺乳獸)즁에이고양이류에드러가는거시도모지다른동물잡아죽이기를데일잘호나몸이여우고힘이잇스며다리가쟛아셔날내지못호고집에셔길드리는것도모지소를조곰만먹으며 또뛰기를잘호고발쟝심이눈부드럽고로도락날때에도발자귀소리가업고또 은능히펴며주리기를잘춤고눈은밝아밤낫업시다잘보며쥿눈 우눈동굴헝되고곳으니밤이면눈빗출누느니만일쌕쌕 혼수풀속에나좁은틈에나드러가게되면슈염으로써 또라알고혹쟉은물건이조곰만일 귀를다쳐도즉시움작이며셜셜호야솔과굿호디제몸 에털도빗기고쎠우희고기부스럭이를케말ㅎ느니라

(九) 소쟈(Lion) (獅) 27蠶 눈고양이류에데일큰즘싱이니아푸리ㅅ와인듸아에셔나 느니라몸은길기가닐곱쟈이오놉기는녁쟈이며머리가크고머리털은쌕쌕호고길며온 몸은누른빗치니본리모리싸헤거는눈고로빗치모리와굿호야원수를피호기가쉽고힘

이만흥야 쇼잡아먹기를 고양이가 쥐잡아먹듯시 ᄒᆞᄂᆞ니 일빅즘승들이 다져퍼ᄒᆞᄂᆞᆫ고로

파지족	쎼은작과	속류종
	쎼 심 등	호쟈이
	피 운 더	포표
	것 눈 이먹졋	푸로리
	발 네	향로쥐
	것 눈 잇 톱	바양이
	것 눈 먹 기 고	들고양이
	이 양 고	

ᄯᅢ에는 쇠리에 힘이 잇서 좌우편으로 흔드ᄂᆞ니라 그 소리 눈 우뢰 굿고 셩닐
암스쟈ᄂᆞᆫ 머리와 쇠리에 털이 잡고 힘도 숫스쟈만
못ᄒᆞ며 식기ᄂᆞᆫ 놀ᄯᅢ에 뛰ᄂᆞᆫ 거시 고양이와 굿ᄒᆞ니
사ᄅᆞᆷ이 그 식기를 잡아다 길너도 방히롬이 업ᄂᆞ니
라 그러나 조심ᄒᆞ야 피를 먹이지 말지니 만일 피ᄒᆞᆫ
뎜이라도 맛뵈이면 사오나온 셩졍을 죽시 발ᄒᆞ야
사ᄅᆞᆷ을 물고 녀ᄂᆞ니라 집에서 기른 거슨 혹 셩이
온 유흥야 쥬인이게 옆스면 근심흥눈 모양이
발ᄒᆞ고 먹지 도 안ᄂᆞ니라 엇던 동산에 혼 스쟈가 잇ᄂᆞᆫ 디 혼 날은 그
가져다 가 스쟈 우리에 두 미기가 무셔워 ᄒᆞ야 썰며 우리 혼 편목항으로 피ᄒᆞ거늘 그 ᄯᅢ에 스
쟈가 기를 보고 샹치아니 홀뿐 아니라 기를 스랑ᄒᆞ야 제발 노써 작은 기머리에 언고 잇ᄂᆞᆫ
더 쥬인이 기를 가지고 와서 스쟈를 먹일 ᄯᅢ마다 그 스쟈가 기게 스양ᄒᆞ야 몬져 먹이더라
이스쟈가 미 그러케 ᄒᆞ더니 얼마 못되 미기가 젼과 굿치 자인코 도로 혀 졔 몸이 스
쟈 우리 속에 잇슴을 니졋더라 그 후에 기가 죽으미 스쟈가 슬허 ᄒᆞ야 먹기를 넛고 기 죽은 것

뎨ᄉᆞ쟝

뎨ㅅ쟝

만일어러만지고셩ㅅ각ᄒ엿ᄂ니라ㅅ쟈의셩졍이비록ㅅ오나오나능히셩품을기르면슌ᄒ
이이와굿ᄒᆞ니과연이즘셩이혼갓ㅅ자오납기만호거시아니로다
(十) 아시아에잇는호랑이 (Tiger) (虎) 28 쪽. 눈몸이ㅅ쟈보다작으나힘은ㅅ쟈와굿
ᄒ니셩졍이사오나오며몸은큰고양이와굿ᄒᆞ니라몸에흰빗과누른빗치서마다잇서줄
기문위를일우고흉샹무셩ᄒᆞᆫ수풀속에거ᄒᆞ니원수를맛나면ㅅ노피ᄒᆞ고피마시기
를됴화ᄒᆞ야밤이면자지안코즘셩을두어놈식잡아먹ᄂ니인듸아에서코기리를타고산
양ᄒᆞ는사름들이혹시호랑의게샹ᄒᆞ물닙ᄂ니잇ᄂ니지라호랑이가식기를길때에그식
기가능히혼자먹게된후에야써ᄂ니그식기를사름이잡아다가털롱에녀허기르기도ᄒᆞ
ᄂ니라
(土) 포표 (Leopard) (豹) 29 쪽. 의모양은호랑이와굿ᄒᆞᆫ되몸에둥군문위가잇서누릇키
도ᄒ고검웃기도ᄒ야알낙알낙ᄒᆞᆫ고로일홈을금젼표 (金錢豹) 라ᄒᆞ눈듸그덤모양이나
무닙과굿ᄒ야수풀속에잇ᄉ면능히제원수를피ᄒᆞ고뛰여든니며잣나비잡아먹기를깃
버ᄒᆞ니이즘셩도텰롱에넛코기르며나는듸아시아와아프리싸니라
(ᄇ) 푸ᄆᆞ (Puma) 30 쪽. 눈모양이포표와굿ᄒᆞᆫ되쏘아메리ᄉᆞ와ㅅ쟈라고
도ᄒᆞ니나무식에서자ᄂ니라이즘셩이아메리싸에서나ᄂ닌되몸은길기가녁쟈나닷솃
치즘되고몸은누르고머리와ᄭ리에는다긴털이업ᄉ며힘이만코셩졍이몹시사오온

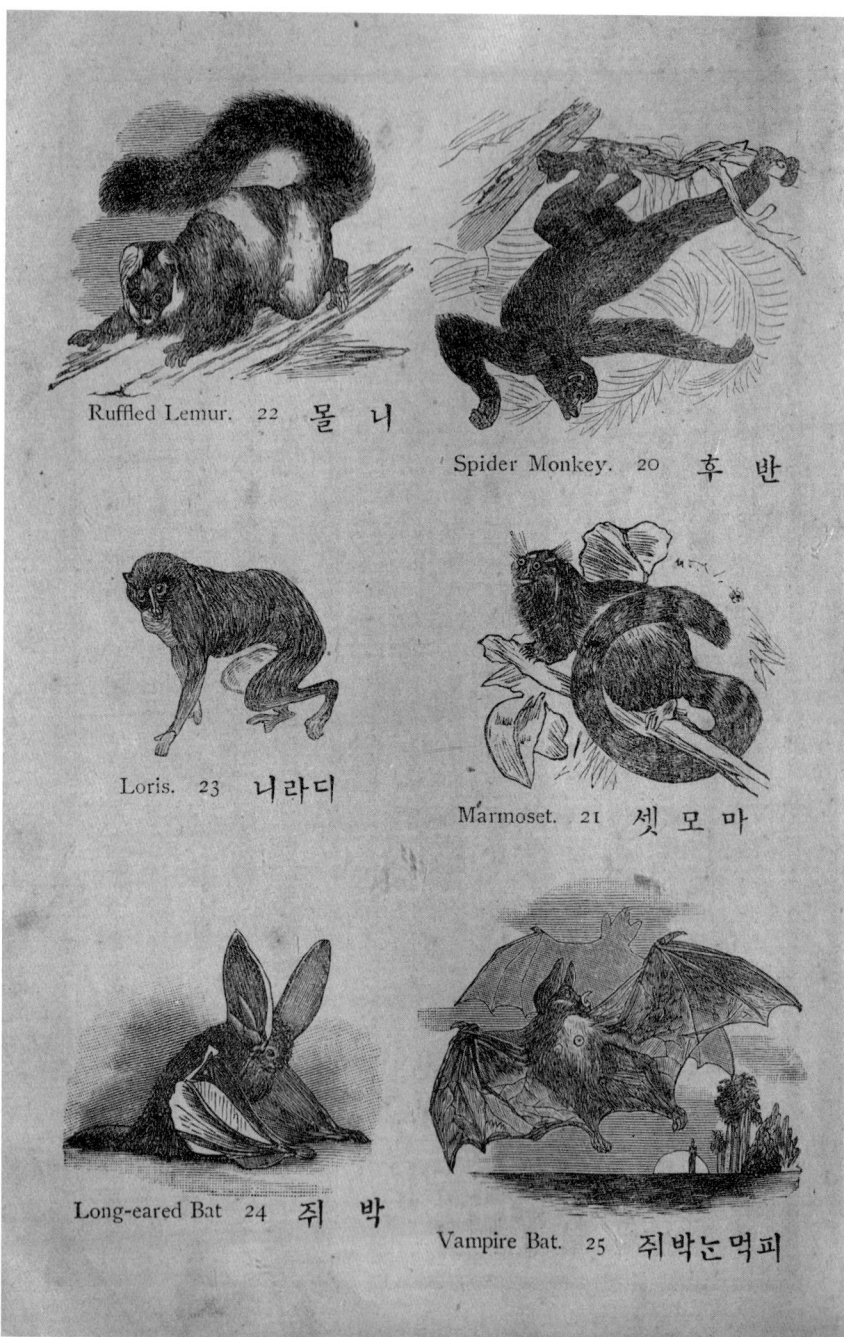

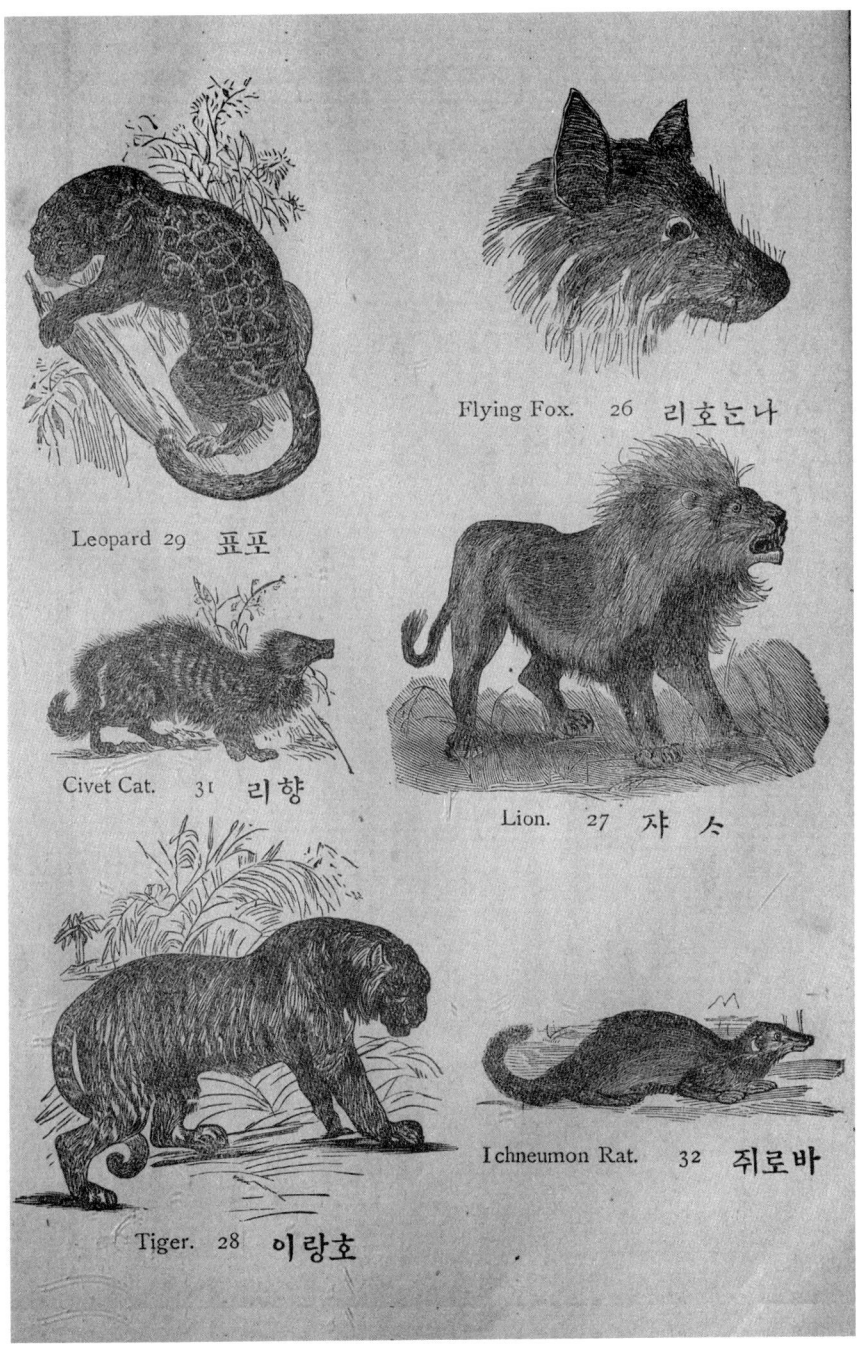

(卅)향리 (Civet Cat) (香狸) 31 屬 눈아푸리카에서나는뒤잘등에향주머니둘이잇스니이향을타국에팔면갑시만흔고로이즘싱은심샹호너니즘싱과다르니라

(卌)바로쥐(Ichneumon rat) 32 屬 눈이즙드에서나는뒤머리눈작고몸은길며 코눈섚족호니사롬들이집에서갈너쥐잡기를고양이와다름이업시호니녯젹에이즙드사롬들이 거슬거룩훈즘싱이라호엿느니라

(卌)고양이 (Cat) (猫) 33 屬 눈도쳐에다잇스니이런고양이눈사롬들이깃버호야 기르고고양이도사롬을친근히호느니라호샹길너서쥐를잡게호느니라퍼시아에호가지고양이빗잇스니털이면쥬실과굿고모양이보기됴흔지라그싸사롬들이거룩흔즘싱이라호야죽은후에그몸을가져사롬과굿치약을발나써지안케호고다시살아날째신지니르게훈다더라죽음을오리가도써지안케호눈고로이쳔년된죽음이지금신지오히려잇느니라

(卌)들고양이 (Wild cat) (野猫) 눈털빗과 모양이집고양이와별노구별이업스나조곰다른거슨들고양이눈몸이크고털이너슬호며귀와쑈리가다둔호니라

습 문

데 ᄉ 쟝

문○포유슈즁에 박쥐밧긔 날아가는 즘싱이 잇느뇨○그 셩긘거시 엇더ᄒᆞ뇨○박쥐 날기가 사ᄅᆞᆷ의 팔과 ᄀᆞᆺᄒᆞᆫ 거시 무어시뇨○그ᄒᆞᆫ 힘실은 엇더ᄒᆞ뇨○오관은 엇더ᄒᆞ뇨○나 눈호리는 죵류가 몟치뇨○데일 쟉은거시 손얼만ᄒᆞ뇨○피 먹는 박쥐는 엇더ᄒᆞ뇨○톱 잇는 거ᄉᆞᆫ 엇더ᄒᆞ뇨○고기먹는 즘싱의 니가 쳐소 먹는거ᄉᆞᆫ 엇더ᄒᆞ뇨○네 발가진 거ᄉᆞᆯ 멧과에 논홧느뇨○톱 잇는 거ᄉᆞᆫ 멧가지뇨○고기먹는 즘싱 의 니가쳐소 먹는 즘싱의 니와 무어시 다르뇨○쇼화ᄒᆞ는 긔계는 무어시뇨○고기먹 는 즘싱즁에 쳐소를 좀식 먹는 거시 엇더ᄒᆞ뇨○이 쇽에 쟝본은 무어시뇨○고양이류 눈증싱즁에 쳐소를 좀식 먹는 거시 엇더ᄒᆞ뇨○그 발쟝심은 엇더케 부드러오뇨○톱 무어시뇨○고양이류에 몸싱긴 거시 엇더ᄒᆞ뇨○오관은 엇더ᄒᆞ뇨○스쟈의 울능히 펴며 주러쳐서 무어세 쓰느뇨○그 혀눈 엇더ᄒᆞ뇨○스쟈의 빗치 누름은 무어세 유익ᄒᆞ뇨○엇지 즘싱의 왕이라 나르느뇨○엇더케 ᄉᆞ랑ᄒᆞ는 모음 을 나타니느뇨○호랑이는 모양이 엇더ᄒᆞ뇨○포표는 무엇ᄀᆞᆺᄒᆞ뇨○포표의 포표가 알낙덤이 잇솜은 무어세 유익ᄒᆞ뇨○문위가 잇느뇨○향리는 어나 곳에서 나 느뇨○등에 무ᄉᆞᆷ 물건이 잇느뇨○바로쥐는 그몸이 엇더ᄒᆞ뇨○집고양이와 격에 이줍드 사ᄅᆞᆷ들이 잇더케 공경ᄒᆞ엿ᄂᆞ뇨○고양이는 멧곳에서 나 들고양이가 무ᄉᆞᆷ 구별이 잇느뇨

뎨오쟝은 고기먹는 속 (Carnivora) (食肉獸) 을 다시 의론홈이라

○(一) 키류(Canidae)(狗類)중에 다솟가지물의 몸을지니 키(狗)와 이리(豺狼)와 여호(狐)직올과 하이나라 그 셩품은 이 우뎨 소쟝 가온뒤 말호 흔류에 셩품을 보면 가히 여러류에 셩품ㅅ지 알지라 그니는 힘이 잇서 무솜 물건을 취홀때에 발힘을 온젼히 쓰지 못ㅎ는 거소 그 발톱을 능히 주러지 못ㅎ는 서 되이라 압발은 발톱이 다 솟시 오 뒤발은 톱이 넷이니라 고양이류와 키류에 분간은 키는 발톱을 능히 졔 임의 뒤로 잘 쓰지 못ㅎ고 또 눈 붓체도 밤이 나 낫이나 다 커지며 작아지지 안코 홍샹 그 뒤로 잇느니라

파지족뎨	뎨은작	과속류	죵
쎼			
심	운	더	
피	것는이	먹젓	
것는	것는	발	잇톱
것는	먹	기	키
			이리
			여호
		하이나	직올이

○(二) 키(Dog)(狗) 34 屬 가 여러죵즈가 잇스니 혹은 모양이 보기됴코 혹은 셩졍이 령교흔 거시니 아모곳이나 다 잇느니라 더운 거시 발흥 면혀에서 쌈이 나느니 입을 벌닐때에 보면 물이 흘너나오고 큰 키는 키가 석쟈이나 되고 작은 키는 혼쟈도 못되느니 집잘보는 키도 잇고 고양과 물을 도라보는 키도 잇고 수레를 메고 사름의

말귀를잘써듯는기도잇고쏘힘이만코물숨박이잘ᄒᆞ는기도잇스니혹엇던사람이물에
빠지는거슬보면이기가능히구원ᄒᆞ고쏘혈구(血狗)라ᄒᆞ는기는사람의피ᄂᆞᆫ암시를
잘맛누니그런고로이기가아모사람의니암시던지혼번만맛ᄒᆞ면그후에그사람이아모
리멀니갈지라도이기가능히차자가서맛날수잇느니라쏘산양기가잇스니이기ᄂᆞᆫ비록
사람의ᄀᆞᆯ치ᄂᆞᆫ되로ᄒᆞ나거반제본셩이그러ᄒᆞ니라기즁에데일아름다온기ᄂᆞᆫ갑시귀
ᄒᆞ니라

(三) 벳나드 (St. Bernard) 35릅 라ᄒᆞᄂᆞᆫ기ᄂᆞᆫ본릭유로바와아라비아모든산즁에서만
나고다른곳에셔ᄂᆞᆫ나치안ᄂᆞᆫ되이곳산에눈이만히싸힌고로산에드러가ᄂᆞᆫ사람들이혹
시길을일허도라올바를모로ᄂᆞ니제집안사람들도졸연히찻지못ᄂᆞᆫ지라오직이기ᄂᆞᆫ
사람간곳을알고다른사람을인도ᄒᆞᆯ야그곳에니르러사람을차자도라오ᄂᆞ니라기ᄂᆞᆫ본
릭올흠이잇ᄂᆞᆫ되그즁에더나흔기ᄂᆞᆫ총심잇ᄂᆞᆫ종과굿ᄒᆞ니라

(四) 전에혼사람이이런기를다리고희롱ᄒᆞ눈동산에가셔놀나ᄒᆞ더니동산직이가기를
금ᄒᆞ야동산으로드러오지못ᄒᆞ게ᄒᆞ민그사람이기ᄂᆞᆫ밧괴바리고홀노동산에드러가
놀더니우연히시게를일헛ᄂᆞᆫ지라이사람이무음의어나도젹이가졋스리라ᄒᆞ고즉시나
아가동산직이로더브러의론ᄒᆞ고기를노하도젹을차즐시기가두어박퀴도라든니며여
러사람의니암시를맛하보더니ᄒᆞᆫ시가되기전에ᄒᆞᆫ사람을무ᄂᆞᆫ지라그때에쥬인이시게

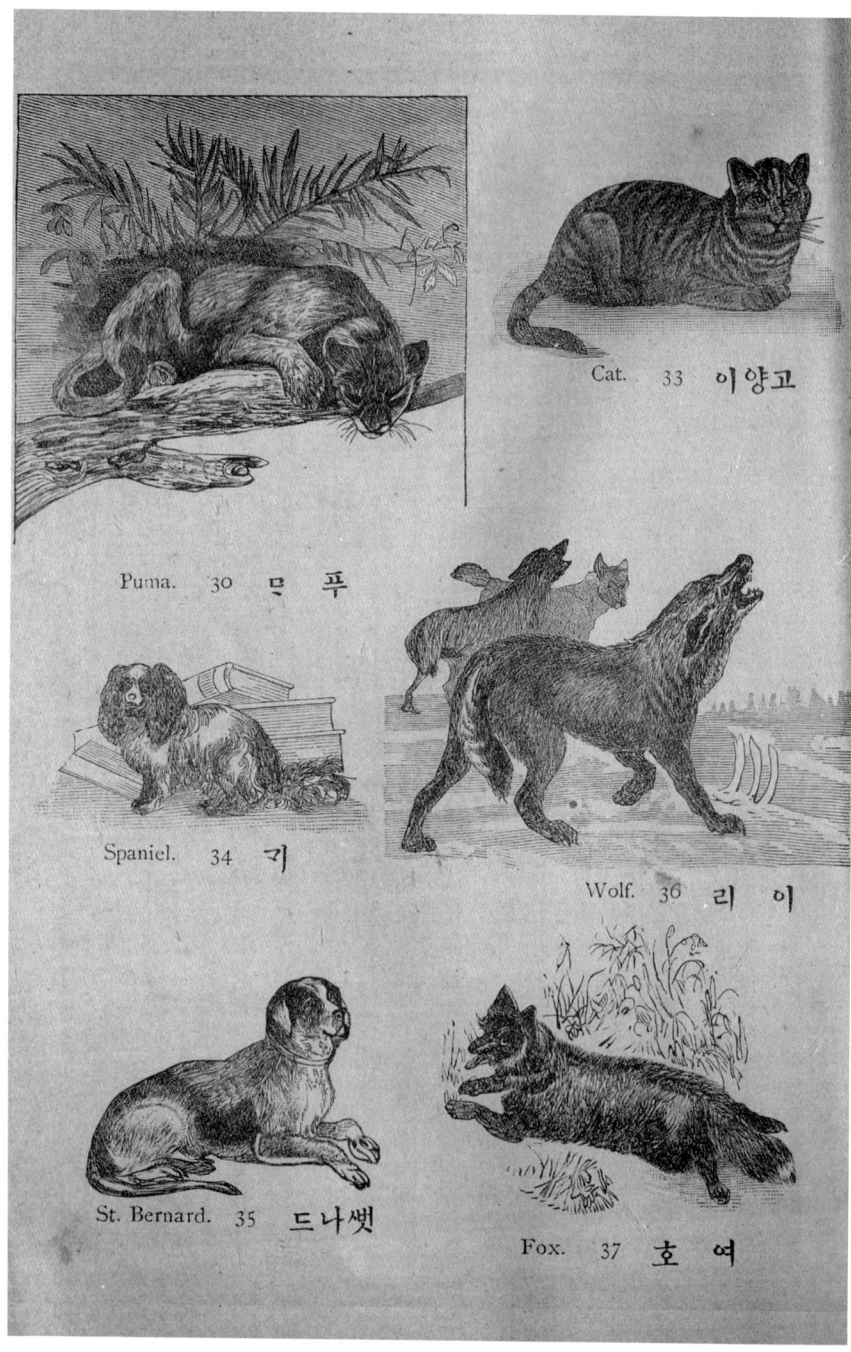

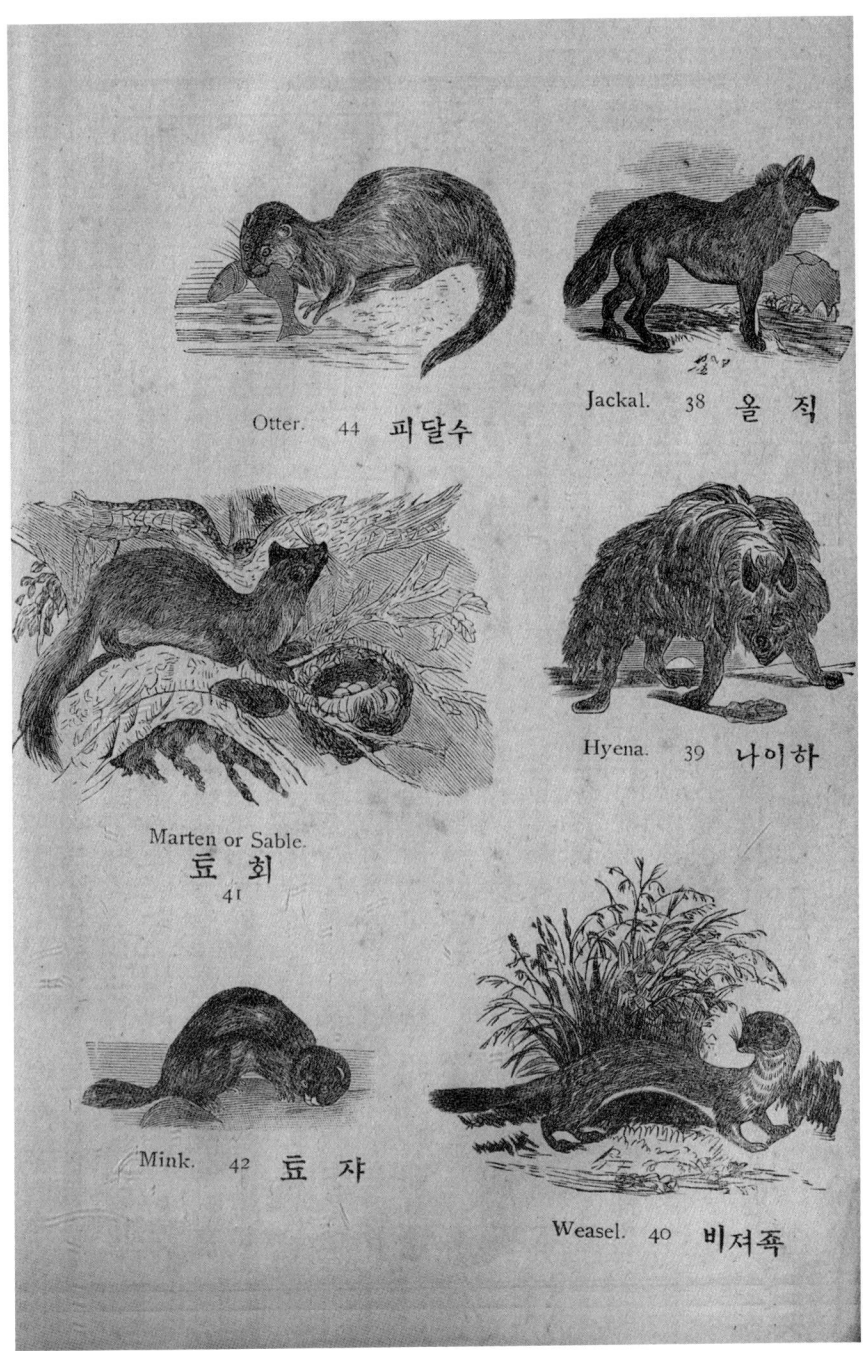

도젹ᄒᆞᆫ사람인줄알고그품안흘수험ᄒᆞ야시계여소ᄀ개를엇어닉미기가쥬인의시계눈입
에물고다른시계눈다도로주엇ᄂᆞ니라
(五)또ᄒᆞᆫ기가잇서오륙셰된ᄋᆞ히가강에싸지ᄂᆞᆫ거슬보고시물가온ᄃᆡ뛰여드러가아
ᄒᆡ옷슬물고강가ᄒᆞ로나오려ᄒᆞ되강언덕에걸니ᄂᆞᆫ고로다시아ᄒᆡ를강가ᄒᆡ두고ᄲᆞᆯ니ᄃᆞ
르가구원ᄒᆞᆯ사람을ᄎᆞᆺ더니뭇춤ᄒᆞ녀인을맛나미기가그녀인의치마를물고강가ᄒᆡ너르
러그녀인과ᄀᆞᆺ치그ᄋᆞ히를구원ᄒᆞ야언덕에닉여ᄂᆞᆺ코기가다시물속에드러가서ᄋᆞ히의
썻던사모ᄌᆞ지물고나왓ᄂᆞ니라
(六)ᄯᅩ앎쓰라ᄂᆞᆫ놉흔산에날마다ᄒᆡᆼ인이만하ᄇᆡ랑을붓쳐잡고령을너머가ᄂᆞᆫᄃᆡ이산
에눈이만히ᄊᆞ혀서길이미우험ᄒᆞ고로엇던사람이그길겻헤집을지여두고ᄯᅢᄯᅢ로벳나
드라ᄒᆡᄂᆞ기를잇슬고나아가서실로ᄒᆡᆼ인을구원ᄒᆞᄂᆞᆫᄃᆡᄒᆞᄂᆞᆫ일ᄒᆞ눈사
람ᄒᆞ나히잇서기를다리고방안헤서기다리더니맛춤북풍이밍렬ᄒᆞ고대셜이분분ᄒᆞᆫᄃᆡ
기가문득나아가랴ᄒᆞᆷ을보고쥬인이등불을잡고기를ᄯᆞ라나아가미멀니서탄식ᄒᆞᄂᆞᆫ소
릐가ᄒᆞᆷ을드르니곳사람을구원ᄒᆞ여달나ᄂᆞᆫ소릐라그사람이기를다리고도ᄋᆞ가
니과연ᄒᆞ사람이싸혜업더젓ᄂᆞᆫᄃᆡ싱명이거의위ᄐᆡ흠을보고급히붓들고집에도라가덥
게ᄒᆞ고음식을먹이니이사람이그ᄌᆡ야입을열고말ᄒᆞᄃᆡ길가온ᄃᆡ상괴도우리동무네사
람이잇다ᄒᆞ거늘쥬인이기를다리고다시나아가ᄎᆞᆺ더니사람을ᄎᆞ즈면기가죽ᄂᆞᆫᄃᆡᄎᆞᆺᄂᆞᆫ

메오쟝

三十一

데 오 쟝

되로쥬인이구원호야그후에 또셰사룸을차졋스니이다숫사룸을긔가구원호거시
아니나두시동안이되지못호여다숫사룸을다구원호엿스니이진실노쉽지못혼일이
라엇지다숫사룸이길헤잇눈줄을알앗스리오이긔가심히령니호야능히셩을잘살피
눈고로쥬인은그소리를듯지못호눈듸가몬져드럿스니이눈긔의공이만흠이라의로
온긔라말흔들뉘가맛당치안타호리오

(七) 이리 (Wolf)(豺狼) 36題 눈비록긔와굿흔류이나사룸과긔를히호눈지라이즘성
이여러가진티유로바와아시아북편디방에더만코광야에도잇느니라이전에눈곳마다
잇셧스나지금은엇던곳은사룸들이다죽여업게호엿스며이즘성이때로혹무리를짓고
나아와서소와양과사룸을잡아먹눈티겨울이되면다른즘성들도다를피호야가빅압게
나아오지안코힝인들도더옥조심흐느니이즘셩의셩졍이사오납고도겁이만흔고로만
일졔동무가두세머리만잇슬째에눈사룸을무셔워호야쇼리를슬고제발자귀를뭇어가
리우며도망호느니라

(八) 아푸리캐에혹인두어사룸이혼곳에모혀음악을아리우더니그중에거이리들
이문고잇눈사룸이혼자죵용혼곳에니르러갑작이만흔이소리남을드럿눈듸그아리들
이사룸을보고졈졈오니이사룸이무셔온무음이나되감히드라나지못호눈거슨그
이리가보게되면즉시쓰라올가홈이라엇지홀수업눈줄알고손으로거문고를타민그이

리들이거믄고 소리를듯고 각각셔셔기다릴즈음에 그사람이 가만히 혼장은 방에나리르러
마루우흐로 올나가니 이리들이 그가 도망ᄒᆞ랴ᄂᆞᆫ의 스를 보고 ᄯᅡ라 올나 가고져 ᄒᆞ되 그사
롬이 두려워 ᄒᆞ야 다시 거믄고를 타니 이리들이 그 소리를 듯고 겁이 나셔 감히 집에 들녀여
올으지못ᄒᆞ고 다만 스면에 둘너 셔셔 엿보기만 ᄒᆞ더니 거믄고 소리다 ᄭᅳ나 지 아니 ᄒᆞ미 그
졔야 이리들이 입을 벌니고 눈을 ᄯᅱ여 올나와셔 물어 죽이고 ᄀᆞᆺ치 도라갓다더라
임의 깁헛는듸 요힝ᄎᆞ져 오는친구를 맛나 그 이리를 ᄯᅡ려 죽이고 집으로 도라왓는듸 이때 눈밤이
(九)여호(Fox)(狐) 37 圖 도또ᄒᆞ기와 혼류라 코 쑷히 ᄲᅳ족 ᄒᆞ야 낫과 오며 ᄭᅬ리털은 너
슬너슬ᄒᆞ되 셩품이 간샤ᄒᆞ야 아 ᄃᆞᆷ ᄒᆞ기를 잘 ᄒᆞ며 낫에 눈 숨어 잇다 가 밤에 나아 와 셔 드러
툭기를 잡 아먹으며 힘이 만 하 ᄃᆞ룸질을 잘ᄒᆞ고 사람이 희롱ᄒᆞ면 즉시 노ᄒᆞ야 여 ᄒᆞ되 암시
를 ᄑᆔ으니 그 너 암시가 오리 동안 업셔 지 안 ᄂᆞ니 라 ᄡᅡ헤 구멍을 ᄑᆞ고 거ᄒᆞ나니 드른 듸
기를 깃버ᄒᆞᆫ 고 로 잡기 쉽지 못ᄒᆞ고 기를 맛나면 졔셔리로 힝ᄒᆞᆫ 조 최를 늣느니라 영국사
롬들이 흥샹 끠를 노화 ᄯᅩ르며 희롱 눈듸 기는 능히 니 암시 를 잘 맛 하 그 죵 젹을 잘 찻 눈 연고
라 흑 급히 쏫 눈 사 롬을 맛나 면 다른 구멍으 로 도망 ᄒᆞ야 거긔 잇 눈 즘 승을 닉여 쏫 고 드러 가
셔엿보거나 흑 담을 넘어 숨엇다가 ᄯᅩ던 사람이 지나가면 길을 ᄎᆞ자 도라 가 ᄂᆞ니 라
(十) 젼에 혼 사람이 강변에 셔 여호를 보고 계 산 이 혼 머리를 잡아 다가 바회 아리 간직 ᄒᆞ미
여호가 보고 가셔 졔 동무를 부르는지라 그ᄉᆡ에 사람이 틈을 타셔 계 산을 다른 곳으로 옴겻

데오쟝

三十三

더니 오리지 아니호야 여호 두 놈이 머리와 꼬리를 흔들며 즐거온 모양으로 게산이 두엇던
곳에 가서 니 암시를 맛호 보니 문득 게산이 가 업거늘 즉시 붓그러워 호며 셩닌 모양을 발호
야 머리를 숙이고 꼬리를 드리우니 그 흠긔 왓던 여호가 져 부른 동무의 망녕됨을 보고 셩닉
여 그 발톱으로써 제 동무 여호의 두 귀를 치고 갓나니라

(土) 직 을 (Jackal) 38圖 은 아푸리캬와 아시아 남편에셔 나는 디 모양은 여호와 굿호나
꼬리는 여호보다 털이 더 너 슬호고 힝실은 이리와 굿호야 무리를 짓고 단니며 홍샹 밤
에 나오나니 우는 소릭가 귀를 찔너 듯기 슬희 호니라 또 이 즘싱이 그 곳 사람의 게 유익호 거손
집 마다 니여 바린 썩은 물건을 먹어 병을 면케 홈이니라

(土) 하이나 (Hyena) 39圖 아시아와 아푸리캬 두 쥬에셔 나는 디 셩품이 지극히 사오
나오니 그 먹는 거손 모든 죽은 물건에 고기를 됴화 호나니 젹 잇는 곳에 란리가 나셔 사람 만히
죽은 후에 하이나가 무리를 크게 지여 젼장에 가셔 그 시톄를 먹나니라 이 즘싱이
몸 압 동 밧이 힘이 몸 뒤보다 만 호되 소홉은 다 리 써 라도 부스러 쳐케 홀 수 잇고 니는 다른 고
기를 잘 못호며 귀는 쌕죽지 아니호야 그 낫호 좀 둥글호고 쌕죽호 거시 업스니 그런고로 널기와 삵
기 먹는 즘 싱 과 굿지 아니 호고 길 며 목에는 탈 잉이 가 잇고 털도 만 호니라

습문

문○무숨즘싱이긔류에드러가느뇨○교양이와긔류를무엇스로구별ᄒ느뇨○더울ᄯᅢ에는입에서무어시흐르느뇨○여러가지긔가무어시뇨○무숨일에렁교흠을보겟느뇨○쎳나드란긔눈본곳이어나곳이뇨○사룸의게유익흠이무어시뇨⊙이리눈어느곳에구쟝만흐뇨○사룸을잡아먹느뇨○그열이엇더ᄒ뇨○사룸이엇더ᄒᆫᄯᅢ에무셔워ᄒ느뇨⊙여호눈엇더ᄒ뇨○무어술잘먹느뇨○영국사룸들이여호와엇더케ᄒ기를잘ᄒ느뇨○그곳사룸의게유익흠이무엇시뇨○그형샹이엇더ᄒ뇨⊙직올은어ᄃᆡ서나느뇨○먹눈거슨무엇이뇨○니눈다른고기먹눈것과엇더ᄒ뇨○하이나형샹은엇더ᄒ뇨

뎨오쟝

三十五

대류쟝

데류쟝은 고기먹는쇽(Carnivora)(食肉獸)을 다시 의론흠이라

(一) 족져비(Mustelidae)(黃狼) 류즁에 족져비(黃狼)와 은셔(銀鼠)와 회묘(灰貂)와 쟈묘(紫貂)와 췌묘(臭猫)와 수달피(獺)를 의론홀터인듸 이즘싱들이 형상은 비록 작으나 죽이기를 됴화ᄒᆞᄂᆞ니 제 잡아먹는 물건을 잡을때에 귀 뒤를 한번 물어 큰 피줄을 ᄭᅳᆫ거나 혹 두골을 ᄭᅪᆺ으면 졸연히 노하버리지 안ᄂᆞ니라 즘싱즁에 이 족져비 류에 드러가는 것ᄀᆞ치 운신 잘ᄒᆞ고 담대 흔 거시 별노 업ᄂᆞ니 몸이 길고 여우며 ᄯᅩ 독질 녹질ᄒᆞ고 다리는 잡아서 거라히는 밤에 돈니는 거시니 낫에는 빈 나무 쇽에 나 담 틈에 나 ᄯᅡᆼ 구멍에 숨어 잇다가 밤이 갈때에 보면 괴여 가는 것 ᄀᆞ치 ᄒᆞᄂᆞ니 그럼으로 총형(Vermiform)(蟲形) 동물이라 홀 수 잇ᄂᆞ니라 ᄯᅩ 면나 와서 제 먹을 거슬 찾ᄂᆞ니라 ᄯᅩ 이즘싱 즁에 더러는 쓰기 됴흔 귀흔 털 잇는 것도 잇스나 그 즁에 역ᄒᆞ니 암시 업는 거슨 별 노 업ᄂᆞ니라

파지족	쎼이은자	쎼이은 과속류	져족류종	죵
등	운더	이먹졋	네	잇톱	먹기고	져족비
심						회은족묘됴셔비
쎠	피	것는	발	엇는	것는	비
						수체쟈달묘피

(二) 너구리 족져비(Weasel)(黃狼) 40圖 눈그류중에작은거시니 빗치누르며열이크고 사오나온디먹는거슨쥐와드러쥐와먹쟈구와시와드리을잘먹느니라

(三) 은셔(Ermine)(銀鼠) 눈털빗치녀름이면심히누르나겨울이되면누른거시업서지고 희게되느니 그휜거시눈과굿혼디 꼬리끗만조곰검고털은지극히귀호고로이젼에유로바모든관쟝들이그털노옷솔문드러닙느니라

(四) 회료(Marten or Sable)(灰貂) 41圖 의몸은너니족져비보다큰디흥샹나무우회올나서모든시와그알을먹느니 그털은더욱귀즁호니라

(五) 쟈툐(Mink)(紫貂) 42圖 눈형샹이회료와굿호나발가락시에가쥭이흔결반만련호여스니이눈물에잇는먹쟈구와물고기를잡아먹기에덕당호거시라 그털은온윤호고아름다와손으로쓸어슌히호나거스러호나훈모양으로밋그럽고빗치나느니라이귀호즘싱들이다북편심히찬디방곳에데일사름들이산양홀때에찬고싱을만히호여도잡기가쉽지못호니그럼으로그가쥭이너니즘싱의가쥭보다더욱귀호니라

(六) 닉암시나눈췌묘(Skunk)(臭猫)눈 43圖 아메리싸쥬에더러잇는디 여몸은검은지라 등에희줄기둘이잇고또닉암시나눈물담는주머니가잇는디 여사룸을맞나면제등에닉암시나눈물노써더렵게호여능히씻숫호쟈로호곰피호게호느니이즘싱이엄동셜한에눈흥샹졸기만호느니라

메류쟝

三十七

(七) **수달피** (Otter) 44뽐 눈물에 헤염치기를 잘ᄒᆞ야 먹을거슬 물에서 찻ᄂᆞ니 발에 련ᄒᆞᆫ 쟝심이 가잇고 털은 만흐며 가늘고 잡은지라 물에 드러갈때에는 눈ᄭᅵ피가 쪽을 닷아 물을 막ᄂᆞ니 이가 족이묵은 고로 싹닷아 도ᄂᆞᆫ이 그냥 붉고 싱션을 잡으면 쇼리 밧괴ᄂᆞᆫ다 먹ᄂᆞ니라 전에 혼 사람이 수달피를 질드려 싱션산양을 식혀스ᄂᆞ니 그러나 그거슬 잡기가 쉽지 못한지라 수달피의 셩품은 아희와 굿치 희롱을 깃버ᄒᆞ야 겨울에 강가헤 눈잇ᄂᆞᆫ 거슬 보면 즉시 강에 써 도ᄂᆞ니며 놀다가 눈이 업서지면 혹여 울탁에서 뛰며 춤추ᄂᆞ니 거ᄒᆞᆫ 곳은 즌푸리와 깁흔 물가희ᄂᆞ니라

(八) 곰류중에 곰 (Ursidae)(熊) 과 래큰곰과 너구리(貉)와 슐곰(蜜熊)을 의론홀 터이니 이 즘싱들이 다 거러 갈때에 사람과 굿치 발 쟝심을 따에 붓치ᄂᆞᆫ디 임의 본 고기 먹ᄂᆞᆫ 동물(食肉動物)은 도로혀 발가락 만새 헤 붓치고 가ᄂᆞ니라 이 두가지 즘싱을 보니 쟝ᄒᆡᆼ슈(Plantigrade)(掌行獸)와 지ᄒᆡᆼ슈(Digitigrade)(趾行獸)라 지ᄒᆡᆼ슈의 발뒤축ᄲᅧ가 사람의 발뒤축ᄲᅧ 보다 놉히 잇서 싸헤 디이지 안코 것ᄂᆞ니라 소(牛)ᄂᆞᆫ 발가락으로 도ᄂᆞ니 눈 즘싱인디 이 소의 ᄲᅧ 슬경과 사람의 ᄲᅧ 슬경을 비교ᄒᆞ여 보아 알아볼거

파지	등더	심	ᄲᅧ	
족ᄶᅦ	이먹졋	운	피	
ᄶᅦ은작	네	더	것ᄂᆞᆫ	
과속	잇톱	ᄂᆞᆫ	발	
류	먹기고	이	것ᄂᆞᆫ잇톱	
종	곰		것ᄂᆞᆫ먹기고	
	어들더ᄒᆞᆫ곰	흰큰곰	쾌	너곰구리 굴곰

시엇스니 1 그림과 2 그림을 보시오 분명히 알나 호면 소의 환 두 뼈에서 시쟉 호야 그 발가락 서지 다리에 잇는 뼈를 보고 사룸의 다리뼈와 비교 홀지니라

(九) 이 곰류가 고기 먹눈 속에 드러간 거시라도 그 중에 더러는 고기를 먹은 후에 치소도 먹고 혹은 치소를 잘 먹 눈것도 잇 누니 이 곰 들이 무어 시 던지 맛나 눈 디로 다 먹 눈 거시 대 일 만 코 그

각물슈(Omnivorous)(食各物獸)라 쏘 그 중에 나무와 벼랑에 올나 가 눈 거시 데 일 만 코 가을 이 되면 굴속에나 흑 빈 나무속에 숨어서 봄 서지 자 누니라

(十) 이류에 쟝본은 곰인 디 여듧 가지 잇 스니 셋슨 유로바에 잇 눈 디 이 셋중에 흰 곰은 량부 쥬 북빙양에 잇고 흔 인 디 아 놉흔 산에 잇고 흔 나흔 짜 바셤에 잇고 흔 나흔 졔국과 대한에 잇 고 셋슨 북아메리사에 잇 누 니라 곰의 힘이 만 코 무겁기도 호며 털은 어 를 더 를 호고 발가락은 다 섯 인 디 싸홀 잘 파 기위 호야 힘이 잇 누 니라 치운 디방에 사 눈 사룸 들이 이 곰의 가족으로 불과 옷을 문 드러 덥 고 닙 으며 쏘이 가 족으로 즘 싱의 곳 비도 문 드 누 니라 유로 바 북편에 잇 눈 흑곰은 그 곳 도인의 게 유익홈이 대단히 만 흠으로 그 도 인 들이 이 곰을 보고 호 누 님이라 칭 호 누니라...

(土) 곰 중에 북아메리사에 잇 눈 어들 틀 혼 곰(Grizzly Bear)은 45碼 대 일 건장 호고 사오나온 곰이니 그 곳에 사 눈 인 디 안 사 룸 들 이 그 몸은 죽이기가 대단히 어려운 줄 알고 져 회 중에서 뉘가 그 곡 호 나 흘 죽이 면 호 걸이라 호야 곰의 발 톱으로 쟝식을 숨여 그 목에 거 누 니

대륙쟝

三十九

대륙쟝

라이곰은몸이너무육즁ᄒᆞ야힁ᄒᆞ기눈거북ᄒᆞ나나무에올흐기를잘ᄒᆞᄂᆞ니그산에잇눈벌들이뭉쳐서간직ᄒᆞ거슬엇어먹으려흐이라먹눈거슨식물뿌리들과열미와여물지아니흔초목을잘먹고혹새로듬을타셔돗과양과송아지ᄌᆞᆺᄒᆞ거슬잡아먹ᄂᆞ니라

(士) 흰빗곰(White or Polar Bear)(白熊) 46 뵴 은북편디방에셔나눈디온몸은다희여도발톱과코밋흔검은빗치며발쟝심에털이잇서눈잇눈ᄯᆞᄒᆞ로ᄃᆞ라나도조곰도밋그러지지안코ᄯᅩ흔능히물에셔헤염쳐ᄃᆞ니면셔바다리를잡아먹ᄂᆞ니라

(士) 래쿤(Raccoon) 47 뵴 은크나작으나여호와셔로ᄌᆞᆺ고나무에올흐기를잘ᄒᆞ눈거슨곰과ᄌᆞᆺᄒᆞ나라먹눈거슨새와알과버러지니무론무어슬먹던지먹을때에눈몬져물노써씩씩케흔후에야먹으며흥샹낫이면숨고밤이면나아오ᄂᆞ니이눈그눈이쳡쳡ᄒᆞ야빗츨슬혀흠이라가히기르기도ᄒᆞ며쇠리에듕군문위가시마다셕겨잇눈디이즘싱이북아메리ᄭᅡ쥬에셔나ᄂᆞ니라

(齒) 너구리(Badger)(貉) 48 뵴눈유로바와아시아에셔나눈디ᄯᅡᆼ굴을파고잇기를잘ᄒᆞ야사름이차ᄌᆞ려ᄒᆞ여도쉬히찻지못ᄒᆞ며머리눈샛죽ᄒᆞ고길며쇠리털은구송ᄌᆞᆼᄒᆞᆫ디머리에희고곳은줄기가잇ᄂᆞ니라 (쥴이급이십륙쟝십소졀) 네가반드시북은슛양의가죡으로쟝막과휘쟝을문들

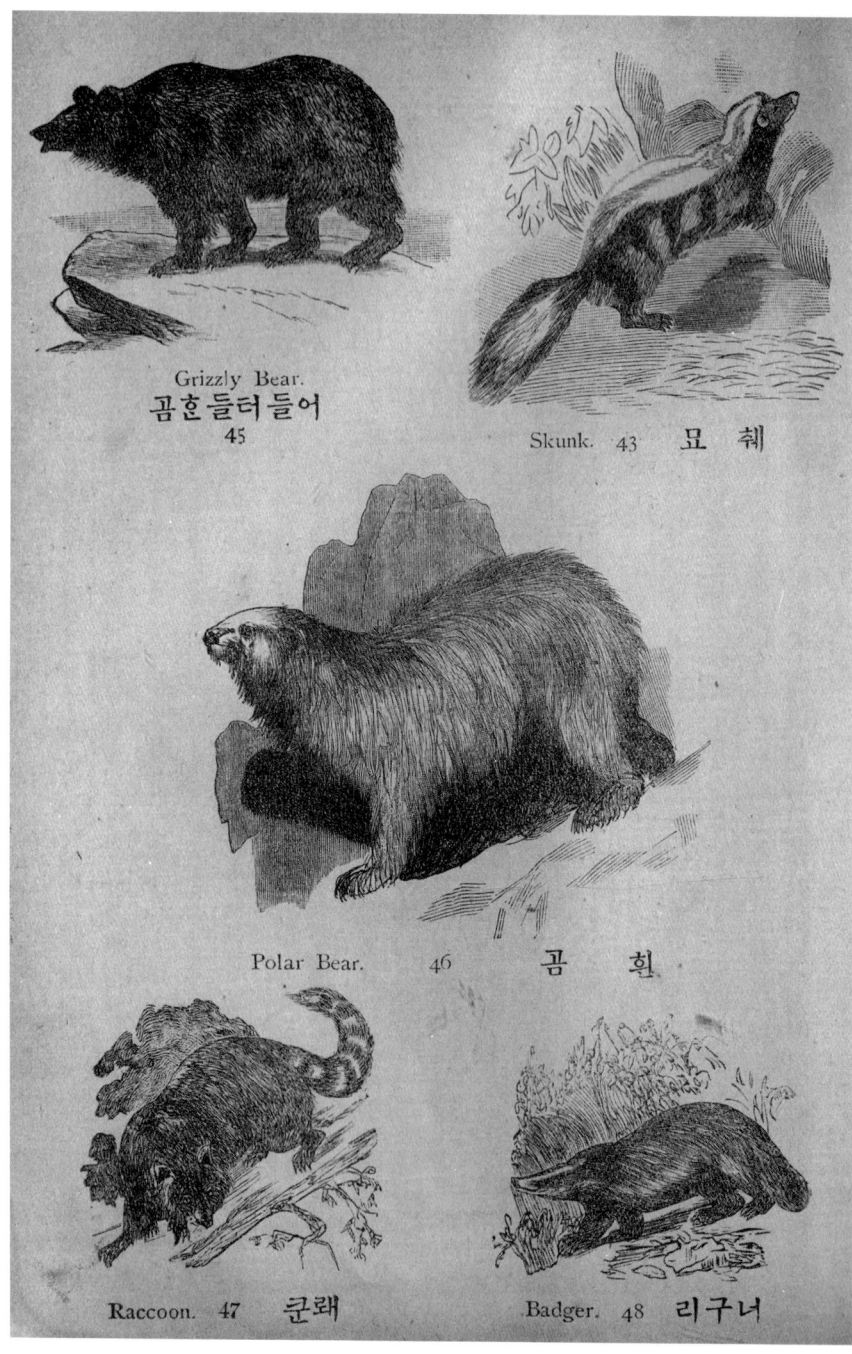

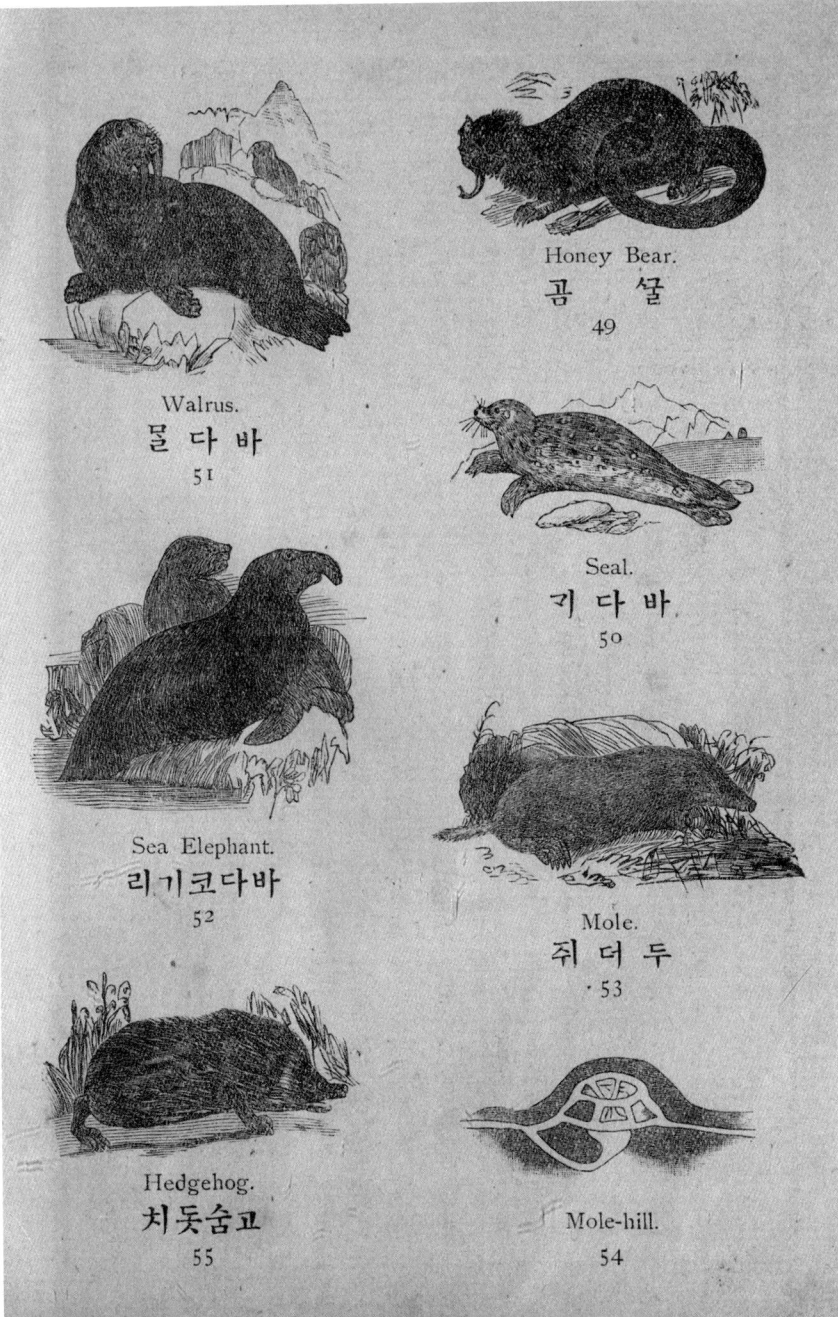

고너구리가죡으로그우희덥흐리라항셧스니대개이스라엘사름들이가죡으로쟝막을문들고그털노즛리를문드럿느니라

(五)꿀곰(Honey Bear)(蜜熊) 49쯉 은남아메리카에서나는딕그혀는샘죡항고긴거시니흥샹혀를펴셔모든버러지를잡고때로벌집가온듸셔쑬을엇어먹으며쇼리는길허셔능히나무가지에걸고잣나비와굿치새수리를잘항느니집에셔기르기도항느니라성품은작은교양이와굿치희롱항기를잘항느니라

파지죡	등떼은작	심운더	써피
쪽	떼은	것눈이먹젓	
	과	네	발
	속	것눈잇톱	
	류	것눈먹기고	
		다	기
종	바바바다다다코물스리 쟈	바다기	바다코기리

코기리와(共)바다기(海象)잇스니이는다네발가진동물이라도째로물에도살고때로뭇헤도살고때로는거시디이러케항는즘싱과뭇헤서절반식사는거신디이러케항는즘싱을슈륙병거(Amphibious)(水陸並居)라항느

(七)바다기(Seal) 50쯉 눈그소지가비졋는노와굿ㅎ되압발둘은잠으며발가락에가족이셔로련ᄒᆞ기를집오리와굿치되여셔물에셔헤염칠때에뒷발둘은뒤로쓰러셔리를삼아좌우편으로놀니기를마치손닉은소공이치를잡고농간항는것곳고뭇헤힝홀때는

대륙쟝

압헤두발만힘쓰고뒷발둘은힘이업서힝호기가대단히거북호며 또 발둡으로굿은돌에머무는것도다압발에힘이니라머리는둥굴고작으며눈은검고빗치잇고모양은량슌호야보기됴흐며귀와눈에능각각얇은가죽이호나식잇는디물에잇슬때에눈그가죽으로귀와눈을막는고로물속에서능히호각동안식잇다가물밧긔나아오느니라훈호거손몸이길기가다숫쟈이라그식기는능히물에둔니지못호며이즘성은거손에거호는거시마치사롬이혼집식혜간뉘인것곳고숫거손흥샹암커무리를자어언덕에거호느니이눈완연혼집안과굿호지라이즘성이나아가서다른즘솔오십여머리식거호느니라암커손본리제리스랑호지안는디암컷시혹제식기성들과싸홈을사오납게호느니라암커손불에더지기를여러번호에야죽게된후에야바리고를업드러치면숫거시즉시암커술물고돌에더지기를여러번호에야죽게된후에야바리고다른딕로가느니그후에는암컷시겸손혼모양으로숫것잇는압헤가서습히울어도숫커시모론체호고잇다가만일호기를일흐면서로마조우느니라

(六)북극사롬들이바다키를크게쓰는디가만호니그고기는가히먹고기름은등불도써고나무를틱신호야불도사루고밥도지으며또무솜물건을믹매홀때에이기름을가지고돈틱신으로쓰기도호며너눈창을문들며힘줄은녹션을싞고비위는병을문들고닉쟝을퍼쳐말니워휘쟝문을짓고오좀둥은창티에미여바다기잡을때에창으로물에쓰게호고또그곳에나무가업눈고로그쎠로비를지어그밧긔눈바다기가죽을납혀타고둔니며피

四十二

눈국을 쓰리고 가죡은 옷과 니불과 쟝막을 만드르며 또 즘싱의 명에 실을 만드
리는 거시 업느니라

(九) 혹이 말ᄒᆞ되 바다가 온딕 사람이 잇다 ᄒᆞ니 이는 춤 사람이 아니오 바다 머리가
물낫출 때에는 사람과 ᄀᆞᆺ고 물 즘성과 ᄀᆞᆺ지 아니 ᄒᆞ고 그 거슬 희 즁인이라 ᄒᆞ야 사
람들이 다 려를 져 퍼ᄒᆞ나 바다기는 본릭 사람을 져 퍼ᄒᆞ지 안터니 사람들이 쏫고 싸릴 때 보
터 비로소 져 퍼ᄒᆞ는 모음이 싱겻느니라

(十) 젼에 흔 션싱이 대죠를 드리고 바다 멋흔 곳에 가서 지거리 우스며 놀 시 그 곳헤 바
다기 두어 놈이 잇서 그 사람들이 물을 희롱ᄒᆞ며 분주히 노는 거슬 보고 쏘 음악 소리를 듯고
깃버 ᄒᆞ더니 이 훗날에 이 션싱이 다시 흥을 타서 우연히 바다 가혜 가 녀를 부니 바다기들
이 쏘 와서 서로 듯다가 사람의 기도 ᄒᆞ며 ᄀᆞᆺ치기 도 ᄒᆞ더니 사람이 빅를 타고 희
롱으로 희미 바다 기들이 실을 고 비 뒤에 ᄯᅡ라 ᄀᆞᆺ치 힝ᄒᆞ니 이는 기의 셩품이 음악 소
리를 깃버 흠으로 떠 나기를 깃버 ᄒᆞ지 아니 ᄒᆞ는 모양이더라 이는 본릭 길 드러 도 사람을
져 퍼 ᄒᆞ지 안는 거시나 사람들이 무섭게 ᄒᆞ는 거슬 져 퍼 ᄒᆞ더라

(十一) 바다스쟈 (Sea Lion) (海獅) 눈 뒷다리 힘이 잇서 뭇헤 잇슬 때에 다른 네 발 가진 즘싱
과 ᄀᆞᆺ치 몸을 들고 힝ᄒᆞ느니 이런고로 뭇헤 올나와 줄 때에 만 물에
드러가느니라 그 즁 큰 거슨 몸이 길기가 열 자 즘 되느니 이 즘싱 즁에 더러는 몸에 털이 간 ᄒᆞᆯ

대륙쟝

四十三

데류쟝

고연호며ᄯᅩ빗치잇고밋그러오니심히귀호거시라
(쯧) 바다물(Sea Horse or Walrus)(海馬) 51뎨 의 모양은바다긔보다좀더큰듸그치
아중에길기가두쟈즘되는두니가입수밧그로나와스니그거스로제몸을보호호고돌도
싹느니라먹는거손싱션과쟉은바다드미니그가쪽과니와기름이지극히귀호션두릐에사롬
이흥샹만히잡으니그죵즛가젼보다드무니라셩졍은심히게으르니엇던때에물에서나
와여울에서졸민그다음나아오는물이몬져나아온물을쏫고조논듸물들이차례로바
다물에서나아오며다이와굿치호다가나죵은짜홈을만히호느니라ᄯᅩ졸때에미양물흔
놈이놉흔돌우헤올나가서두루스면을살피기를마치사롬이졔원수를살피는것굿치호
느니라이거시북방에서나셔북편가에거호느니라
(쯧) 바다코기리(Sea Elephant)(海象) 52뎨 눈몸이더옥크고고기리는이십자즘되느니
숫귀손코가혼쟈즘길허륙디에코기리와굿호나그러나코기리만치는길지못호나라이
즘싱이셩닐때에코를미러셔소릐를크게호는듸이거시모양은대단히사오나오나사
롬을흥샹되뎍지아니호고오직무셥게만호랴고호야큰니를나타니여뵈이느니라

습 문

문○쪽져비즁에멧죵즈를말ᄒ엿ᄂᆞ뇨○이류에몸이싱긴것과힝실은엇더ᄒᆞ뇨○무

엇슐보고 츙형동물이라ㅎㄴ뇨○털은엇더ㅎㄴ뇨○너ㄴ죡져비눈엇더ㅎㄴ뇨○은셔의
털은겨울과녀름에무슴구별이잇ㄴ뇨○회툐눈엇더ㅎㄴ뇨○쟈토ㄴ눈엇더ㅎㄴ뇨○췌묘
눈엇더ㅎㄴ뇨○슈달피죵즈ㄴ죡져비와무엇시다르뇨○어ㄴ싸헤거ㅎ며그셩품이엇
더ㅎ뇨○곰의류ㄴ멧죵즈를말ㅎ엿ㄴ뇨○곰류와고양이류에발이무어시다르뇨○
쟝힝슈ㄴ무어시뇨○지힝슈ㄴ무어시뇨○곰의류ㄴ무어슬먹ㄴ뇨○맛나ㄴ 되로다
잘먹ㄴ거슬무슴즘싱이라고ㅎㄴ뇨○능히나무에잘올나가ㄴ뇨○겨울에ㄴ엇더ㅎ
ㄴ뇨○곰은멧가지며어듸잇ㄴ뇨○몸싱긴거시엇더ㅎㄴ뇨○사름의게유익훈거시무어
시뇨○어들ㄴ ㅎ곰은엇더ㅎ뇨○흰곰발쟝심에털잇ㄴ거슨무슴쓸듸가잇ㄴ뇨○쾌
큰은엇더ㅎ뇨○너구리ㄴ엇더ㅎ뇨○ 쇨곰은엇더ㅎ뇨○바다기의류즁에멧죵즈를
말ㅎ엿ㄴ뇨○능히물속에오리잇슬수잇ㄴ뇨○슈륙병거ㅎㄴ동물은엇더ㅎ뇨○바
다기의머리와코와눈과낫치엇던형샹이뇨○뭇헤힝훌때에엇더케ㅎㄴ뇨○어나곳
에셔나ㄴ뇨○그식기ㄴ물에거ㅎㄴ뇨○이긔가무슴쓸듸가만호뇨○바다ㅅ쟈ㄴ쾌
○사름을져퍼ㅎㄴ뇨○바다코기리ㄴ엇더ㅎ뇨○바다기와무어시다르뇨
○바다믈의형샹은엇더뇨○그ㄴ눈무슴쓸듸잇ㄴ뇨

뎨류쟝

四十五

뎨 칠 쟝

뎨칠쟝은버러지먹는(Insectivora)(食虫獸) 흔쪽과너는(Rodentia)(齧齒獸) 흔쪽을의론흠이라

(一) 스쥭슈(四足獸) 즁에둘지쇽을지금의론흘터이니이는버러지먹는스쥭슈니식충슈(食虫獸)이라임의본말을싱각ᄒᆞ여보니박쥐무리와잣나비무리즁에버러지를잘먹는거시잇스나이이식충슈(食虫獸)의드러간거시아니ᄒᆞ야잘버이고잘먹당ᄒᆡ된거시라이식충동물의니빨은식육동물의니빨과굿지아니ᄒᆞ야(虫部)를잘먹기에뎍지를못ᄒᆞ나그러니가둥굴게된거시 뿌스러치기묘흔지라이즁에드뎌쥐와굿치싸쇽에잇는거시만ᄒᆞ니치운디방에잇는거슨겨울동안은자느니라이식충동물이사름의게유익ᄒᆞᆫ거슨싸헤잇는여러가지버러지를먹음으로사름의게는소를샹치안케ᄒᆞᆫ니라

(二) 식충슈(食虫獸)에드러간즁에두가지를불러이니 드뎌쥐(田鼠)와고슴도치(刺蝟)라

(三) 드뎌쥐(Mole)(田鼠) 53題 눈싸헤구멍을파고거ᄂᆞ니아모싸히드뎌쥐잇는줄을알지라그압발은넓고힘이잇스며코쎠눈곳추둉ᄒᆞ야코씃삭지니르럿는디심히굿은고로구멍팔ᄯᅢ에능히발힘을도아가잇고흙이숭굴숭굴ᄒᆞᆫ듸눈곳그쇽에드뎌쥐잇는줄을알지라

지족	지
쎄쎄은작	등더먹졋네
과속류	심운눈이
	쎄피것발
종	톱
	것눈먹지러버
	두더쥐
	고슴도치

싸파기를잘ᄒᆞ니밤시도록흙을파면가히빅쟈즘멀니파느니라그눈은본릭쟉은딕털이가리워서잘뵈지안으니그럼으로사ᄅᆞᆷ들이보고눈이업다고ᄒᆞ나실샹은눈이업는거시아니오눈이쟉을쑨이니라쏘귀와코이데일령교ᄒᆞ야무슴소리들듯고살피는것과닉암시를맛는듸다른것보다더옥잘ᄒᆞ며털은가는듸부드럽고식뭇ᄒᆞ야비록구명속에오리잇다가나아올지라도그몸에흠이믓

지안코그냥씩뭇ᄒᆞ니라

(四) 드더쥐의집짓는의 ᄉ가심히이샹ᄒᆞ되 54 그림을보니그모양이고래와굿치둥굴게되엿는듸그둥굴훈골목이둘이잇ᄉ니ᄒᆞ나흔아리잇고ᄒᆞ나흔우헤잇는지라그두골목으로통훈골목이쏘다슷이잇는듸그가온듸넓고둥군방ᄒᆞ나히잇ᄉ니이는드더쥐자는방이오이방에서그우헤잇는고레굿흔둥군골목으로통훈길은솃시잇ᄉ나그아리잇는고레굿치둥군골목으로통훈길은ᄒᆞ나도업스며쏘아리골목이라당초브터셰샹에잇는길여릿시잇눈듸이길은도쥐자는방에서나오는길과ᄒᆞᆷ합ᄒᆞ되이쥐가밧흘파마다집짓눈의ᄉ가다이러ᄒᆞ며먹는거슨다령이와여러가지버러지니

뎨 칠 쟝

四十七

거시농ᄉ에희로온줄알기쉬오나그러나이쥐가밧헤잇는곡식힝ᄒᆞᆫ버러지를잡아먹
고쏘이취가먹셩이너무만흔고로ᄒᆞ로라도먹지안코능히견딘지못ᄒᆞᄂᆞ니라

(五)고슴돗치(Hedgehog)(刺蝟) 55 鼠
울보호ᄒᆞ야원수를막ᄂᆞ니라사름이나기가잡으려홀시에눈가죽에가시털이잇서제몸
그런고로흥샹잡기가쉽지못ᄒᆞ며먹는거슨먹즛구와빅암과달핑이와여러가지버러지
잘믈느니비암을먹을ᄯᅢ에보면ᄒᆞᆫ번비암으로빅암을주리쳐빅암의곡졔몸을
물지못ᄒᆞ게ᄒᆞ고빅암의힘이다진ᄒᆞᆫ후에야먹ᄂᆞ니라겨울이면구멍에거ᄒᆞ야나오지
안는듸온몸에나무닙사귀마른거솔찔녀매여서졔몸을감초ᄂᆞ니사름이맛나도겨우나

무닙사귀만보고고슴도치몸은보지못ᄒᆞᄂᆞ니라

(六)잘너는즘싱은얼치슈인(齧齒獸) 덕삼빅가지나잇ᄉᆞ니륙디로돈니며졋먹이는동
물(晡乳獸) 즁에널니퍼진거시니셰샹에곳마다다잇는듸그즁에더러는가죽이귀ᄒᆞᆫ것
도잇느니라이속이다른것과분별되ᄂᆞᆫ거슨널기잘ᄒᆞ는니(齒) 니이눈압니인듸둘은우희
잇고둘은아릐잇는거시두가진듸쳣지는니밧편은굿기가
자긔굿고니안편은써와굿ᄒᆞᆫ듸그안녑히좀만만ᄒᆞ야무어슬짝는듸로둑업서지고그
밧편은더날카랍게되엿ᄂᆞ니라둘시눈압니넷손ᄒᆞᆼ샹즛라는가시니이럼으로그니를아
모리써도다흠이엽고무솜단단ᄒᆞᆫᄲᅳ리도잘너나그러나혼가지폐가잇ᄉᆞ니만일우연히

압니훙나히쌔지면마조디훈니가업는고로셔로갈아셔평평훙게못훙고평평훙게못훙면날마다졉졉더길허져서입을능히다물지못훙야굴머죽게되느니라그러나압니넷만그럿코다른니는그럿치아니훙니라이속에드러간거시손쥐(鼠)와드름쥐(松鼠)와토발셔(十撥鼠)와히라(海驟)와살돗치(箭猪)와둑기(兎)니라

(七) 쥐(Rat) 56圖 눈북방사름들이모즈눈되그뜻신일용훙눈모든물건을샹케훙단말이라쥐눈업눈곳이업스니그런고로사름이훙샹뮈워훙야무솜계교로엽시훙려훙되쥐가사름보다더옥령교훙고또훙날마다식기를만히쳐셔번셩케훙눈고로사름들이아모계교로도못춤내업시훙지못훙느니라

(八) 쥐즁에싱쥐(Mouse) 57圖 눈몸이작은거시니그모양은큰쥐와굿훙나공교훙이큰쥐만못훙고로사롬의게쉬잡히느니라

(九) 쥐즁에(Jerboa)뛰눈쥐(跳鼠) 58圖 눈엇던거손너눈쥐와둑굿치작으나엇던거손쥬료셰와굿치크거시니라이거시아푸리가북편모리싸헤셔나눈되그털빗누른거시모리빗과조곰도분별이업고쐬리눈심히긴되큰거시니이쥐가압다리눈잛으나뒤다리가길허서뛰기를잘훙느니라

지쥭뎨쎼은작	더등 네	운심눈이먹졋	파쎼것눈이먹어널 톱 것눈먹어널	파속류 종
				쥐
				다룸쥐
				히토발셔
				살돗치
				독기

데 칠 쟝

이쥐가짜혜구멍을파거나풀을먹거나다발톱을쓰ᄂᆞ니아라비아사룸들이그고기를잘먹ᄂᆞ니라

(十) ᄯᅳ름쥐(Squirrel)(松鼠) 59쪽 도엽ᄂᆞᆫ짜히엽스니흥샹나무소이에왕리ᄒᆞ며뛰놀며두쌤에주머니가잇서제먹고쏘제먹ᄂᆞᆫ즁에맛잇ᄂᆞᆫ거슬만히츅ᄒᆞ엿다가겨을지나며두쌤에주머니가잇서제먹고쏘제먹ᄂᆞᆫ즁에맛잇ᄂᆞᆫ거슬만히츅ᄒᆞ엿다가겨을지나며길기도ᄒᆞ고쇠리가길고도럴이너슬ᄒᆞ니그쇠리로써제몸도덥게ᄒᆞ고뛸것도아쥬ᄂᆞ니라이즁에혼가지ᄂᆞ썰ᄯᅢ에ᄂᆞᆫ멀니뛰기를날ᄃᆞᆺ시힘으로ᄂᆞ는ᄯᅳ름쥐(Flying Squirrel) 59쪽 라ᄒᆞ나실샹은나ᄂᆞᆫ거시아니오그빈가족과압뒤다리좌우쭉지가심히넓어셔날기잇는것ᄀᆞᆺᄒᆞᆫ지라이럼으로썰ᄯᅢ에ᄂᆞᆫ멀니도가쌔르기도ᄒᆞᆼ니라

(十一) 도발셔(Guinea Pig)(土撥鼠) 60쪽 ᄂᆞᆫ톡기보다좀쟉은ᄃᆡ털빗츤흰것과누른거시시마다석겻고쏘집에서기르기도ᄒᆞᄂᆞ니비록졔지리ᄂᆞᆫ서로스랑ᄒᆞ지안코싸호나다른것과ᄂᆞᆫ극히서로평안히지닉ᄂᆞ니라

(十二) 히라(Beaver)(海驪) 61쪽 ᄂᆞᆫ아메리샤쥬에더러잇ᄂᆞᆫᄃᆡ셔국서ᄂᆞᆫ쎄버라ᄒᆞᄂᆞ니라쇠리가넓은ᄃᆡ쇠리에비ᄂᆞᆯᄀᆞᆺᄒᆞᆫ거시잇고뒤발은련ᄒᆞᆫ가족이잇ᄂᆞᆫᄃᆡ쇠리와뒷발노써혜염도치ᄂᆞ니라귀와코에션ᄂᆞᆫ가쪽ᄒᆞᆫ층이잇서물에드러갈ᄯᅢ에물을막으며거ᄒᆞᄂᆞᆫᄃᆡ눈흙

五十

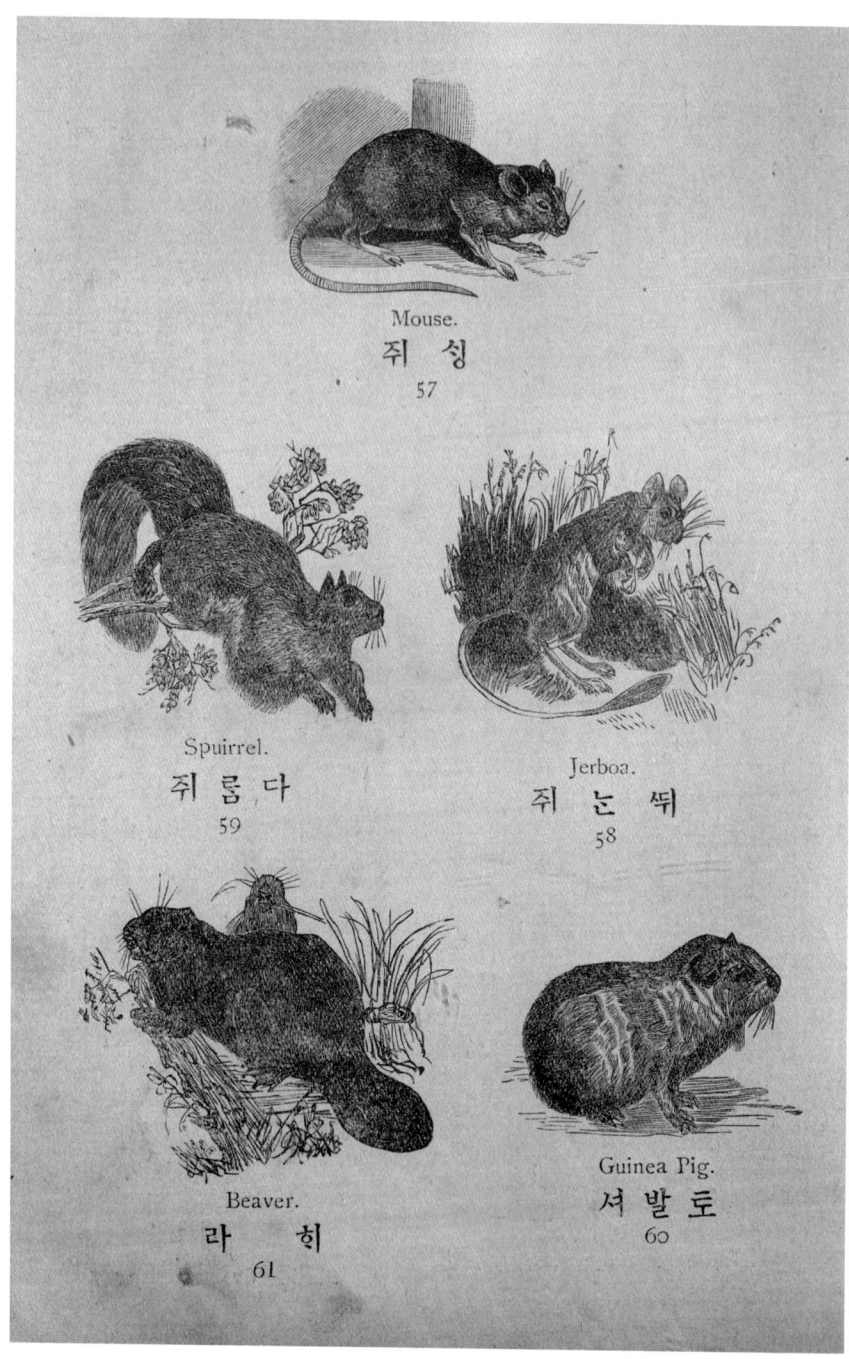

Mouse.
쥐 싱
57

Spuirrel.
쥐룸다
59

Jerboa.
쥐눈쮜
58

Beaver.
라히
61

Guinea Pig.
셔발토
60

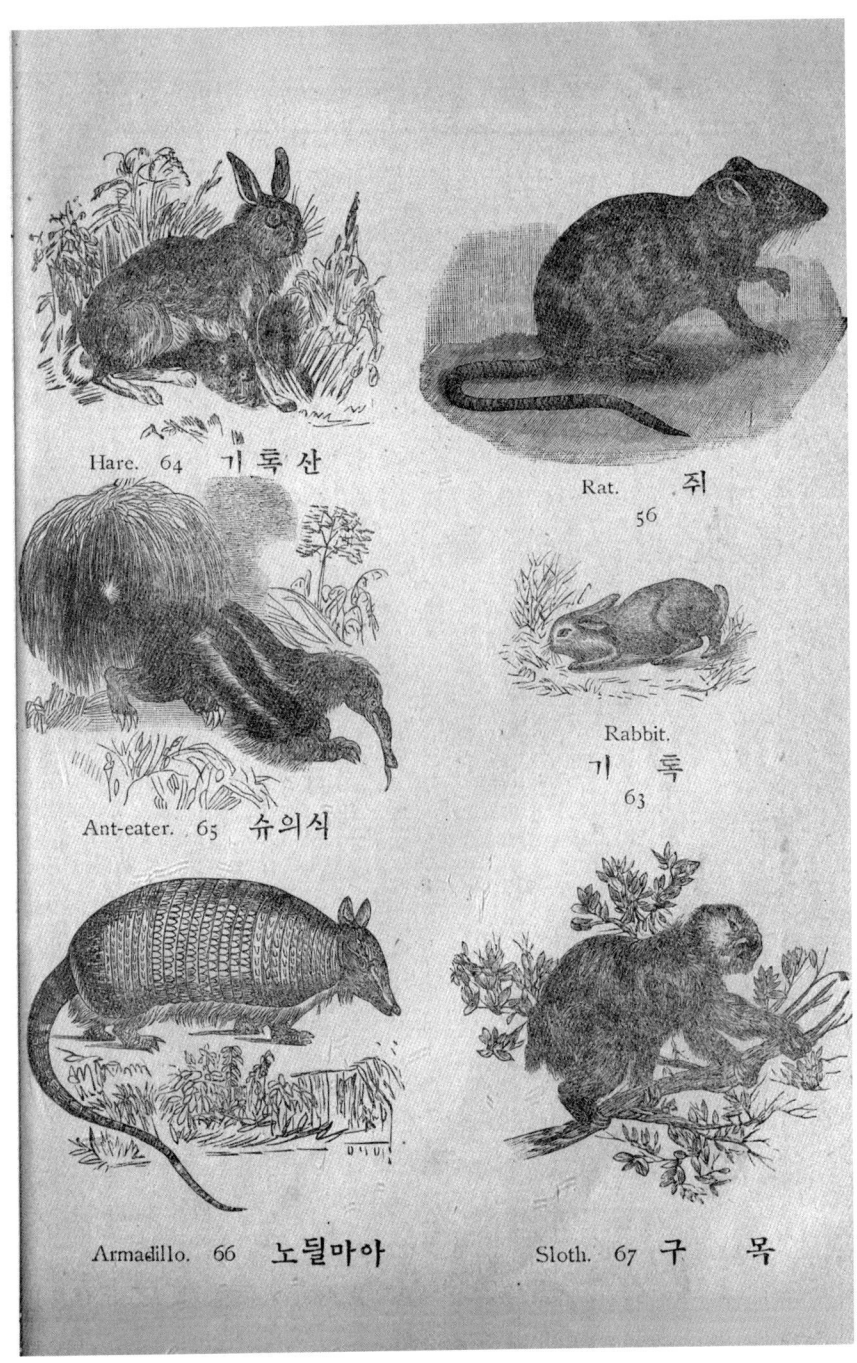

과 나무와 돌노 문득 럿스니 일뎡훈 사롬의 집과 궂훈지이 물가 헤 잇눈 딕 브라 보면 분명히 볼 수 잇스니 보눈 쟈들이 항샹 사롬의 작은 집인 줄 아눈니라 그 집이 훈 결반 물 잠 겻 눈 딕 물 속으로 문을 믄드러 엇스니 물이 얼지라도 방히롬이 업고 만일 물이 여섯 허지면 그 물문 밧그로 다시 눈 드러 눈 동둑 나흘 놉히 싸 항물을 더 깁게 호 나니 그 동둑 싼 눈 나무 눈 다 큰 나무를 쓰느니라 이 즘성이 동둑을 쓰려 호야 나무를 찍을 때에 눈 능히 의 스를 녀여 나무 셰딕로 물가 헤 쎠 쉭 니뉘이며 또 훈 식물을 때에 츅항여 겨울 먹을 거슬 예비 호 줄도 아느니라 녀름에 눈 집에 잇지 안코 수풀 소이에셔 쉬느니 이 즘성이 집을 짓눈 거슨 제 본성의 됴화훔 인 줄 알 거슨 엇던 사롬이 히라를 기르눈 데 가방 안에 잇눈 모든 물건을 겹겹이 싸 훈 후에 집 모양으로 모든둘고 괴잇기를 즐거워 훙더라

(豪) **살돗치** (Porcupine) (箭猪) 62 쪽 눈 아푸리까와 유로바와 인듸아에셔 나눈 듸 그 몸 은 고슴돗치 보다 좀 크며 몸의 살딕와 궂치 길고 굿은 가시털이 가득 호여 스니 이 눈 그 몸을 보호 홈 눈 거시라 혹 다른 즘성이 맛나다 쏫츠면 뎌 가죽 시수족을 싸헤 붓쳐 가시털을 곳추 셰우고 뒤로 물너 가면셔 다른 즘성을 찔너 샹호게 호느니 그림으로 다른 즘성들이 다를 져퍼 호느니라

(兎) **록기** (Rabbit) 63 쪽 눈 오스트렐니아 쥬에 데일 만훈 딕 이젼에눈 그 곳에 록기 가 업더니 쳐음에 영국 사롬이 두세 머리를 기롬으로 부터 날노 더호고 들노 셩호여 지금은

룩기의 수효가 얼마인지 알수 업스니 그 곳에 풀을 거반 다 먹은 고로 쇼와 양 먹을거시 부죡ᄒ게 되엿다더라

(兎) 룩기 중에 산룩기(Hare)(山兎) 눈 털식이 흰빗 도 잇고 회식 도 잇눈 디 그 눈 알은 붉고 귀 눈 넓으며 압다리 눈 잡고 뒷다리 에 힘 잇눈 것과 귀가 긴 거 손 니 눈 룩기와 비슷ᄒ나 오직 산룩기 눈 다른 룩기보다 좀 크고 거ᄒ눈 굴도 싸우헤 잇스니 다른 룩기와 곳치 싸홀파 서굴을 먼드지 안느니라

습 문

문 ○ 버러지 먹눈 것의 니 눈 엇더ᄒ뇨 ○ 어느즘성이 이 속에 드러가느뇨 ○ 드더쥐 구멍 밧괴 모양이 엇더ᄒ뇨 ○ 그 발이 엇더ᄒ뇨 ○ 어느 거슬더 옥령교ᄒ게 쓰느뇨 ○ 그 구멍이 엇더ᄒ뇨 ○ 고슴돗치 몸이 얼마나 긴요 야 원 수를 막느뇨 ○ 빔암을 엇더ᄒ게 먹느뇨 ○ 겨울이면 밧긔 나 아 오느뇨 ○ 무어 스로 몸을 간 수ᄒ 싱의 니 눈 엇더ᄒ뇨 ○ 어 느즘싱이 속에 드러가느뇨 ○ 널어 먹 눈 즘 쥐 눈 엇더ᄒ뇨 ○ 드럼쥐 눈 엇더ᄒ뇨 ○ 쥐 눈싱쥐와 서로 곳 ᄒ뇨 ○ 뛰 눈 그 꼬리 눈 엇더ᄒ뇨 ○ 드럼쥐 중에 뛰기 물 잘 ᄒ 눈 엇더 ᄒ 뇨 ○ 무어 소 로 겨 울 을 막 느 뇨 ○ 도 발셔 눈 엇더ᄒ뇨 ○ 희라 눈 어 느 곳 에 서 나느 뇨 ○ 셔국 사름들이 무어 시라 ᄒ느뇨 ○ 쇠

뎨칠쟝

리눈엇더ᄒᆞ뇨○물여소흔때를맛나면엇더케ᄒᆞᄂᆞ뇨○녀름에도제집에거ᄒᆞᄂᆞ뇨○살
돗치눈멧곳에서나ᄂᆞ뇨○무어스로제몸을보호ᄒᆞᄂᆞ뇨○다른즘싱들이엇지ᄒᆞ야이
즘싱을져퍼ᄒᆞᄂᆞ뇨○록기눈어ᄂᆞ곳에만히셩ᄒᆞ엿ᄂᆞ뇨○처음에록기를기른이눈어
디사롬이뇨○산록기눈녀ᄂᆞ록기와무어시다르뇨

뎨 팔 쟝

뎨팔쟝은 니 업는 (Edentata) (無牙獸) 혼 쪽과 주머니 잇는 (Marsupialia) (有袋獸) 혼 쪽 둘 의 론홈이라

(一) 니 업는 무리에 드러 간 거시 네 가지 니 식의 슈 (食蟻獸) 와 아마딜노 와 목구 (木狗) 와 쳔산갑 (穿山甲) 이니 이네 가지 즁에 식의 슈와 쳔산갑은 니가 도모지 업스나 아마딜노와 목구•눈•입 안 구석에 미셩혼 니 가 잇느니라

(二) 식의 슈 (Anteater) 65 屬 남아메리카에서 나눈 딕 너느 기 암이와 흰기 암 이 만 먹느니 코이 길고 혀 눈 샤 헤 눈 가 풀 과 ᄀᆞᆺ 치 붓느니 물이 잇서 먹을 쌔 에 눈 그 진 을 긔 암 이 집 에 써 러 치 면 모든 긔 암 이 들 이 다 흔 딕 붓 느니 라 그 쥐 뎜 이 눈 길 기 가 혼 쟈 즘 되 눈 딕 입은 능 히 크 게 버 리 지 못 호 고 겨우 혀 만 용 납 호 느니 라 발 이 잡 으 나 누 날 쌔 에 눈 돕 을 쓰 고 장 심 이 눈 샤 헤 딕 이 지 안 호 며 능 히 긔 암 이 구 멍 을 파 서 긔 암 이 를 먹 으 며 쇠 라 눈 길 고 도 녀 슬 녀 능 히 졔 둥 에 뒤 집 어 지 고 졔 몸 졀 반 을 가 리 워 덥 게 ᄒ 느니 라

지족쎼쎄은작	등더이먹졋네	심운눈이	쎼피것눈발것눈		
과속류		톱 업니		식의슈 아마딜노 목구 쳔산갑	종

(三) 아마딀노 (Armadillo) 66圖 도남아메리사에서나눈듸그곳사람들이항상그 기먹기를됴화하나니라등에굿은겁듸기가잇는듸싸굴속에거하며먹는뎌손죽은즘성 의고기와버러지와실과등속이라그형상은둣과굿고그몸은쏘거북과굿하며눈은심히 작고귀는심히령교하며돕이만호니이즘성중에큰거손중수가빅근이라

(四) 목구 (Sloth) (木狗) 67圖 도남아메리사에서나눈듸항상나무수풀속에잇나니라 모양은잣나비와굿하며발돕은셋잇는것도잇고둘잇는것도잇스며싸헤서힝하기는잘 못하나나무에올으기는잘하며이즘성은납사귀를다먹으면다른나 무로옴가가나니라이즘성은나무에거하는드른스족슈(四足獸)와굿지아니흔거시잇스 니이눈나무에올나갈쌔에몸을써삭리며달니며쏘깁히잘쌔에도이러케하나니라 털빗촌나무껍질에서돗눈푸른잇기와굿하니라

(五) 텬산갑 (Pangolin or Manis) (穿山甲) 68圖 의혼일홈은반골넌이라하는듸아푸 리사와인듸아와쳥국에서나나니라큰거손석샤즘되는듸온몸에굿은비늘각더기가잇 고차아눈업서도쌀과고기를먹으며거러갈쌔에발돕을구부러쳐집고가나니라사람들이 혹희롱하면즉시머리를주러쳐치고업듸여구부러쳐서횔메운형샹을문드러제몸을보호 하나니라

(六) 돕잇눈다숫시속에주머니잇눈즘성 (有袋獸)을난호면깅가루와유알(幽類)과관비

五十五

슈(管鼻獸)와 압췌슈(鴨嘴獸)니이즘성들이비아리주머니가잇눈딕암거시식기를나흐면졔주머니속에넛코졋을먹이느니마치다른즘성들이집에두눈것굿호지라그식기가날쌔에미셩호니주머니속에흥샹잇고잠시라도우연히졔어미를쎠나지못호느니라이속에드러간거시여든만일쎠나면잘긔여둔니지도못호고죽시몸이약호여짐이니라

가지즘되는딕유알밧괴눈다오스트렐니아와그갓가온셤에잇느니라

(七)깅가루(Kangaroo)눈오스트렐니아큰셤에셔나느니뒤발은길고힘이잇스며압발은잘우되손과굿치쓰느니라그즁에큰거슨뛰기를야능히이십쟈즘뛰여도것기눈잘못호며홍샹꼬리를의지호느니라큰거세몸은놉기가다숫쟈즘되며쏘머리눈사슴과굿고털은유호즘되며귀박퀴가크고날카랍게우흘향호엿느고입이쟉고귀박퀴가크고날카랍게우흘향호엿느니라그곳사름들이잡기를깃버호야구부러진몽치로쎠려잡는뒤그몽치일홈은썩머링이니라또도망호기를잘호야물보다날니뛰며만일사름들이급히짜라가면더가죽시나무를의지호엿다가사름을차셔샹케호느니이눈그발톱에힘이능히사름의살을샹케홀수잇느니라그럼으로사름들이뭇춤내가

과지족(쪠(쪠은과속류종)쎠피것발-심운눈이-등더먹네-톱니 머 주-깅가루 유알 관비슈 압췌슈

93 · 동물학

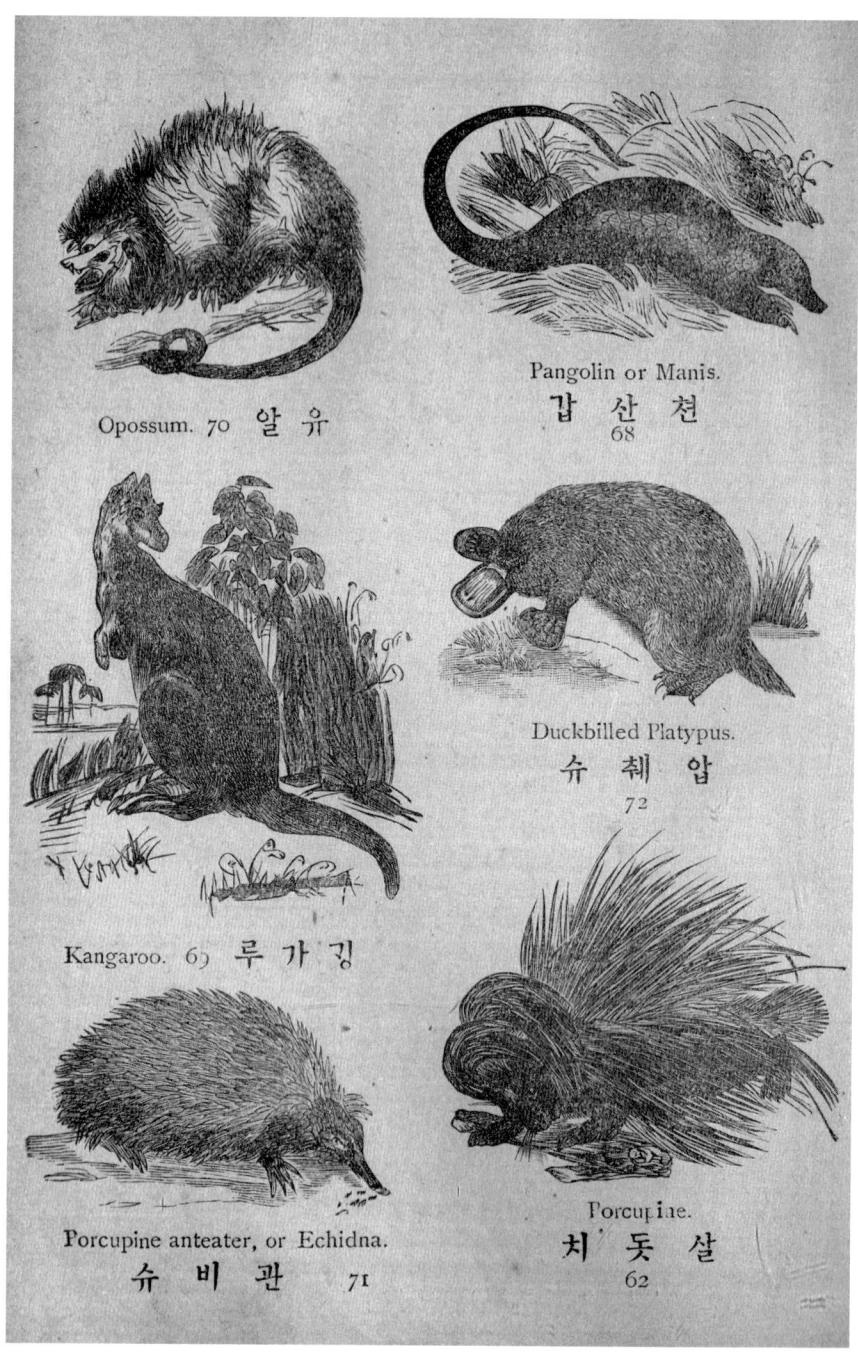

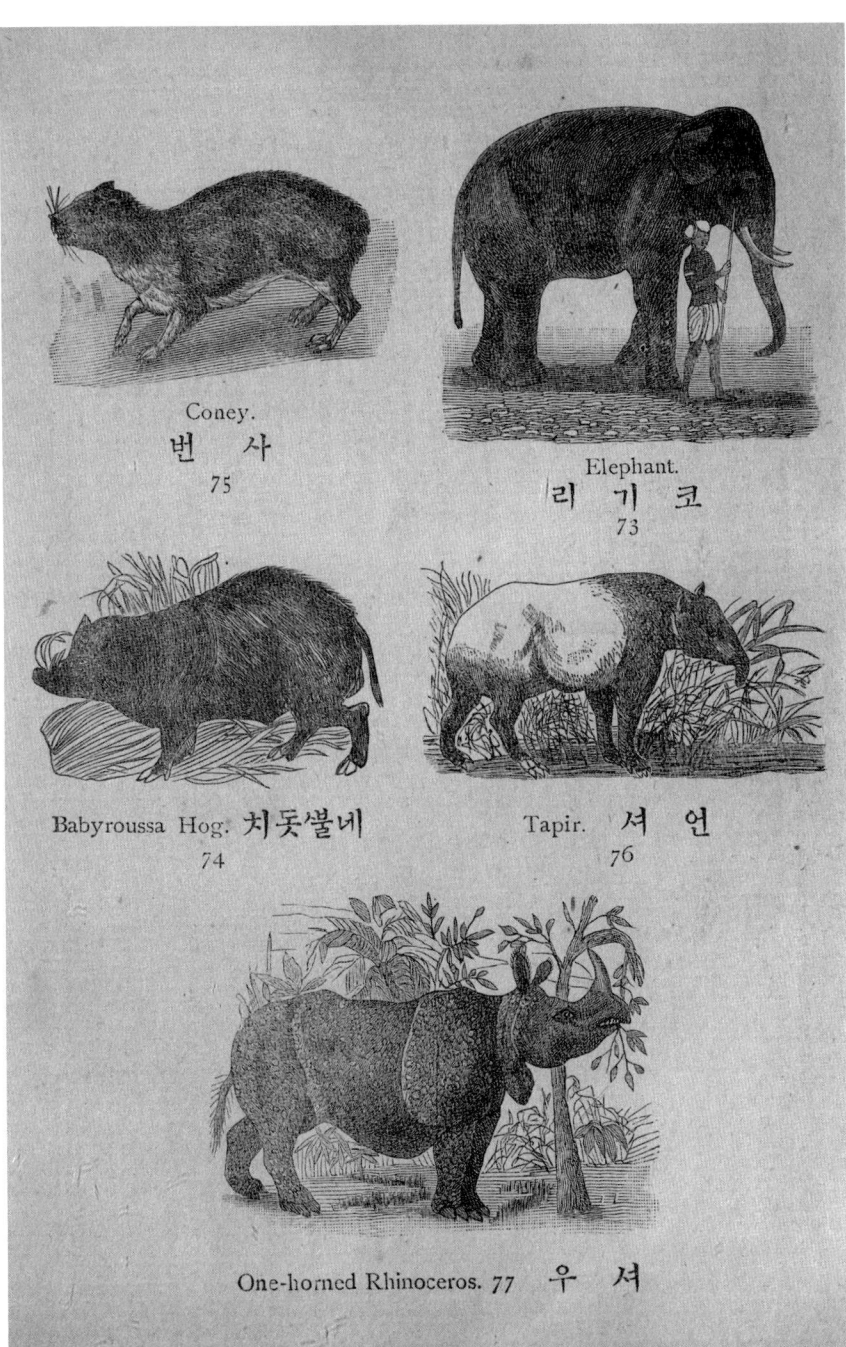

빗야히갓가히지못ᄒᆞ느니라그가죡은쓰는딕가만코고기도먹느니이깅가루가오섭
(八) 유대(Opossum) (齒類) 70 圖 은미국서나는딕나무소이에거ᄒᆞ느니라모양이잣
나비와ᄀᆞᆺ고셔리에털이업는딕흥샹셔리로써나무가지에감느니라그셕기는제어미주
머니에거ᄒᆞ야잇다가차차크면서제셔리를가지고제어미셔리에다감으며쏘크나작으
나고양이와비슷ᄒᆞ딕례사ᄯᅢ에는낫이면눕고밤에는나아오나만일사람들이더를쏫차
가싸리면더가즉시죽은톄ᄒᆞ다가사람이지나간후에는느러나셔도망ᄒᆞ느니라
(九) 관비슈(Porcupine Anteater or Echidna) (管鼻獸) 71 圖 의머리는셔와ᄀᆞᆺ고부
리는든든치못ᄒᆞ며쏘식이슈와ᄀᆞᆺᄒᆞ여니가업고긴혀가잇셔그거스로기암이를먹고몸
의살되곳혼가시털이잇셔곳게우ᄒᆞ로향ᄒᆞ고도능히쌰구명을파눈딕몸에주머
니업스나그ᄲᅧ가주머니잇는즘싱과ᄀᆞᆺ치주머니를밧치눈ᄲᅧ가잇눈고로이속에드러간
지라ᄀᆞ쟝이샹ᄒᆞᆫ거슨이즘싱이알을나셔ᄯᅡᆫ후에졋을먹이느니라
(十) 압췌슈(Duckbilled Platypus) (鴨嘴獸) 72 圖 는오스트렐니아에서나는딕이즘
싱이심히이샹ᄒᆞ야부리가오리부리와ᄀᆞᆺᄒᆞᆫ디니는안구셕에만나고압니는업스며몸은
슈달피의몸이라드름쥐와잣나비ᄀᆞᆺ치두쌈에주머니가잇스며그숫거손발뒤축에ᄲᅧ가
잇되마치숫돌에메느리발톱과ᄀᆞᆺ고발에는가족이잇서오리발과ᄀᆞᆺᄒᆞ나그보다좀큰

고로혜염쳐기를잘ᄒᆞ며발을가지고굴을팔쌔에눈발가쪽이주러ᄂᆞ니라굴에서나아오
눈길둘이잇는ᄃᆡᄒᆞ나흔싸아리로통ᄒᆞ고ᄒᆞ나흔물잇눈ᄃᆡ로통ᄒᆞ여스며꼬리눈넓기만
ᄒᆞ고잠으며쏘흔알을낫눈ᄃᆡ둥지안에겨워두기만낫ᄂᆞ니라이즘싱도주머니눈업스나
그주머니를밧치눈쎄가잇솜으로이쇽에드러갓ᄂᆞ니라

습 문

문○니업는즘싱의드러간거시무어시뇨○니가엇더ᄒᆞ뇨○식이슈눈엇더ᄒᆞ뇨○아
마딀노눈엇더ᄒᆞ뇨○목구눈엇더ᄒᆞ뇨○쳔산갑은엇더ᄒᆞ뇨○별명은무어시뇨○엇
지ᄒᆞ야유딕슈라ᄒᆞᄂᆞ뇨○이젼딕눈쓸딕가무어시뇨○식기가쳐음날쌔에엇더ᄒᆞᄂᆞ뇨
○유딕슈쇽에드러간거시무어시뇨○어딕셔나ᄂᆞ뇨○멧죵즈가잇ᄂᆞ뇨○큰깅가루
눈엇더ᄒᆞ뇨○지극히작은거손무엇만ᄒᆞ뇨○깅구루의죵즈가멧치뇨○유알은어딕
셔나ᄂᆞ뇨○제힝실은엇더ᄒᆞ뇨○잣나비와굿ᄒᆞ뇨○관비슈의싱긴것과힝실이엇더
ᄒᆞ뇨○압췌슈도싱긴것과힝실이엇더ᄒᆞ뇨○이두즘싱이어딕셔나ᄂᆞ뇨○주머니눈
업스나무솜ᄭᅥ드릭에유딕슈라ᄒᆞᄂᆞ뇨○제ᄒᆞ눈즁에뎨일이샹흔거시무어시뇨

뎨구쟝은 가죡둡거온속 (Pachydermata) (厚皮獸類) 을 의론홈이라

(一) 발쏩잇는스죡슈 (有蹄四足獸類) 를두속에 난홧스니쳣지 난후피슈 (Pachydermata) (厚皮獸) 가죡둡거온거시오둘지난반쟈슈 (Ruminantia) 니 (返嚼獸) 싹임질ᄒᆞᄂᆞᆫ거신듸 가죡둡거온거시 코기리 (象) 와돗 (猪) 과언셔 (鼲鼠) 와셔우 (犀牛) 와강물 (河馬) 과믈 (馬) 의류라

(二) 코기리 (Elephant) (象) 73䭓 눈륙디에잇난즘싱즁에큰거시니그몸이놉기눈열혼쟈즘되고즁수눈륙쳔근이라발은두렷ᄒᆞ고도발쏩이다ᄉᆞᆺ조각에갈나졋스며입좌우편에니둘이잇서입밧그로나왓눈듸길기눈혹여숫쟈이라그거스로졔몸을보호ᄒᆞ고싸호파며코눈길고도이샹ᄒᆞ지라코쯧히샘촉ᄒᆞ야식기손가락굿ᄒᆞ되구쟝이샹ᄒᆞᆫ거슨암만쟉은물건이라도거두어줍지못ᄒᆞ눈거시업스니마치사ᄅᆞᆷ이손을가지고임의ᄃᆡ로쓰

파지	등	심	쎠
족쎄쎄은쟉과속류 종	더네발	운	피
것은이먹졋	눈이		것눈
둡족가코			발
코아시아코기리			쏩
아푸리카코기리	기리		것운거

데구쟝

五十九

눈것과굿흔지라무어슬먹을때에코쑷흐로것어말아서입으로드려보내고물먹을때도 코으로쌀아서입으로드려보니혹목욕홀때에보면물을코으로쌀아서온몸에쑤리 느니라가족은검고털이젹으니그럼으로외양으로보기는아조식쑷웅지못ᄒ니라

(三) 이중에혹회식과흰빗도잇ᄉ니인듸아사름들이항샹코기리를물과굿치타기도ᄒ 며쏘사름을틱신ᄒ야고로온역소도식히눈듸다가역소홀때에심히령ᄒ야여사름의독 칰흠을기독리지안코오히려부즛런히ᄒ느니라다른즘싱들과크게다른지라사름이혹나 무를옴기려ᄒ야더룰식히면녀가쥭시져셔옴기디잠시도쉬지아니ᄒ느니이러케흠은 명을어길싸흠이라가져다가둘씩에도가즈런히기를쓰며갈때에우연히것것눈 물건이잇소면즉시코로써거두어길밧기두고사름이나혹다른물건을맛나도그러케 느니라몸이크고힘이만흔거시니그즁데일령니ᄒ흔거슨갑시더옥만흐니라

(四) 이즘싱이사름을샹ᄒ지는아니ᄒ나몹시굴면즉시셩을닉고쏘괴억ᄒ는셩품이잇 서흔번보고여러히를보지못ᄒ던거시라도녀가그냥넛지아니ᄒ고수는눈빗이십년즘살 고들코기리눈사름을져퍼ᄒ눈고로븬들에나수풀에만거ᄒ느니라코기리가아시아에 도잇고아푸리까에도잇눈듸아시아코기리보다유순ᄒ야기르기도 ᄒ느니그니가귀ᄒ야피물과여러가지노리기도만들며고기도맛잇눈거시니그럼으로 사름들이항샹잡아리익을엇고져ᄒ느니라이젼에인듸아에으히를사랑ᄒ눈코기리ᄒ

나히잇서스니이즘성이그웃히를떠나고
고여러번코기리겻헤가져다두기를힝습혼연코라그런코로코기리가먹을거슬맛날때
에뭇츰웃히가그겻헤업스면그식물을먹지안코웃히를기다리며혹웃히가그겻헤서자
면모기와파리를쏫찻누니라

(五) 쏘엇던골에코기리호나히잇셧눈디민일지나둔니눈길겻헤옷문드눈져즈가잇눈
지라혼사룸이바누질홀때에사탕쎡을주어먹이민심히깃버호더니그후날에이즘성이
다시그져즈를지나다가그전과굿치식물엿기를바르셔코를펴서바누질호눈압홀향호
고걸식호눈즛슬보여도그사룸이주어먹거시업거늘바눌노써코삿흘찌르니코기리
가즉시강으로가서물을마시고바누질호도라와서물노써바누질호눈사룸과
밋모든물건에쏨엇다호더라안남국과사이앰국사룸들이흰크기리를구르쳐신이라호
야 그압헤굴어절호니엇지리치에크게어그러잠이아니냐

(六) 돗치눈곳마다다잇스니그고기가심히먹기됴흔지라미국셔나눈거슨중국셔나눈
것보다더옥살지고보기됴흔중에작은거슨더옥보기됴흐니라그러나녀가본셩이더러
온물에잇기를더옥깃버호누니라

(七) 들돗치(Wild Hog)모양은너느돗치와별노다롬이업스되좀다른거슨그니가길고
날카라오며쏘셩졍이극히사오나라너느돗밧긔두종즈를볼터이니이눈네쌀돗과

뎨구쟝   六十一

사번이라

(八) 네발돗치 (Babyroussa) 74쯤 눈본니오셤가온디셔나는디이즘싱이샹호
거손니넷시우흐로향호야나왓는디다구부러졋스며쏘그니넷가온디둘은입으로바로
나오지안코좌우쌤을둘으고우흐로나온지라수풀속에드러갈때에흥샹그치아로써제
몸을보호호고쏘나무닙사귀를밧아져를다치지
아니케호니이는그나무닙사귀가졔눈을샹홀가
흠이더라

(九) 사번(砂蕃) (Coney) 은돗치중에데일작은
거시니유태국모든산에셔나는디흥샹산우혜돌
잇는디업디여스며먹는거손밀과실과나무쑥
리니라

(十) 언셔 (Tapir) (貘鼠) 76쯤 눈몸이돗과긋호
니코가길허가히모든물건을거두며쏘코기리코와긋호나죵잡고몸은놉기가여슷쟈
이며털빗촌회고검은거시졀반식셕겻는디사름들이며를보고희롱호지아니호면뎌도
사름을히치안느니라작은거시가는게줄기문위를일우엇소
니더옥보암죽호며쏘압발가락은넷시오뒷발가락은겨우셋만잇느니라이즘싱이인되

파지족	등더	심운	써피
쪠은작	이먹졋	눈	것
과속	네발	발	삽
류죵	둘쪽가	온거	것
	돗 네발돗치 사번		셔언 언셔

아메리카쥬에셔 나는디 그 즁에 남아메리카에셔 나는 거시 뎨일 크니라

(七) 셔우 (Rhinoceros) (犀牛) 77題 는 아시아 남편과 아푸리카에셔 나는 되 그 몸은 코기리보다 죰 작고 다리도 죰 짧으며 가족은 너그러워 가히 손으로 잡아 만질 수 잇는 되 주름 잡힌 거시 색거진 것 긋하며 굿고 질긘 거시니 털이 업는지라 뿔은 코가쪽에서 낫는 되 그 모양이 털몽킨 것 긋하지라 셔우는 뿔을 인하야 둘에 난홧스니 하나흔 외쑬이오 77 그림 보오 하나흔 쌍뿔이라 78 그림 보오 그 뿔들이 아룸다와 가히 긔명을 만들고 쏘 그 뿔이 써와 굿하니 써가 아니니 그럼으로 뿔을 능히 운동하며 쏘 셩을 내이면 뿔이 든든하야 힘이 잇게 되느니라 장음하야도 눈이 혹두쟈도 되느니라

(九) 쏘진흙 가온 되 셔 자는 되 이 즘숭이 졸 때에 셔우됴 78 (Rhinoceros bird) (犀牛鳥니 먹는 새 일홈이라) 쏘 눈시가 날아 와셔 그 우헤 모혀 안즈며 러 가지버러지를 쏘아 먹다가 혹다른 즘숭이 와 서 이셔 우를 희하려하면 이 새가 자조 울며 셔우의 귀를 쏘아셔 이 셔우로 하여곰 셔여 피하게 하느니라

(十) 이 즘숭이 몸은 비록 둔하나 다르 날 때에 눈심히 짜르고 셩졍이 사오나와 길드리기 어

데구쟝

六十三

대구쟝

려오니라 (요빅긔삼십구쟝구졀노십이졀) 셔우가네게복죵ᄒ야네구유에거ᄒ겟느냐네게가능히녹산으로ᄡᅥ뎌를언덕에미며또흔능히네게복죵ᄒ여골짜기를갈겟느냐네가능ᄒ여가힘만흔거슬밋고네일을뎌희게의탁ᄒ며네가능ᄒ여뎌를밋어네곡식을베마쟝으로가져옴을ᄇ라ᄂᆞ냐

(齒) 강물 (Hippopotamus) (河馬) 79題 은아푸리사에셔나ᄂᆞᆫ티그몸은셔우보다크고 길기ᄂᆞᆫ열두쟈이오머리가크고입이넙으며니ᄂᆞᆫ굿고횐거시코기리보다지ᄂᆞᆫ가죡은굿은딕둡겁기가두치가량이라이즘싱이거반물에만거ᄒ느니그선ᄃᆡ은륙디에셔셔난닉지못ᄒᆞᆼ고물에셔ᄂᆞᆫ몸이경쳡훈교로혜염치기도쌜니ᄒ느니라먹ᄂᆞᆫ거ᄉᆞᆫ물속에셔나ᄂᆞᆫ식물들이니이물잇ᄂᆞᆫ딕ᄂᆞᆫ강물이흥샹ᄒ리고물지못ᄒ니라 (요빅긔소십쟝십오졀) 노이십ᄉᆞ졀) 이졔너ᄂᆞᆫ뎌큰즘싱을보라내가너를지을때에뎌도굿치지엿스니뎌가풀을소와굿치먹ᄂᆞᆫ도다볼지어다그힘이허리에잇고위엄이빔줄에잇도다그ᄶᅩ리를빅향나무와굿치흔들고다리힘줄이셔로얽혓ᄂᆞᆫ구리통과굿고큰ᄲᅨᄂᆞᆫ쇠줄기와굿ᄒ니이ᄂᆞᆫ쥬ᄶᅢ셔문ᄃᆞ신모ᄃᆞ든즘싱쥰에머리가되엿도다ᄯᅩ지으신이가긴니를주시니그리ᄒᆞᆷ이검날과굿고류디에져퍼ᄒ지안이가긴니를도다년곳물가헤업딕엿다가ᄯᅩᆨ추ᄌᆞ미일빅즘싱이다져퍼ᄒ지안코강물이범람ᄒ여도오히둘너쌋도다볼지어다시닉물이탕일ᄒ여도뎌가져퍼ᄒ지안코

Two-horned Rhinoceros. 78 우셔뿔쌍

Hippopotamus. 79 물 강

Ass. 81 귀 나   Horse. 80 물

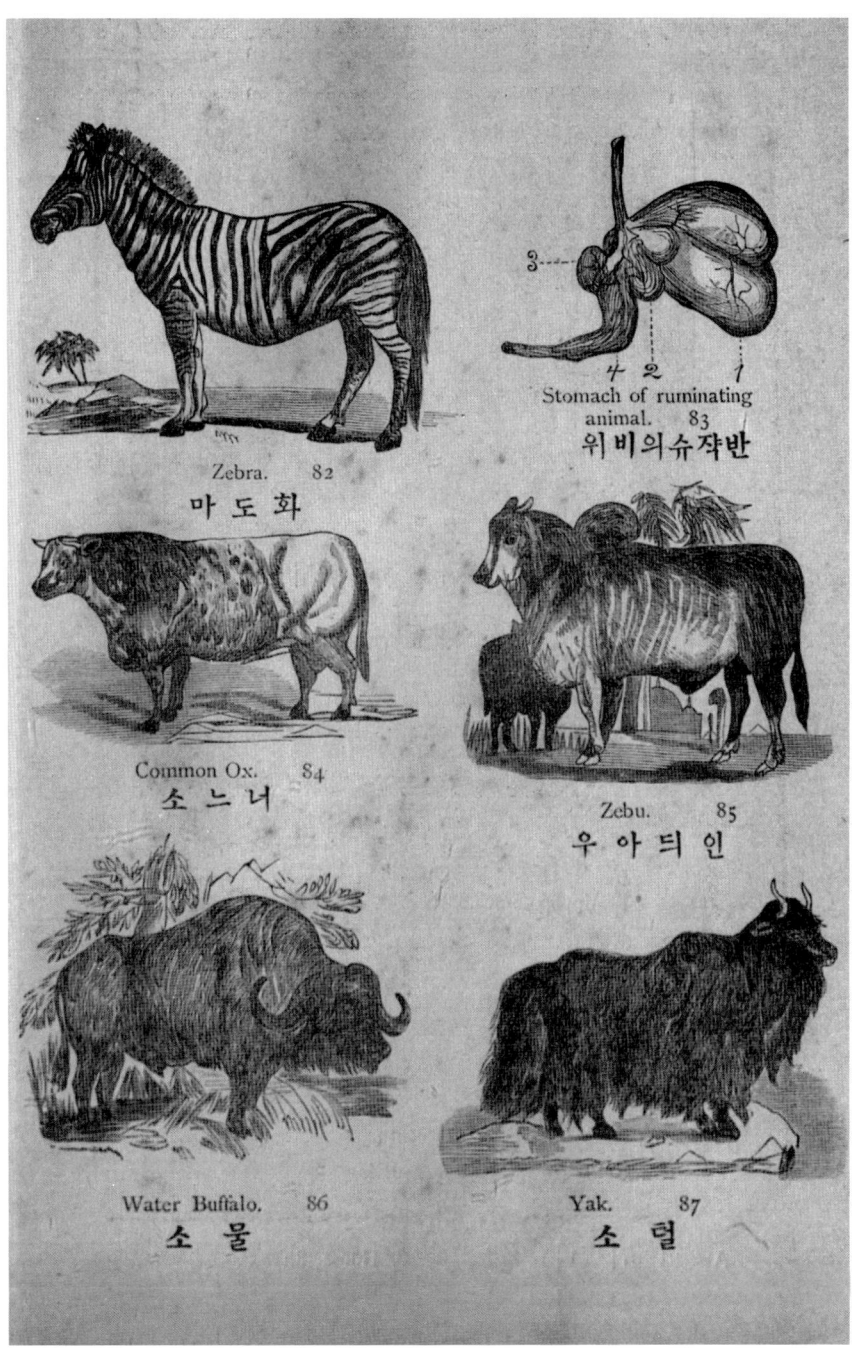

(馬) 물(Horse) 80 題 발샵은둥굴고갈나지지아니ᄒ엿ᄂᆫ디믈은곳마다다잇스며려평안히거ᄒ도다사ᄅᆞᆷ들이함졍을베풀고잡아서녹션으로그코를셔이도다혹셔방에셔나셔북방에셔기르기도ᄒ니이러케임의ᄃᆡ로ᄡᅡ훌옴가던닐지라도못된물되ᄂᆞᆫ심이업ᄂᆞ니라그럴은차고더운ᄯᅢ를인ᄒ야드믈고ᄲᅬᆨᄲᅬᆨᄒ여지며모양은보기도혼거시니심히령교흠ᄋᆞ로수고ᄒ야쥬인을갑흘줄도아ᄂᆞ니라ᄯᅩ남아메리ᄭᅡ와아시아쥬즁국셔편에셔들이만히나ᄂᆞᆫ디거긔눈물이보기도코가기도잘ᄒ나그보다더됴훈물은아라비아에셔나ᄂᆞ니이곳사ᄅᆞᆷ들이믈을어린ᄋᆞ히와곳쳐보양ᄒ야심히빈한훈자라도못ᄎᆞᆷᄂᆡ믈팔기를됴화ᄒ지안ᄂᆞ니라
(太) 영국에ᄯᅩ훈별죵물이잇스니심히작은거손석쟈이넘지못ᄒ나다만그발힘이혹별히아름다온고로거름을잘것ᄂᆞᆫ디사ᄅᆞᆷ이혹이물을타고산쳔헌쥰훈ᄃᆡ로도닐지라도냥머질근심이업고그즁에좀큰거손가히수레도매우ᄂᆞ니라셔국사ᄅᆞᆷ들이믈을가지고모든일에부리ᄂᆞᆫ디ᄲᆞᆯ니가ᄂᆞᆫ물은훈풍동안에능히이리를가ᄂᆞ니이러케ᄒ야됴훈물은갑시심히만ᄒ니라 (요빅긔삼십구쟝십구졀노이십오졀)뎌건쟝훈물힘을엇지네가주엇ᄂᆞ며위엄잇ᄂᆞᆫ타링이를엇지네ᄯᅱ기를눗긋치ᄒ며부르지짐을무셥게ᄒᆞ엇지녀의훈바리오골짜기에셔흙을파며제힘을밋고스로거워부지짐을무셥게ᄒ니아가엇지녀의훈바리오골짜기에셔흙을파며제힘을밋고스로거워ᄒ야압ᄒ로나아가병혁을맛나도외구ᄒᄂᆞᆫ바업도다활집속에살ᄃᆡ소ᄅᆡᄂᆞᆫ그몸의차고창날의우ᄂᆞᆫ소리ᄂᆞᆫ

ᄆᆡ구쟝

六十五

그 귀에 징홍엿도다 더 가사 오납게셩을 닉면흙을먹고 각 소리가 면쪽시우 ㄴ 나귀오호라
모든 쟝슈와 군 소 들의 싸 홈 ㅎ ㄴ 소 리를 비록 멀니 서 도 능히 듯 눈 도다
(牡) •나 ㄴ 물밧긔 두 가지 죵 즛를볼 터이나 이 눈 나 귀와 화 됴 마 라
(犬) 나귀(Ass) (驢) 81蠶.

파지쪽졋	등더먹졋	심운이눈	쎄피것발
쎄쎄과속류 작 죵	비발	것온거둡쪽가물 나귀	화됴마

눈즁국에셔더옥만히나ㄴ니그키가물보다좀작고몸도작으며귀눈크고꼬리눈잛으며털은잛고그빗촌회석과
검은빗치나라즁국셔나눈나귀눈물보다더옥만히사람들이나귀를가지고싯기도 호고연 짓질도 호 눈디무론어듸던지즘성으로리를엇은쟈들이물만부리지안코나귀도만히부리 ㄴ 니 이눈먹기도쉬온연고라 (요빅긔 삼십구쟝오졀노팔졀) 민거 술 풀겟 ㄴ 뇨빈들노 써 제집을 삼고쌘싸 호로 써 뉘가 들나귀를노화주며 ㅁ 지안코목 즛의소 리를도라보거노 쳐 소를삼으라로다골사람들의 지 ㅅ 기림을 져퍼호지안코지안도다온산협으로쓸밧흘삼아싸 돈니며 쳥초를 너눈도다
(光) 로 셔 •(Mule) (騾) 눈 다 른 즘 싱 이 아 니 오 물과나 귀를합호야 나혼거시니 이즘싱도 국에셔 더 옥 만 히 나 눈이라 키눈나귀보다 더큰것도 잇고 혹 물보다 더 큰것도 잇눈 딘 빗촌회

식과 검은 거시며 쓰리는 간을 고 길며 털은 잠으며 귀는 나귀보다 작으니 여러 곳 사름들이 만히 수레를 메우고 타기도 ᄒᆞᄂᆞ니 이 즘승이 식기를 낫치 못ᄒᆞᄂᆞ니라

(주) 화됴마 (Zebra) (花條馬) 82 鼠는 아푸리까에셔 나는 듸 그 몸우희 쏫굿ᄒᆞᆫ 줄기 문위가 잇스니 완연호 호랑이와 굿ᄒᆞᆫ지라 이 굿치 밧그로 보기눈 아름다오나 셩품이 심히 사오나온 고로 못춤내 제여곰 야길 드리지 못ᄒᆞᄂᆞ니라

습문

문○발 쌉 잇는 즘승의 두 속은 무엇시뇨○가쪽 둠거온 거슬 멧 류에 눈홧ᄂᆞ뇨○륙디에 둔니눈 것 즁에 데일 큰 즘승이 무어시뇨○코기리는 어ᄂᆞ 곳에셔 나ᄂᆞ뇨 ㉧아시아와 아푸리까에셔 나ᄂᆞ 거 무시어시 다르뇨○코기리 발은 무슴 모양 이뇨○코는 엇더ᄒᆞ뇨○무슴 쓸 듸 잇ᄂᆞ뇨○여가 능히 역스를 ᄒᆞᄂᆞ뇨○엇더케 그 총명잇슴을 아ᄂᆞ뇨○무어 소로그 사랑ᄒᆞᄂᆞ뇨○네 쓸돗 슨 엇더ᄒᆞ뇨 ㉧안남국과 사이암국 사름들이 흰 코기리의 게 엇더ᄒᆞᄂᆞ뇨○들돗치는 엇더ᄒᆞᄂᆞ뇨○이류 즁에 대알 작은 즘승을 무엇이라 교ᄒᆞᄂᆞ뇨○언셔의 몸은 무엇 파 굿ᄒᆞᄂᆞ뇨○이 류 즁에 더흐뇨○엇던 곳에 거ᄒᆞ며 엇더ᄒᆞᄂᆞ뇨○멧 셔우ᄂᆞᆫ 엇 강물은 셔우와 무어시 다르뇨 ○무어슬 먹ᄂᆞ뇨○듬 질을 잘ᄒᆞᄂᆞ뇨 ㉧물발 쌉은 엇

대구쟝

ㅎ뇨○뎨일됴흔물은어듸셔나느뇨○물셩품은엇더흔줄아느뇨○어느곳에들물이잇느뇨○셔국사룸은물을무어세쓰느뇨○나귀는물과다른거시무어시뇨○로시눈짠즘셩이뇨○화됴마는엇더ᄒ뇨

六十八

뎨십쟝은 싹임질 (Ruminantia) (返嚼獸) ᄒᆞᄂᆞᆫ 즘ᄉᆡᆼ을 의론홈이라

(一) 싹임질(返嚼) ᄒᆞᄂᆞᆫ 즘ᄉᆡᆼ을 논호면 여듧류가 되ᄂᆞ니 소(牛)와 양(羊)과 염소(羔)와 사슴(鹿)과 샤향노루(麝)와 양젼(羊羟)과 약ᄃᆡ(駝)와 쟝경록(長頸鹿)이라

(二) 동물즁에 이 싹임질(返嚼) ᄒᆞᄂᆞᆫ 쇽에셔 더 유익ᄒᆞᆫ 거시 업스니 그 고기와 졋은 사름의 먹을 거시 되고 고기름과 가족과 뿔은 사름의 소용이 만흐니 사름의 게이쳐럼 유익ᄒᆞᆷ으로 이 즘ᄉᆡᆼ들이 온 셰샹에 퍼진 거시라 립풀린드에 잇ᄂᆞᆫ 원록(䴠鹿)과 아라비아와 아푸리사에 잇ᄂᆞᆫ 약ᄃᆡ(駝)는 그 곳밧긔ᄂᆞᆫ 업스니 소와 양과 염소ᄂᆞᆫ 사름사ᄂᆞᆫ 곳마다 잇ᄂᆞ니 제먹을 것 업ᄂᆞᆫ 곳밧긔ᄂᆞᆫ 업ᄂᆞ니라 이 싹임질(返嚼) ᄒᆞᄂᆞᆫ 것ᄃᆡ 드러 간 거시 별노 곳 지 아니ᄒᆞ나 더 러이 눈치 소ᄅᆞᆯ 데일 잘 먹ᄂᆞ니 널어 먹ᄂᆞᆫ 즘ᄉᆡᆼ(齧齒獸) 은 례ᄉᆞ로히 버치 소ᄅᆞᆯ 잘 먹으나 더러ᄂᆞᆫ 고기도 먹ᄂᆞᆫ 거시 잇고 쏘니 업ᄂᆞᆫ 동물(無齒獸) 도례 소로히 버려지ᄂᆞᆯ 잘 먹으나 혹은 고기도 먹ᄂᆞᆫ 거시 혹 잇스나 이 싹임질ᄒᆞᄂᆞᆫ 동물즁에ᄂᆞᆫ 낫나 히 라도 고기 싱(厚皮獸) 즁에 도 고기 먹ᄂᆞᆫ 거시 혹 잇스나 이 싹임질ᄒᆞᄂᆞᆫ 동물즁에ᄂᆞᆫ 낫나 히 라도 고기 눈 조곰도 먹ᄂᆞᆫ 거시 업ᄂᆞ니라

(三) 이 쇽에 드러간 거 산발 쏩이 둘 노 갈나졋스며 웃 타가리에ᄂᆞᆫ 압니 가 업고 그 안 구석은

뎨 십 쟝

넓은지라 무어슬먹을때에 보면 아리턱과 웃턱을 서로 갈아먹느니라 마치 망질호듯호는지라 그비위는네방으로 눈호엿는듸 83鼅 무어슬먹은후에 눈첫지방으로드러가느니 그첫지방에서 싱기는즙으로써 식물을 젓쳐서 부드럽게호고 그다음방으로드러가는거시니 그방이벌집과굿호야 무솜식물이드러가면 즉시둥굴호 덩어리를일우느뒤 그러케된후에는 가히임의뒤로 비앗아 싹임질호야 도로삼키는뒤 삼키면 셋지방으로드러가고 그후에는말지방으로드러가면 곳쇼화호야 다시나오지안느니라 그러나졋먹는식기는 그러치아니호야 먹으면 바로넷지방으로드러가고 그남아잇는방은 풀먹기지다 쓰지안느니라

(四) 비위(胃)를 이러케문드는의스는 무솜션도린인고호니 싹임질호는즘성마다 다셩졍이담겁호고 쏘제원슈가 만흠으로 슈맛나 면히를밧을싸져퍼호야 졔무음되로 한가로히 놀면서 먹을수업는고로 잠시도씹지못호고 씃어삼키기만호다가 깁흔산곡죵용호 곳에드러가서 임의삼겻는거슬 도로비앗아 무음되로 싹임질호야 다시삼키느니라

(五) 싹임질호는 즘성의몸을혜아려본즉 임의말호던힝습에 덕당호지라 오관을말호면 힘이만호제원슈가 히스면을 가히오는거슬 쉬듯 알기쉬고 그뿐만아니라 눈부체가 조곰가로길죽호게 좌우편에잇서 가히도라보기도쉽고 눈은머리압혜잇지안코 머리되여뒤라도 도라볼수잇스며 귀는머리뒤로치우쳐잇는뒤 아모케나 제임의뒤로돌닐수

七十

잇스며 ᄯᅩ 몸이 여우고 다리가 길허 능히 쌜니다라 이 속즁에 혹은 몸이 살쪄서 육즁ᄒᆞ고 운신 잘 못ᄒᆞᄂᆞᆫ 거시 잇스나 이 집에서 길드린 거시 그러ᄒᆞ니라 임질ᄒᆞᆫ 즘셩의 셩졍을 말ᄒᆞ면 다른 즘셩과 싸홈ᄒᆞ여 이기지 못ᄒᆞ나 발삽과 쌀노써 져희새리 싸홀 수 잇ᄂᆞ니라

(六) 이 속에 드러간 것즁에 소류는 다른 류와 ᄀᆞᆺ지 아니ᄒᆞᆫ거시 손암 것과 숫거시 다 쌀이 잇ᄂᆞᆫ것과 그 몸이 육즁ᄒᆞᆫ 거시라 여러가지 죵죠즁에 너느 소 (牛)와 물소 (水牛)와 털소 (毛牛)와 향우 (香牛)와 리우 (里牛)와 아푸리사 들소를 혜아려 볼 거시라

과지쪽ᄶᅦ은 작ᄶᅦ과 속류		죵
등더젓니먹이 발싹	심운눈 임소	물소 털소 형우 리우 아푸리사 들소
ᄲᅧ피것발		
ᄲᅧ피것		
질		

(七) 너느 소 (牛) (Common Ox) 84 畧 눈 여러 가지가 잇ᄂᆞᆫᄃᆡ 셰샹에 곳마다 거반 다 잇고 디구셔편에 잇ᄂᆞᆫ 사람들이 소를 만히 기르ᄂᆞᆫ 거슨 고기만 먹을 ᄲᅮᆫ 아니라 졋과 기름을 엇으려 흠이니 이 눈 곳 사람들이 다 잘 먹ᄂᆞ니라

(八) 너느 소 즁에 인듸아 우 (Zebu) (印度牛) 85 畧 눈 잔등에 혹 봉이 잇ᄂᆞᆫᄃᆡ 그 곳 사람들이 이 소를 륵ᄒᆞᆫ 즘셩이라 ᄒᆞ야 샹히 공경ᄒᆞ고 집 안헤서 먹이며 이 즘셩의 ᄒᆞᄂᆞᆫᄃᆡ로 맛겨 두고 조곰도 금ᄒᆞ

뎨 십 쟝

七十一

지안ᄂ니라

(九) 물소 (Water Buffalo) (水牛) 86 쟬 눈쳥국파인듸아와아푸리까에셔나ᄂ디이눈물에잇기를깃버ᄒᄂ니라졋식은심히흰듸가히먹으며역스ᄒᄂ디눈물보다나흔고로물은쓰지안ᄂ니라

(十) 털소 (Yak) (毛牛) 87 쟬 눈듸벳디방에셔나ᄂ디그털이심히길허가히뵈를짜며쇠리가길고쎠리털이간ᄒ니그곳관쟝들이그쇠리를ᄒ고잡은거슬갈히여벼슬품급이놉고ᄂ즌거슬분간ᄒ고쏘이소가쎨쎨ᄒᄂ눈소ᄅᆡ일홈을쎨쎨ᄒᄂ눈소라ᄒᄂ니라

(士) 향우 (Musk Ox) (香牛) 88 쟬 눈북아메리까에셔나ᄂ디그몸에셔샤닉암시가나ᄂ고로이소일홈을향우라ᄒ엿ᄂ니라털이심히길허셔거의싸헤드리웟ᄂ니라

(圭) 리우 (Bison) (里牛) 89 쟬 눈미국들즘싱즁에뎨일큰거시니머리가크고머리털은스쟈와굿ᄒ지라이즘싱이몸은비록이러케크나ᄃᆞ른날때에ᄂᆞᆫ눈번긔와흐르ᄂ눈별긋치싸르니라

(圭) 아푸리샤들소 (Wild Ox) (亞非力加野牛) 눈그형샹이스쟈와코기리보다더사오납고무셔오며힘이만ᄒ닥라나기를잘ᄒ고쓸은잙고도뭇히날카라오며ᄯᅩ넓기가다ᄉᆞᆺ쟈즘되ᄂ니라

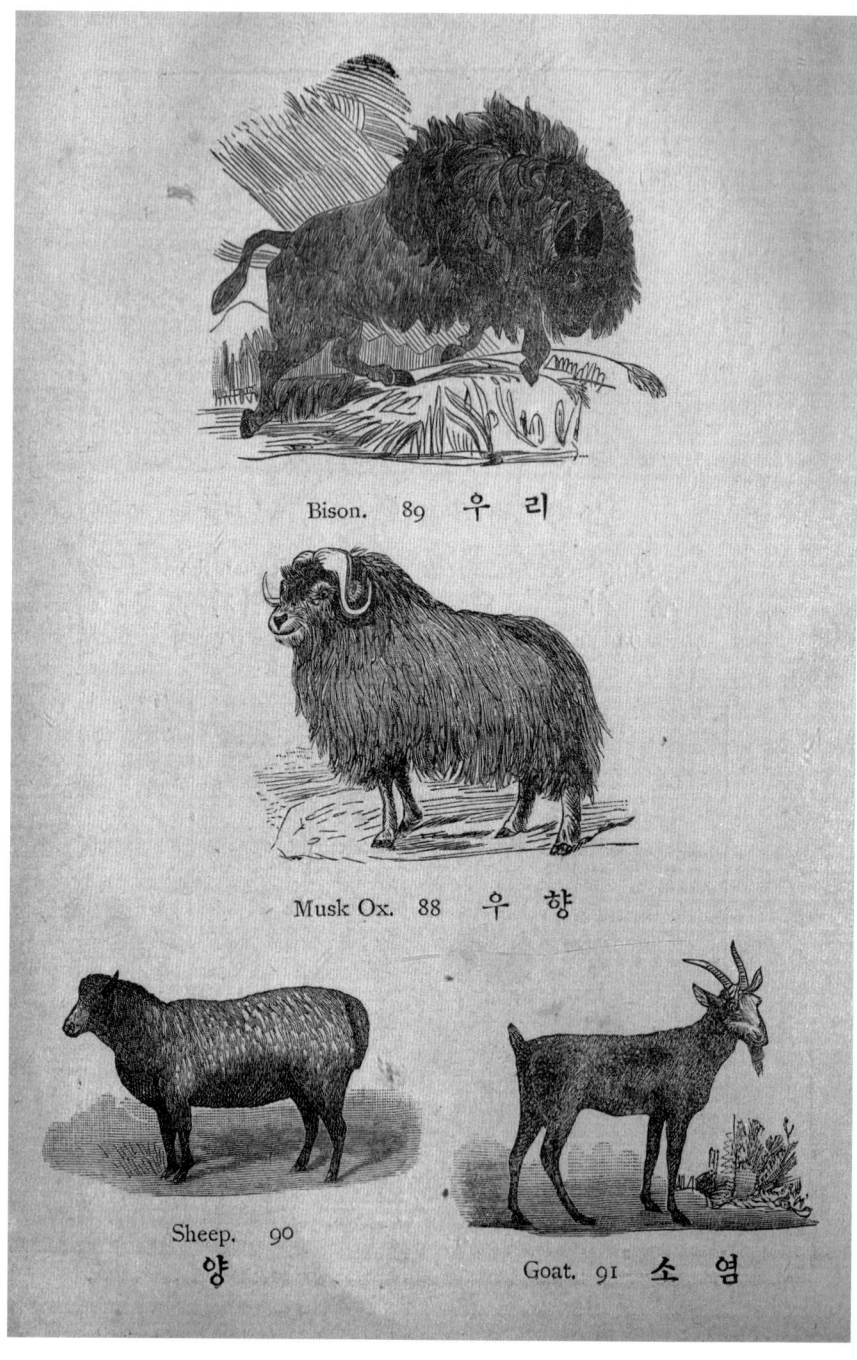

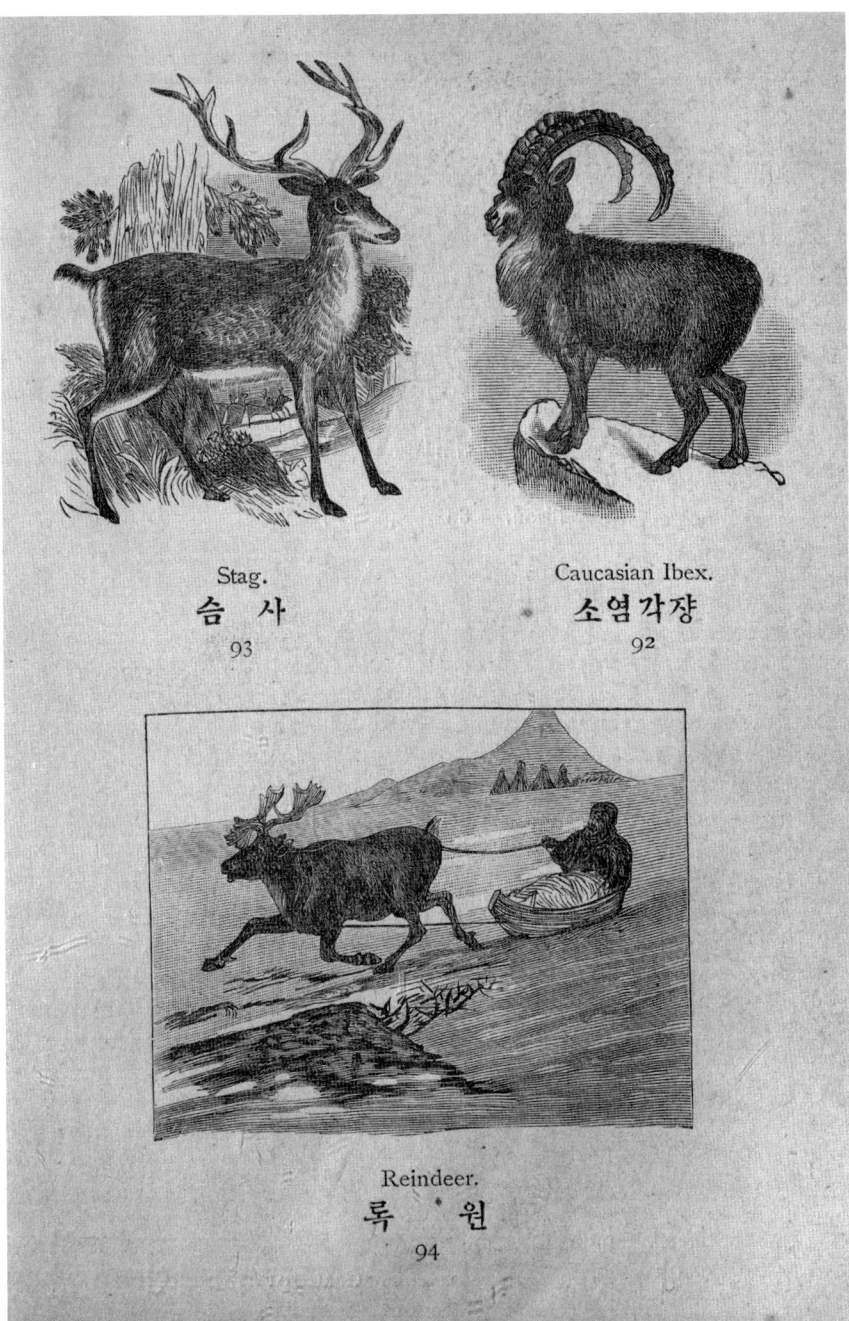

Stag.
숨 사
93

Caucasian Ibex.
소염각쟝
92

Reindeer.
룩 원
94

뎨십쟝

(甲) 양 (Sheep) (羊) 90 顯 은지극히쓸티만흔즘성이니이는도쳐에다잇는거시라그 고기는가히먹으며털은뵈를짜며가쥭은옷가음을문드느니시리아와이즙드에잇는 양은 꼬리가심히크고살쳣스니 데일큰거슨빅근즁수라사름이 흥샹먹기를 됴화흐느니 라 이 즘 성 의 꼬 리 가 너 머 커 서 잘 돈 니 지 못 흐 는 고 로 사 름 이 흔 법 을 베 프 러 작 은 수 레 를 양 뒷 다 리 에 민 후 에 그 꼬 리 를 판 딕 기 우 희 언 고 능 히 둔 니 기 편 첩 케 흐 엿 느 니 라 양 치 는 사 름 들 이 양 여 러 무 리 를 몰 고 나 아 가 쏠 밧 헤 놋 틱 목 쟈 가 아 츰 에 양 무 리 를 이 능 히 사 름 의 소 리 를 분 변 흐 야 쥭 시 목 쟈 를 쏫 차 집 에 도 라 오 느 니 이 는 그 양 이 싱 소 흔 사 름 은 쏫 지 안 코 쏘 겁 이 만 흠 이 라 그 기 름 은 쓰 는 뒤 가 만 흐 니 이 양 의 식 기 가 졋 먹 을 때 이 면 두 발 을 제 어 미 압 헤 꿀 고 잇 슷 느 니 이 눈 그 셩 품 이 그 러 흐 니 라

(乙) 염소 (Goat) (羔) 91 顯 류는양과곳지아니흐야털이만흐며열이크고셩 경이아조경흔티유로바사름들이그가쥭으로신을문들며작은염소의가쥭은쟝갑을문 드

파지	등	심	썌
족쎼쎼은작과속류 종	더 젓은 발 싹 임염 딕벳염소 쟝각염소	운 눈이 눈 양염소	피 것 발 쌈 질소

뜻ᄂᆞ니라
(丈) 듸벳염소 (Cashmere Goat or Thibetan goat) 눈털이길고간ᄒᆞ니그
털노쟝각염소를ᄶᅡᄂᆞ니라
(七) 쟝각염소 (Caucasian Ibex) 92鼠 눈유로바와아시아셔나ᄂᆞᆫ듸뿔
은길기가셕쟈남눈것도잇고혹셕쟈못되ᄂᆞᆫ것도잇ᄂᆞ니라사ᄅᆞᆷ이쏫츠면더가뿔노
밧아버랑에ᄯᅥ러치ᄂᆞ니라
(六) 사슴 (Stag) 93鼠 류중에원록밧긔ᄂᆞᆫ암커슨뿔이다업스니이즘성이히마
뿔을벗ᄂᆞᆫ듸뿔나ᄂᆞᆫ거슬말ᄒᆞ면ᄒᆞ히만에혹ᄒᆞ나히나고또ᄒᆞ히만에뿔가지가나온후에눈히마다나지안코혹이삼
년만에가지가나온후에눈젼히되ᄂᆞᆫ니라나올ᄯᅢ에눈심히
쌀니나오ᄂᆞ니라ᄯᅩ두달반이면온젼히되ᄂᆞ니라온젼
ᄒᆞᆫ후에눈굿어지ᄂᆞ니라그뿔이갓나올ᄯᅢ에눈믹양
나무수풀에거ᄒᆞᆫᄂᆞᆫ그이ᄂᆞᆫ그뿔이갓나올ᄯᅢ에
눈심히무른고로혹샹ᄒᆞᆯ가ᄒᆞᆷ이니라뿔와면에
눈솜과굿ᄒᆞᆫ부드러온가죽ᄒᆞᆫ층이잇고아람
눈피가잇셔뿔을기르ᄂᆞ니다기르면피가마로

파지	등	심	쎠
족 쎠 쎠은쟉 과속 류	더먹졋 네발 임싹 사 슴 원록미슴	운눈이 뒤 셥 샤향	피것발질노루 샤향노루
ᄃᆡ십쟝

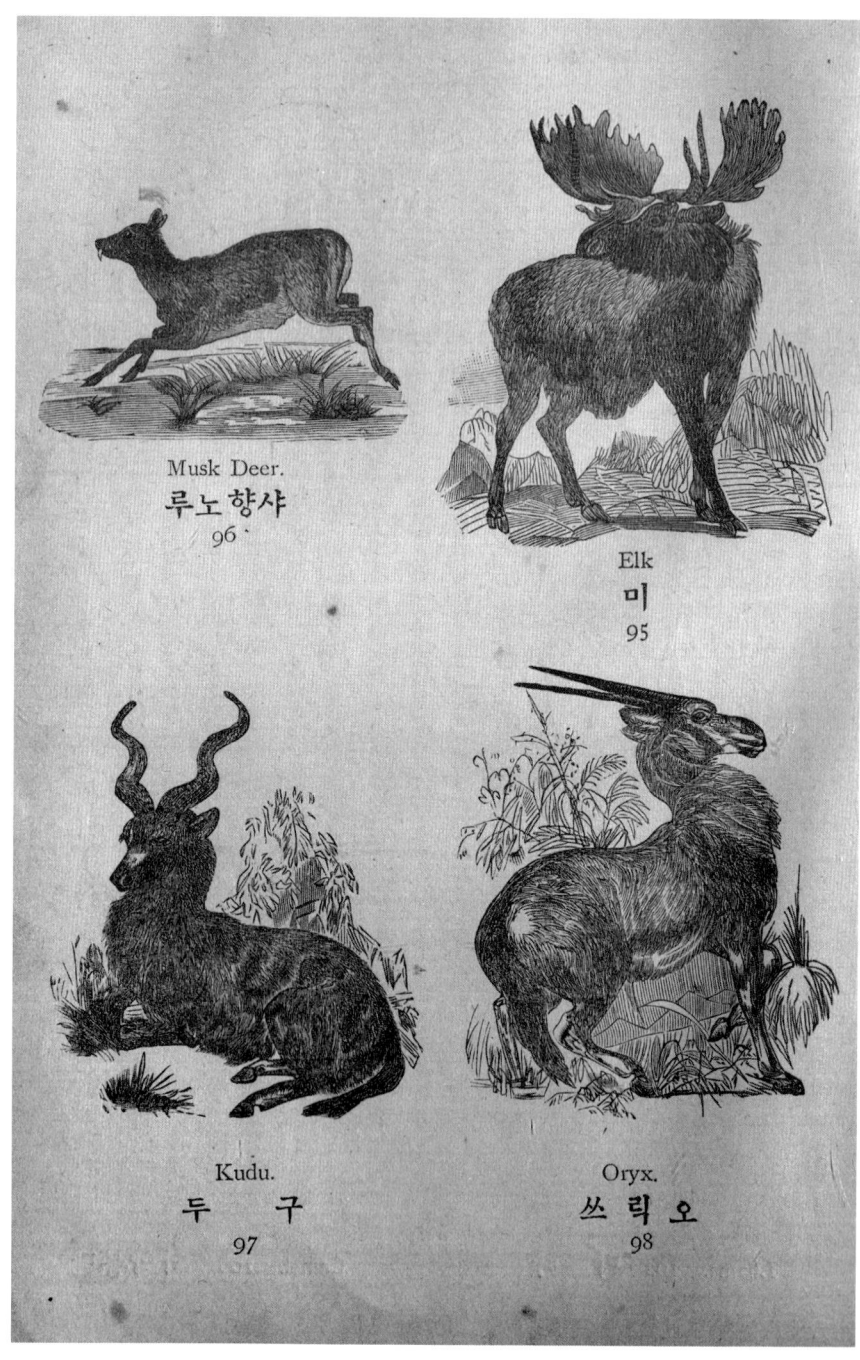

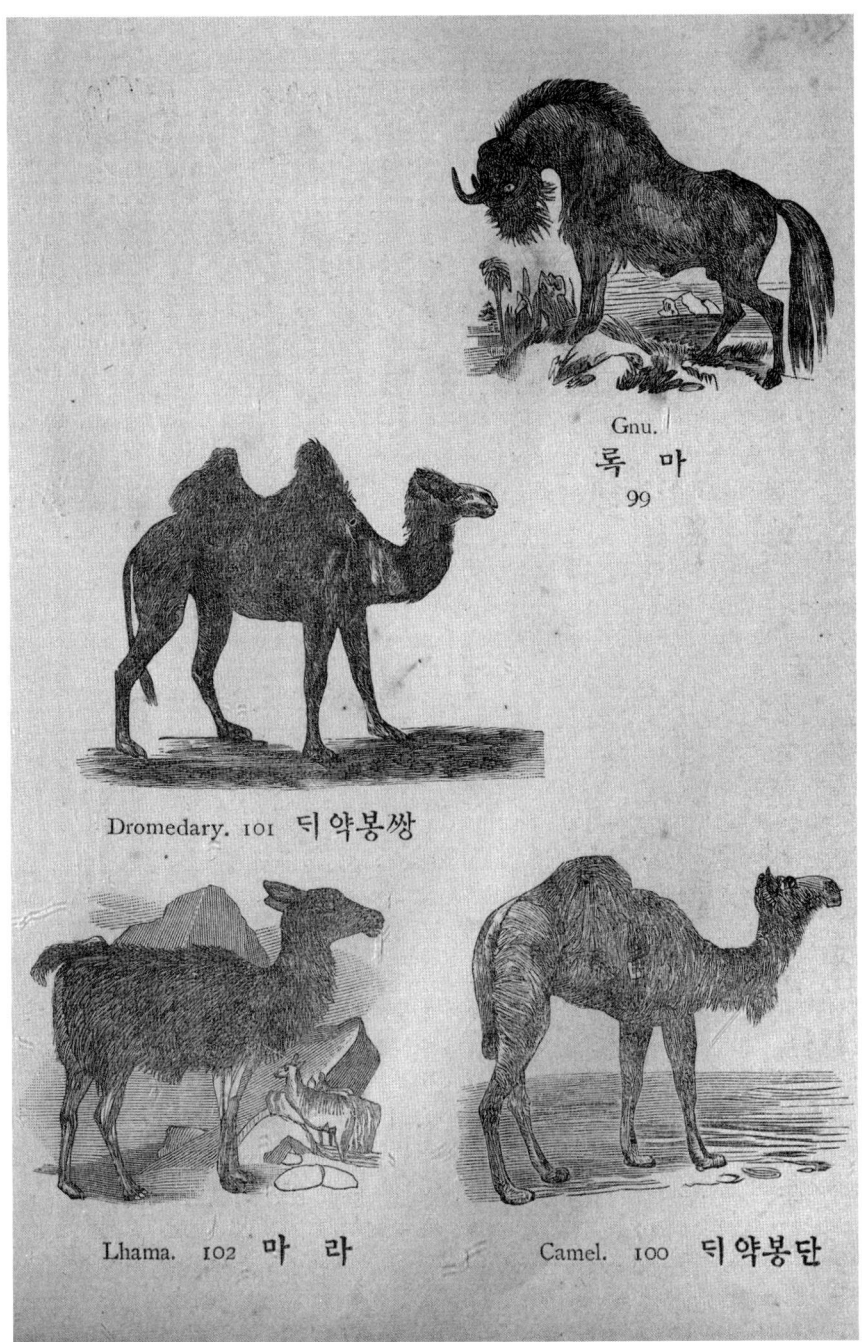

눈되 그러케 된 후에 눈즉시 나무 사이에 드러가서 쓸 밧 껍질을 갈아 브리느니라 득음질을 잘 호고 쏘 모양이 보기 됴호 느니 이럼으로 구경 호는 동산 가온 되 이런 사슴을 만히 두고 기르 느니 그 가족은 쓰는 되 가만코 고기도 가히 먹느니 대한 노루라 호는 것도 사슴 혼 종 춧에 드러 가느니라

(츄) 원록(Reindeer)(麤鹿) 94 圖 은 유로바 북편 디방에서 나는 되 그 싸히 심히 찬고로 먹 는 거슨 간혼 나무가지와 눈을 파고 그 속에 잇는 마른 풀을 차저 먹 느니 그 곳 사룸들이 그 졋 과 고기를 먹고 가죡으로 옷슬 만들며 쏘 수레를 메우고 모른 일을 식히느니 이즘 싱 이 거름을 잘 것는 고로 수레를 메고 도 능히 가느니라 또 큰 날째 이 면 발 삽 이 갈 나지는 고로 비록 눈 잇는 싸 헤라도 너머질 겨정이 업고 그 쓸은 좃웅이다 잇느니라

(뉴) 미(Elk)(麋) 95 圖 라는 사슴도 쏘 혼 북편 디방에서 나는 되 그 쓸이 판디기와 깃고 넓으니 데일 큰 쓸은 거의 륙십근 즁이라 그 쓸 노 싸 우 희 잇는 눈을 삽질 호듯 호야 다 츠 고 싸 우 희 마른 풀을 더듬어 먹느니라 몸에 힘이 만코 듯기도 잘 호며 혹 이 리 무리를 맛나면 쓸 노써 밧아 죽 이느니라

(트) 샤향노루(Musk Deer)(麝) 69 圖 눈 아시아 에서 나는 되 이 류 즁에 다른 것과 ㅈ 지 아 니 호 거슨 몸이 작고 좃웅이 다 쓸이 업는 거시라 지금 사롬들의 쓰는 샤향 이 곳 이 즘싱의 몸에 서 나 는 향이니 이 향 은 졔 몸 속에 주머니에 잇는 되 그 향 닉 암 시 가 대단히 지독 호 야 산양 호

눈사룸들이이즘성을죽이고향주머니를취홀때에눈코를막지안코눈취호기어려오니
이눈그니암서를맛호면머리도압호고코에서피가나느니라
(트)이향은온셰샹에잇는니암서중에뎨일지독혼거시니이향이이즘성의피에서나는
거시라그러나그피를보면너느즘성의피와조곰도다름이업고제먹는것도그곳잇는
른즘성의먹는것과조곰도다름이업는디홀노이즘성의피에서만나느니사룸들이그서
둙을도모지아지못호느니라빅암서나는즘성뿐아니라빅암과지네굿혼것도몸에잇는
독혼물이그피에서나고식물에도독혼거시그진에서나느니라

습 문

문○싹입질호는속에드러간류는무어시뇨○이속이사룸의게유익혼거시무어시뇨
○서로크게굿지아니호뇨○그발씁이엇더호뇨○무어슬먹느뇨○그니는엇더호뇨
○먹을때에그니를엇더케호느뇨○그비위는엇더호뇨○웨그러케되엿느뇨○눈이
가로길죽호게된거시무어세유익호뇨○그셩졍은엇더호뇨○소는멧죵조룰이칙에
긔록호엿느뇨○인듸아우는엇더호뇨○물소는엇더호뇨○털소는어듸서나느뇨
씨리는엇더호뇨○향우는엇더호뇨○리우는엇더호뇨○아푸리사들은어듸셔나느뇨
○양은무어세쓰느뇨○시리아와이즙드에잇는양은사룸들이무솜법을베프러기르

느뇨○어느즘셩이셔로도아주느뇨○능히셩소훈사람의소리를분별호고도쏫차가
느뇨○염소눈엇더호뇨○듸벳양과장각염소눈엇더호뇨○사슴류눈다른류와분별
이무어시뇨○쓸이시것과낡은거시다르뇨○원록은엇더호뇨○미눈엇더호뇨○샤
향노루눈엇더호뇨○산양눈사람들이이향을취훌때에엇더케호야그늬암시에히
를면호느뇨○이향이엇지호야이즘셩의피에셔만나눈거슬사람들이아느뇨

뎨십쟝

뎨십일쟝은 싹 임질(Ruminantia)(返嚼動物)ᄒᆞᆫ 쇽을 쓰 의론ᄒᆞ고 슈죡업ᄂᆞᆫ(Cetacea)(無手足動物) 쟉은 ᄯᅦ를 의론 ᄒᆞᆷ이라

(一) 양젼(Antelope) (羊羜) 류는 사슴파 ᄀᆞᆨ에셔 ᄂᆞᆺᄒᆞ나 죠곰 ᄀᆞᆺ지 아니ᄒᆞ니 ᄲᅮᆯ을 벗 지 안코 모양을 말ᄒᆞ면 사슴보다 더 옥아 ᄅᆞᆷ답고 ᄯᅳ듯기를 잘ᄒᆞ며 눈은 검고 큰ᄃᆡ 빗치 나셔 사름의 게 빗최이ᄂᆞ니 그런고로 뭇 사름들이 흥샹 보기를 셩각ᄒᆞᄂᆞ니라 이 류에 잇ᄂᆞᆫ 죵 ᄅᆔᆨ

파지족 ᄯᅦ은 쟉과 쇽 류	등 더 졋 네 발 임 젼	심 운 이 먹 발 마 록	ᄲᅥ 피 것 눈 발 삽 질
		오릭스	

종
에ᄂᆞᆫ 만코 다른 부쥬에ᄂᆞᆫ 죠곰만 잇ᄂᆞ니라
눈닐흔가지 잇스며 열디디 방에 퍼졋ᄂᆞᆫᄃᆡ 아푸리사
(二) 구두 (Kudu) 97 鼊 눈 아푸리사에셔 나ᄂᆞᆫᄃᆡ 양 젼즁에 ᄀᆞ쟝 보기 아ᄅᆞᆷ답온 거시라 ᄲᅮᆯ은 녁쟈 길이인 ᄃᆡ 오 불교 불ᄒᆞ게 되여 나ᄉᆞ와 ᄀᆞᆺ ᄒᆞᆫ지라
(三) 오릭스(Oryx) 98 鼊 눈 아푸리사 남편에셔 나ᄂᆞᆫ 데 몸이 크나 ᄯᅱ기를 잘ᄒᆞ고 ᄯᅩ 그 디경 즁 에 듯기ᄂᆞᆫ 일 잘ᄒᆞᄂᆞ니라 모양은 노루ᄀᆞᆺ고 도ᄭᅥ리 눈물 ᄀᆞᆺᄒᆞ며 ᄲᅮᆯ은 곳은 ᄃᆡ 길 기 눈이 삼쟈이라 ᄲᅮᆯ 노 능히 사름도 밧고 혹 ᄉᆞ쟈를 맛나 면 머 ᄀᆞ

곳스샤를밧아죽이느니라
◦(四)마룩◦(Gnu) (馬鹿) 99屬 의다른일홈은로마(魯馬)라고도ᄒᆞᆫ디이것도아푸리ᄭᅡ남편에셔나ᄂᆞ니라그모양이심히이샹ᄒᆞ야ᄲᅩᆯ은소와ᄀᆞᆺ고몸과ᄭᅩ리와목에털은다물과ᄀᆞᆺ고머리ᄂᆞᆫ물소와ᄀᆞᆺ고다리ᄂᆞᆫ사슴과ᄀᆞᆺᄒᆞ디다르나기를잘ᄒᆞ며만일사ᄅᆞᆷ이희롱ᄒᆞ면즉시셩을닉이며ᄯᅩ이즘성이알교쳐ᄒᆞ눈모임이만ᄒᆞ고혹이샹ᄒᆞᆫ물건을맛나면갑작이놀닉여도망ᄒᆞᆷᆺ다가조곰후에다시도라와셔ᄀᆞᆺ셰히보ᄂᆞ니라가령뎌를잡아죽이려ᄒᆞ면붉은뵈ᄒᆞᆫ조박으로나무우희미여달아로사ᄅᆞᆷ이잡기쉬오니가령뎌를잡아죽이려ᄒᆞ면이즘성이졈졈갓가히오며ᄌᆞ셰히볼ᄉᆡ에농히잡ᄂᆞ니라
ᄭᅫ발ᄀᆞᆺ치ᄒᆞ면이즘성이졈졈갓가히오며
◦약ᄃᆡ(Camel)(駝)의류눈셰죵즈가잇ᄉᆞ니ᄒᆞ나ᄒᆞᆫᄡᅡᆼ봉◦약ᄃᆡ(單峰駝)요ᄒᆞ나ᄒᆞᆫ라마니라단봉약ᄃᆡ(單峰駝) 100屬 눈아라비아에셔나ᄂᆞᆫ디이즘성은가히쓰눈즘ᄉᆡᆼ◦약ᄃᆡ(雙峰駝) 101屬 요ᄒᆞ나ᄒᆞᆫ 아시아가온ᄃᆡ경에셔나ᄂᆞᆫ디이경에셔나ᄂᆞᆫ디그러ᄒᆞ나그럼으로사ᄅᆞᆷ들이말ᄒᆞ기를이라발이넙고부드러워모리ᄉᆡ혜힝ᄒᆞ기에편ᄒᆞ며그럼으로사ᄅᆞᆷ들이말ᄒᆞ기를바람이넙고부드러워모리ᄉᆡ혜힝ᄒᆞ기에편ᄒᆞ며그런고로심히더운모릭밧헤잇서도더운줄을모르ᄂᆞ니라그가슴과압뒷다리에굿은가족이잇서쉬일제나졸ᄯᅢ나ᄉᆞᆯ어앗기도ᄒᆞ니은길고코심히쪽ᄒᆞᆫ가죡헤ᄯᅡᆫ가죡헤ᄯᅡᆫ두덩은놉고ᄲᅨᆷ쪽ᄒᆞ며눈셥지라니눈리ᄒᆞ고힘이만하가히모릭밧헤풀뿌리를먹고그비위에눈물을담ᄂᆞᆫ주머나

파지족	등운더	심운	쎄피
쎄은작과속류종	젓	이먹	것눈
	비발싹임약쌍봉약디단봉약디	발삽질디라마	

가잇서 그 속에 물을 대 축항여섯다가 목이 마를 때에 도로 토하야 목을 젓치느니 목을 훈 번 젓친 후에 능히 소 일 동안 물을 먹지 안코 두어 날 동안 다른 거슬 먹지 안어도 능히 견디느니 이는 그 봉이 기름이져서 가히 그 거슬 화하야 삶이라 이즘싱이 더욱 모리싸헤서 부리기가 합당호니 무슴 물건을 싯고 혹 사람이 타고 사막류빅근 을 싯고 혹 로구십 리를 능히 힝호며 무론 아모 거슬 호로 밤낫에 능히 삼빅 리를 힝호고 길을 힝홀 때에는 차례로 가는디 혼 사룸이 약대 삼십 짝식이라 도몰고 가느니 압셰여 가는 놈만 몰고 가면 뒤에 잇는 약디들은 고가제미와 굿치 니 엄니 엄니 차례로서 힝호는디 조곰도 차셰를 밧고지 만코 그디로셔서 가느니라 인듸 아녀인들이 약디털을 싸서 의복을 문드러 넙고 쓰이 즘싱이 일을 만히 호는 고 로 갑시 대단히 싸니라

(六) 라마 (Lhama) 102驥

는 남아메리사에서 나는디 잔등에 봉은 업스나 가히 작은 약 디라 홍니 이는 그 발삽이 둘인디 부드럽지 안코 고부러져서 산길 노 힝호기 편호니 그럼으로 사람들이 산에서 부릴 때에 밋그러져 너머질 거슬군 심호지 안느니라 비위는 약디와 굿

고털은 가히 뵈를 짜고 셩경이 간샤흐야 제등에 과히거 온거슬 실으면 즉시 싸 헤엄디여
속히 니러나 지 안느니 그 짐을 좀 부리워 경훙게 한 후에야 니러나 고 사름이 혹 희롱ᄒ면
가죽시 사름의 게 츔을 밧느니라

(七) 쟝경록 (Giraffe) (長頸鹿) 103 屬   은 즘싱 즁에 뎨일 키가 큰 거시니 그 몸 졀반은 양과

파지족쎼쎼은작	등더젓먹이비발싹임경	심운눈이발샾질록	쎠피것발
과쇽류죵			
쟝경록			

(金錢豹)와굿치 빗쳐 알낙 알낙흔 것도 잇스니 이 즘싱이 다 르나 기를 잘훙야 만일 놀닉서

굿고 졀반은 사슴이라 뎨일 큰 거슨 머리브터 발싯지 열여덟 자이오 목은 길허 몸 졀반을 지
나 듸 겨우 나무 닙 사귀만 먹고 풀은 먹을 수 업스니 이는 그 머리를 아리로 향ᄒ기가 편치
못홈이라 그런 고로 먹을 ᄯㅐ에는 혀를 펴서 굿은 나무가지와 그 닙사귀를 잘 나먹 누니라 눈
은 머리 좌우 편에 잇는 디 눈이 도두러 졋서 밧싯지 나
온 고로 능히 스면을 다 도라 보며 뿔은 둘인 디 다둔ᄒ
고털이 낫는디 무 슴 물건을 그럴 노훈 번 다 치면 즉시
써 닷는디 나무 닙사귀를 맛 나며 죽시 알고 먹으며
른 즘 셩과 싸 홀때에는 발을 쓰고 뿔을 쓰지 아니ᄒ니
이는 그 뿔은 약ᄒ고 발은 강홈이라 발힘을 써서 차
비록 사자 굿흔 즘 승이라 도 더의 게 쳐 우면 죽느 니 라
이즁에 빗쳐 창황ᄒ야 보기도 흔 것도 잇고 금젼표

뎨 십 일 쟝

八十一

둙이나 면둘보다더싸르니라 오직집에서기르는거슨슌복ᄒᆞ를잘ᄒᆞ고길드려도소리가업ᄂᆞ니라

뎨십일쟝

슈죡업ᄂᆞᆫ (Cetacea) (無手足動物) 작은쎼라

(八) 온셰샹동물즁에지극히큰거슨다이작은쎼가온딕잇스니코기리가비록큰즘ᄉᆡᆼ이나고래(Whale)(鯨魚)는그보다수빅가더크니쟝이륙칠십여쟈이오허리둥긔ᄂᆞᆫ스십여쟈이라모양은물고기와갓ᄒᆞ나물고기아닌줄아는거슨피가덥고식기를거져나서젓을먹이ᄂᆞᆫ거시오쇼리ᄂᆞᆷ이가이십여ᄃᆡ인틱물에둔일때에눈쇼리를샹하로동ᄒᆞ야혜염치고물을갈니ᄂᆞᆫ짓차구ᄂᆞᆫ슈죡이라ᄒᆞᆯ수업스나그쎼를자셰히보니사ᄅᆞᆷ의손쎼와갓ᄒᆞᆫ딕그로셔혜염치지안코그몸을바로세게만ᄒᆞᆫ고로몸이업더지지안으며그가죡은빗난거시니비늘도업고털도업스며기름과흠쎼셕겨된거시니둡겁기눈두쟈이오무겁기ᄂᆞᆫ삼만근만ᄒᆞᆫ거시유익ᄒᆞᆫ거슨그가죡이가량이라가죡에나무보다가비야온고로이굿치크고육즁ᄒᆞᆫ몸톄라도물

	등	심	쎼	파지죡쎼
	더	운	피	쎼은쟉
	이먹졋	눈	것	과속
	업죡슈	눈	것	
				류죵
	고		리	
고릭	쎨고릭 물아치		바다소	

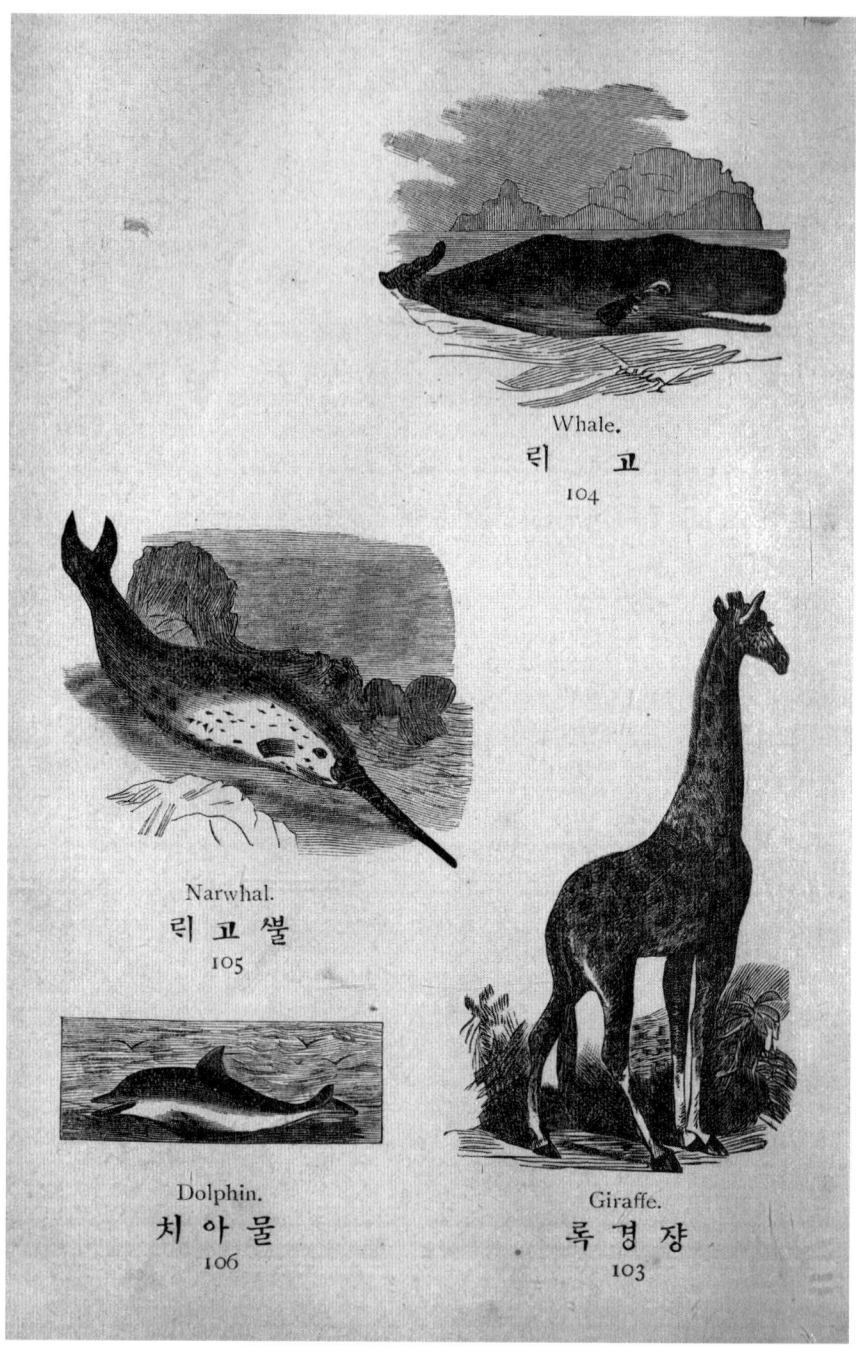

Whale.
릭 고
104

Narwhal.
릭 고 뿔
105

Dolphin.
치 아 물
106

Giraffe.
록 경 쟝
103

데십일쟝

에쓰기쉽고쏘찬거슬견듸기에어렵지안을뿐만아니라쏘바다물속에암만깁히드러갈
지라도그몸이물즁수에눌니지안느니라이기롬이소용이만흠으로사람이다잡기를셩
각ᄒᆞ느니라
(九) 이고리가비록물쪽속이나호흡ᄒᆞ는거슨사람과다름이업스니이는두귀심이가업
스나허파와코구멍이잇는연고라이고리가물속에드러가잇기에뎍당케된거슨몸속
에빈동여러시잇서ᄒᆞᆫ번물밧면에올나와서호흡ᄒᆞ야ᄶᅥᆨᄒᆞᆫ피로써그통에가득ᄒᆞ게간
직ᄒᆞ여둔후에물속에드러가서거반ᄒᆞᆫ시동안즘잇스나편치못ᄒᆞᆫ거시업ᄂᆞ니라귀와코
에눈가쪽이ᄒᆞ나식잇서임의의되로쓰는되물을막아드러오지못ᄒᆞ게ᄒᆞᄂᆞ니라
고릭즁에두가지가잇는되ᄒᆞ나흔아릭턱어리에만니가잇ᄂᆞ니가도모지업
(十) 거시라쳣지거ᄉᆞ목구멍이커서사람굿치큰고기라도능히삼킬수잇고둘지거슨쳣지
것과굿지아니ᄒᆞ야그목구멍이심히작아서소의삼키려ᄒᆞ면목이걸녀죽
기쉬오니라쏘둘지거슨웃아가리에여러ᄲᅥ가버려잇서다아릭로드리웟는되그모양은
이에셰속에쓰는바키와굿ᄒᆞ니이거슨고리가물에서입을벌닐때에물과고기를맛나눈
되로흠ᄭᅥᆨ물고물은코으로샘어ᄂᆡ여보ᄂᆡ고기들은키와굿ᄒᆞᆫᄲᅧ에걸니면즉시삼키
ᄂᆞ니라
(土) 뿔고릭 (Narwhal) (角鯨魚) 눈코에길고잠은뿔이잇스니두뿔은긴코와굿

훈디데일긴거슨이십쟈즘되고힘이만하빅밋창을쓰를수이잇스되사름들이 그쐘을무어
세쓰는지아지못ᄒ느니라쏘이고리몸은길기가삼십쟈즘되느니라
(ᄂ) 물아치(Dolphin)(江猪) 106 鼴　눈물깁흔곳에잇스니아릭웃턱어리에다니가잇고
길이는여돕쟈이라놀고기를잡아먹으며기름은쓰는티가만ᄒ니셩품이혜염쳐놀기를
깃버ᄒ야흥샹물에서뛰노느니라
(ᄃ) 바다소(Dugong)(海牛)　눈바다에서나는식물만먹고물고기를먹지아니ᄒ느니
쟝은열닐곱쟈즘되고모양은고리와굿ᄒ나다만가쪽에털이잇서소가쪽과굿ᄒ며물에
서혜염치며머리를들때에눈사름과똑굿ᄒ니 그런고로사름이말ᄒ되웬사름이물에잇
다ᄒ니그모양만사름굿고춤사름은물에잇는거시아니더라

습문

문○양젼류눈사슴류와엇더케다르뇨○구두눈엇더ᄒ뇨○오릭쓰눈엇더ᄒ뇨○마
록의형상은엇더ᄒ뇨○그셩졍은엇더ᄒ뇨○약되가두가진듸무슴분별이잇느뇨○
어느곳에서나느뇨○발이엇더케모리밧헤힝ᄒ기가맛당ᄒ뇨○엇더케소오일을물
도안마시고먹지도안코견딜수잇느뇨○엇더케능히더운짜헤서젓느뇨○엇더케ᄒ
여사름을깃부케ᄒ느뇨○귀와눈이무엇스로써몬지를두려워ᄒ지안느뇨○약되가

뎨십일쟝

무거온짐싯기됴흐뇨○라마는어듸서나느뇨○약되와무어시다르뇨○쟝경록은엇더흐뇨○무어슬먹는뇨○웨싸헤잇는작은식물을먹지못흐뇨○머리에뿔은모양이엇더흐뇨○가죡은무슴빗치뇨○고리는얼마나크뇨○엇더케물고기라고아니흐느뇨○무슴법으로능히물속에잇슬수잇느뇨○물을갈니는두짓차구는무엇굿흐뇨○그가죡은엇더흐뇨○물에둔닐째에꼬리를엇더케흐느뇨○물에서엇더케찬것과무거온것슬근심치안느뇨○비늘이잇느뇨○무어슬먹느뇨○사람이잡아무엇셰쓰느뇨○너는엇던모양이뇨○물아치는엇더흐뇨○엇더흔곳에거흐느뇨○뿔잇는고리에뿔을무어세쓰느뇨○바다소는엇더흐뇨

뎨십이쟝

뎨십이쟝은 새 (Birds)(鳥部) 쎄를의론홈이라

(一) 새는 더운피 잇는 유쳑동물(有脊動物)에 둘지 떼라 이거시 그 첫지 포유슈(哺乳獸)와 크게 다른 거시 닐곱 가지 잇스니 쳣지 눈 알 낫는 거시 오 둘지 눈 식기를 졋 먹이지 안는 거시오 셋지 눈 온몸을 날기 털 노 덥흔 거시 오 넷지 눈 거시 반다 날아 가기 덕당혼 거시 오 다숫지 눈 다니 업는 거시 오 여숫지 눈 다 부리 잇는 거시 오 닐곱지 눈 거시 쇼화 호는 긔 계에 식물을 츅이고 고기 먹는시 눈 멀더 군이 가는 멀더 군이 가 든든 눈 살 먹 도 잇고 서로 가는 멀더 군이 가 부드러 오니 모 리 와 돌 쟈기를 먹어 비위를 돕눈 거시라

(二) 먹 눈거 스로 말호면 졔먹 눈 물건을 온 군 딕 로 삼 겨 살 먹 에 드러 가 고 살 먹 에 잇 눈 물 이 든든 눈 그식물을 졋 쳐 부드럽게 호고 그 후에 멀 더 군 이 서지 드러 가 는 거시 오 멀 더 군 이 가 죡 은 든 든 거 도아 먹은 거 슬 갈 아 서 쇼 화 호 기 쉽게 호 누 니라

(三) 새 즘 싱의 몸은 본 리 더 운피가 잇 스 나 졋 먹 이 눈 즘 싱의 피 보 다 더 우 니 대 개 사 룸의 피 는 한 셔 표 로 구 십 팔 듸 그 리 에 셔 먹 이 눈 즘 싱의 피 는 일 빅 네 듸 그 리 셔지 되 눈 니라

(四) 짓 날 기 가 잇 서 능 히 날 아 가 누 니 그 즁 날 기 를 잘 호 눈 새 눈 가 슴 뼈 가 놉 하 힘 이 잇 스 며 지 나 자 못 호 되 시 피 눈

오스트리취와굿치잘날아가지안는새는가슴뼈가편편호고납작호느니라두날기써는 사름의두팔과굿흐니날때에는그날기힘을의지호느니라그런고로두날기에살이더욱 만흐니가령사름의두팔에다가짓날기를더홀것굿흐면그형셰가잘날아갈듯호나몸째 내잘날지못홀섄두러은사름의팔은살이졈음으로날기힘이부죡홀터이라

(五) 쏘새는허파만공긔를마실쑨아니라온몸에써가다뷔엿스되그뷘듸마다공긔가가 득호야그몸이가빅야와날기가편리호고쏘짓차구털도가빅야온섄두러은그짓구멍마다 공긔가가득호연고라털은속에눈쎅쎅호고밧긔는든든호며쏘기름이잇는고로비올때 에몸졋칠걱정이업느니라쇠리에작은기름주머니가잇는듸때로그기름을쌀아제털과 짓차구를빗나게호느니라

(六) 그알이심히이샹호거슨밧긔눈싹디기요그안헤는흰조우가온듸누룬조운이 그누룬조우우희는회고작은쌀흔덤이붓허스니석기가곳이로말믜아나오는듸알에도 공긔가잇서석기를기르느니라서가임의알을나하날기로덥고안으면알속에셔어미 몸의덕운을밧아서차차변호야몃날후에는석기가되여나오느니라그석기가알속 에서나오기젼부터석기부리쏫헤굿은싹디기흔덤이붓허스니이는조화의령긔를밧아 짓연히된거시라그석기가부리쏫헤잇는굿은거스로알싹디기를좁고나온후에눈부리 쏫헤굿은싹디기를차차버서바리느니라

메십이쟝

八十七

예슙이쟝

(七) 새들이 깃슬 드리는 거슨 제 몸만 위홈이 아니오 쟝춧 알을 낫코 식기 칠 계교니 무론 아모 새던지 부리와 발이 간 흔 새는 그 깃도 작고 보기도됴 흔 거시오 쏘 아모 새던지 흔 종류에 드러가는 새는 그 깃슬 다 흔 법으로 드리느니라

(八) 쏘 모든 새의 털 빗춘 흑식이 안이니 혹은 오석 도 잇고 그 즁 빗치 뎨일 환흔 거슨 열 되에 잇고 남북 빙양에 잇는 새는 회식 빗 잇는 것밧긔 는 업스며 열 되에 잇는 새는 빗치 환호고 아 름 다오나 목소리는 도모지 못호되 소리 호 는 것과 듯기 슬케 호 는 것밧긔 는 업고 도로혀 온 되에 잇는 거시 열 되에 잇는 것보다 됴흔 소리 호 는 거시 만흐니라

(九) 새가 만일 히 홀쟈를 맛나 면 법을 베프러 피호는 되 새가 만일 잣나 비를 보면 제 깃슬 놉 흔 나무 색 디 기에 드려서 잣나 비로 호여곰 와서 제 깃슬 엿보지 못호게 호고 쏘 엇던 새는 깃 속에 알 덥는 거시 잇서 알을 즛계히 뵈지 안케 호고 쏘 새마다 눈가죡 안헤 도 흔 가죡이 잇는 되 안헤 잇는 가죡은 심히 뷹은고로 눈을 조곰 감고 이슬 때에 라도 능히 볼 수 잇는 되 히라 도 쏘 흔 볼 수 잇고 새마다 귀는 다 잇스나 귀 박퀴는 부형이 밧긔 업고 쏘 뇌암시와 향긔를 잘 분별 호느니라

(十) 뎌 새들이 쏘 흔 때를 쏫차 옴 가 는 되 혹 가울이 면 일긔가 졈졈 찰 줄 알고 남편으로 갓다가 봄이 되여 일긔가 더 울 식에 다시 와서 알을 낫 코 식기도 치느니 거 반 북편에서 치느 니라 옴겨 드니는 새 즁에 엇던 새는 봄마다 지나간 봄에 잇던 곳으로 도라오느니 그 동안에

멧쳔리를멀니갓다도그러케ᄒᆞᄂᆞ니라이런일을조셔히알고져ᄒᆞ야이
나히제비를잡아서면쥬실노그다리에밀여표ᄒᆞ엿더니그졔비가십팔년동안에히마다
졔집에도라오는거슬보앗ᄂᆞ니라

(土) 새•죵류•가오쳔•가지나되는디부리와발을보고도모지는호면두가지로말ᄒᆞᆯ지니ᄒᆞ
나흔륙디에잇는거시오둘직는물에잇는거시라륙디에잇는새들은물에잇는새를보고갓
헤모히고물에잇는새들은뭇기를깃버ᄒᆞ야물에잇는새에잇슬ᄯᅢ가만ᄒᆞ니라새를보고깃
버ᄒᆞ지안눈사름이업눈거슨그모양이아름다옴이아니여서몸에날기도ᄒᆞ고안
기도ᄒᆞ야던괴활발ᄒᆞ게가온듸조연ᄒᆞᆫ즐거옴을낫타닉는딕산이깁고괴ᄋᆞ며숫시퓌
고수풀이왕셩ᄒᆞᆫ곳에눈새우는소리가나ᄂᆞ니귀를기우려드르면그소리가쳥월
ᄒᆞ야죡히셰샹졍욕윗무음을씻쳐바리는도다못ᄒᆞ면셰샹에셔몸이명리에얼킨사름들
이여다새와ᄀᆞ치ᄒᆞᆫ번도즐거지못ᄒᆞ니더샹거가얼마못ᄒᆞ겟ᄂᆞ뇨슯흐다가
히사름이새만도못ᄒᆞ랴

(壬) 류디에잇는새를는호면다ᄉᆞ과이니고기먹는것 (Raptores)(食肉鳥) 과잘안는것
(Insessores)(雀屬類) 과나무잡이잘ᄒᆞ는것(Scansores)(攀木鳥)과잘버릿는것(Rasores)
과(搔撥鳥)(雀屬類) 과잘ᄃᆞᆺ는거시라 (Cursores)(馳走鳥)

(亖) 고기먹는것(Raptores)은식육됴니부리가크고날카라오며부리우ᄒᆞ로졀반은아

뎨십이쟝

八十九

대섭이쟝

라 리로결반보다크고도숭굴숭굴ᄒ고부리ᄉᆻ흔구부러진고로모든물건을잘ᄉᆺ어먹고발은잡고힘이잇스며발톱은ᄇᆻ안ᄃᆡᄶᆨ틔기가심히굿고리ᄒᆞ야가히그러쥐기를잘ᄒᆞ고눈은심히밝고힘이잇스니이러케ᄒᆞᄂᆞᆫ새는다ᄌᆼ을지어돈니고서로ᄯᅥ나지아니ᄒᆞᄂᆞ니다른새들과굿치무리를지여돈니지안ᄂᆞ니라고기먹는새짓촌다회석이오소리ᄂᆞᆫ다됴치못ᄒᆞ며깃손놉흔바회우회나나무우회나드리고ᄯᅩ암거슨ᄉᆛᆺ것보다몸이더크니

(十四) 이고기먹는새 (食肉鳥) 들을호면세류인ᄃᆡ미와(鷹) 쌜쥴과 부헝이라 (鵂)

(十五) 미 (Falcon) (鷹) 눈여러 가진ᄃᆡ 솔기미와 독수리가 이 류에 드러간 거시니 새와 톡기와 둙과 양과여러 가지 작은 즘싱들을 다 먹으나 그중에 도크고힘만ᄒᆞᆫ거슨 혹어리를 낫코 먹고 ᄯᅩ 나무가지와 풀을 무어다가 깃슬 드린 후에 처음에 눈 조곰누른 빗알을 두어 릭를 낫코 석기 잔 후에 눈 어미 가더옥사오나와 사룸들이 감히 그 깃 잇는 ᄃᆡ 를 갓 가히 가지 못ᄒᆞᄂᆞ니라 (ᄯᅩ 이 미류 는 수 가 긴 고 로 가 히 박 년 ᄉᆞ지 살 수 잇ᄂᆞ니라 (요 빅 긔 삼십 구 쟝 이 십 칠 절 노 삼십 절 ᄭᅡ지) 미가 네 명을 ᄯᅩᆺ 차 날아 감이 여 그 집을 놉흔 곳에 셰우 눈도 다 며 가 반 셕에 깃 드리고 힘험ᄒᆞᆫ 베랑과 견고ᄒᆞᆫ 곳에 거ᄒᆞ도 다 며 거긔서 먹을 거슬 차 즘은 그 눈이 심히 붉아 멀니 봄이오 그 석기 피를 마시 ᄂᆞᆫ ᄃᆡ 죽이 ᄂᆞᆫ 쟈 들이 잇는 곳에 여 도 ᄯᅩ ᄒᆞᆫ 모혀 가도다

(十六) 너ᄂᆞᆫ미 (Conmon Falcon) (鷹) ᄂᆞᆫ 셩품이 사오 나오 사룸의 게 잡혀 구럭 침을 밧 ᄂᆞ

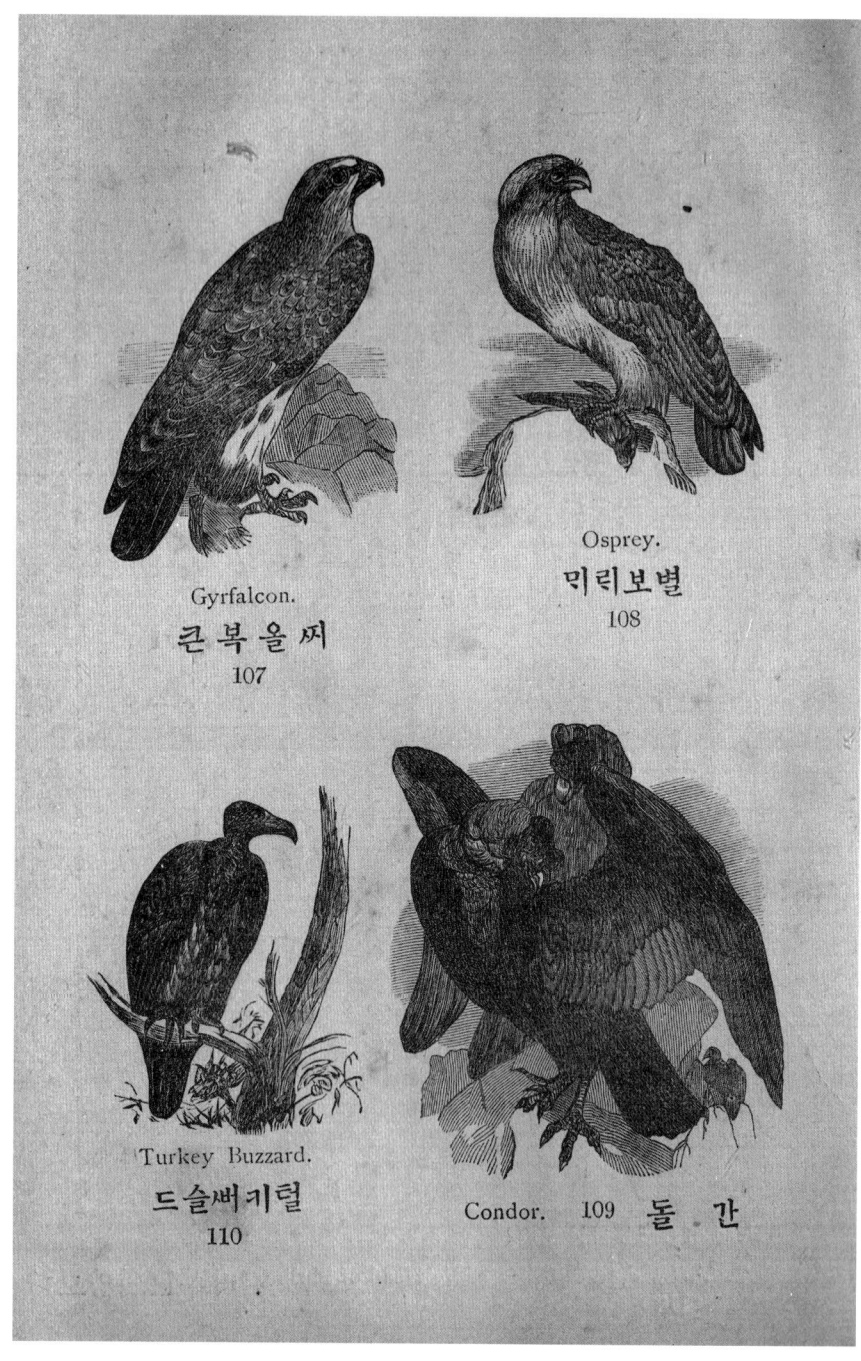

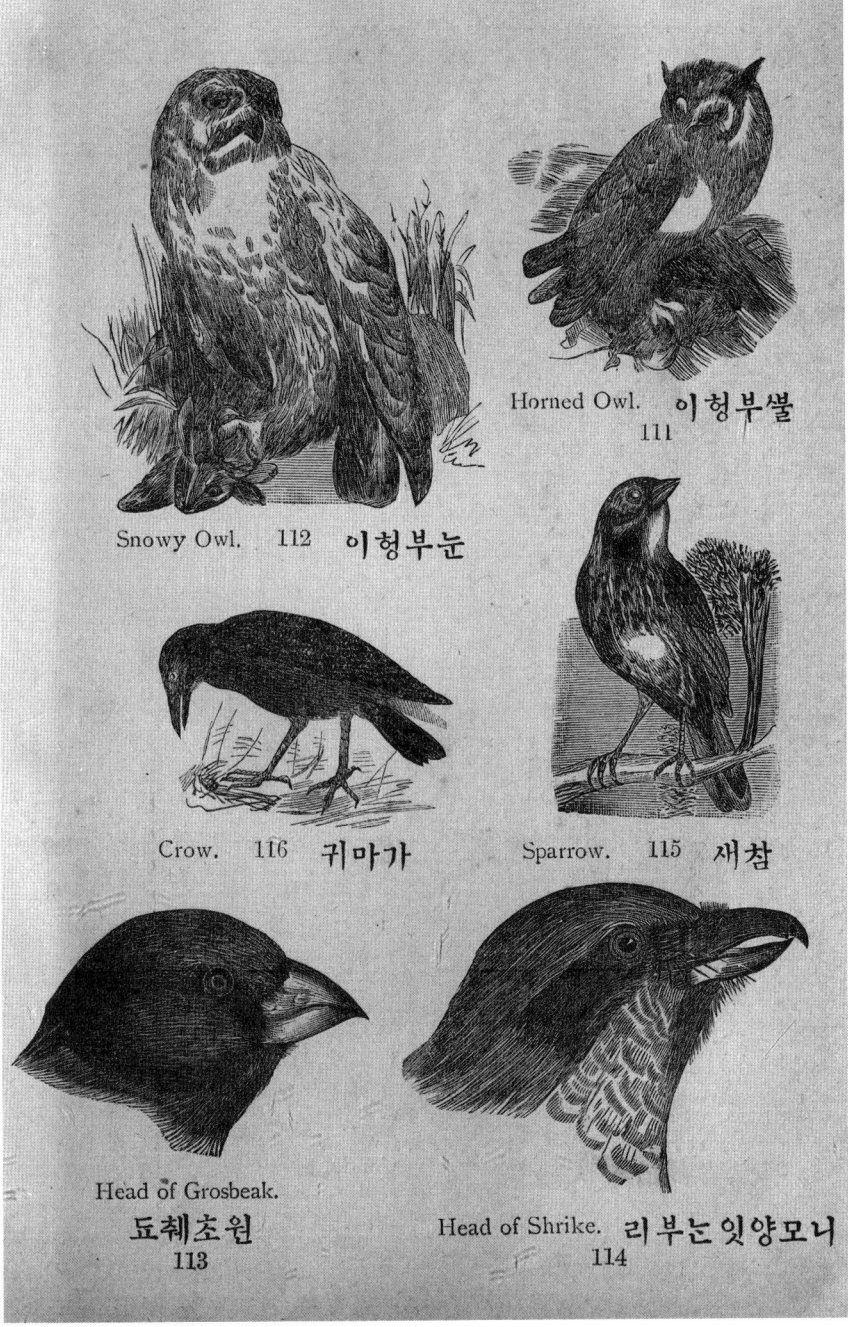

지파쪽	쎼은작과속류	종
등더	류고	미 찌을미 별보리민 큰
운새	다먹기	줄쎨 간돌 털기써슬드
심피 써	새눈것	이형부 눈쎨부형이

데십이쟝

너그쥬인의식이 눈디로 ᄒᆞ야 와시굿치 큰새라도 잡아죽이고 쉽ᄀᆞᆺᄒᆞᆫ거슬 쉽게 잡ᄂᆞ니라 지금은 영국에 그런법이 업서졋스나 이젼에는 냥반들이 어더뒤 츌입ᄒᆞᆯᄯᅢ에 눈민를 손에 밧고 나아가ᄂᆞ니라

(七) 민류즁에 데일크고 아름다온거슨 ᄯᅥᆯ을복큰 (Gyrfalcon) 107 鶻 이라 ᄒᆞᄂᆞ니 몸이 길기가 두자이나 되ᄂᆞ니 이셔가 로위와 아이쓰린드돌만ᄒᆞᆫ바다가헤 잇ᄂᆞ니라

(六) 별보리민 (Osprey) 108 鶚 눈 온 유로바에 도잇고 아시아와 북아메리셔 엇던곳에 혹잇ᄂᆞ니 이새눈 물고기만 먹고사ᄂᆞ니라 그깃슨 나무가지와 바다에 잇눈 식물과 잔듸로써 나무우희 드리ᄂᆞ니 히마다 그깃슬 곳쳐 즁슈ᄒᆞᄂᆞ니라 죵에눈 그깃시 수레로 ᄒᆞᆫ짐 실ᄒᆞ리만치 커지ᄂᆞ니라

(九) 이민류에 드러간거시 반다링듸와 온듸에 잇셔 머번셩ᄒᆞ지 안케ᄒᆞ고 이둘지 쎨줄류 눈 열듸에 잇셔 모든 즘싱의 죽음을 먹어 사름의게 히롭지 안케ᄒᆞᄂᆞ니라 이새가 더운디방에 잇슬지라도 졔거ᄒᆞ눈 곳은 놉흔 산쓱듸가에

흉샹눈이녹지안는듸먹을거슬차즐쎡에만더운싸헤누려오누라임의본ㅅ쇽슈즁에하이나와직올은비록죽음을잘먹는즘싱이나그즘싱들이밋쳐찻지못ᄒᆞ는죽음이라도이쎨줄은놉흔산과깁흔수풀속에잇는죽음을다차자먹느니라

(ㄱ) 쎨줄 (Vulture) 류는다른고기먹는류와분별ᄒᆞᆫ것ᄒᆞ나히잇는듸그머리와목에털이업스며목가죡은심히넓은고로목을주리치면그가죡이머리를가리우는듸우는이라머리와목에털이업슴으로썩은죽음을먹어도더럽지안키에덕당ᄒᆞ게된거시라이류가몸에잇는털이업고가즈런ᄒᆞᆫ모양이업스나더러온새라ᄒᆞ지못ᄒᆞᆯ거시니새가먹은후에물노제몸을씻고날기를펴서히빗헤쏘여말니우느니라

(ㄴ) 쎨줄즁에데일크고힘이만흐며놉히날아가는거슨 간돌 (Condor) 109 륩 이라ᄒᆞ는새니몸이길기가녁쟈즘되고날기를펼친거시아홉쟈브터열세쟈ᄭᅡ지잇느니이새가ᄒᆞ샹잇는듸는바다외면브터일만오쳔쟈이나놉흔곳에올나가거ᄒᆞ느니날아갈쌔에는그보다더놉히라도날아갈수잇느니라이간돌이썩은것도먹고엇던쌔는어린양과염소식기를잡는듸만일이새가둘이흠ᄭᅴ잇스면라마와푸마ᄀᆞ치큰즘싱이라도듸뎍ᄒᆞᆯ수잇ᄂᆞ니라

(ㄷ) 털키쎠슬드 (Turkey Buzzard) 110 륩 이란새도이쎨줄류에드러가는듸북아메리샤데일치운곳밧긔는다잇느니이새가아모거시나맛나는듸로먹는듸다른새알과식기

를먹고도제동모의죽음도먹느니라

(匸) 부헝이 (Owl) (鴟) 류는밤에만나아와먹을거슬찾느니그눈이커서어두온디라도빗치드러가기쉬오니라히빗츨바로밧으면눈이몹시압흐니그런고로낫에눈감히나아오지못홀쑨만아니라쪼흔눈닉피로써제눈을가리우고잇스며깃슨유벽ᄒ고어두운곳에드리느니혹퇴락흔집속에나바회구멍에지으며먹는거슨록기와새와쥐와모든버러지긋혼거슬먹고머리는크고두렷ᄒ며귀는심히불아듯기를잘ᄒ며귀박퀴눈잇스나러지긋혼거슬먹고머리눈크고두렷ᄒ며귀눈심히불아듯기를잘ᄒ며귀박퀴눈잇스나털이가리워잘볼수업고쏘부헝이중에혹은귀에선가쪽혼층이잇눈티그가쪽솔도업게되로열고먹을것찾기가쉬오며쏘잡아먹눈것들이밋쳐날아갈때에눈작은소리도업게나는고로먹을것ᄎ잣느니라털은간흘고부드러워너슬너슬ᄒ며날아갈때에눈작은소리도업게털을먹으면잘싹이지못ᄒ야도로비앗느니그비앗은털노집을지어알낫코식기칠거슬예비ᄒ느니라

(二) 부헝이류즁에뿔부헝이 (Horned Owl) (角鴟) 111 圖 가잇는디머리좌우에털이뿔굿치난거시니대한사롬들이귀잇눈부헝이라ᄒ느니라이뿔부헝이즁에엇던거슨뿔이길허압ᄒ로향ᄒ것도잇고엇던거슨뿔이잛은디제므음디로뒤로뉘눈것도잇느니라

(三) 눈부헝이 (Snowy Owl) 112 圖 눈큰것즁에ᄒ나인디몸이길기가두쟈넘는거시라다른부헝이와분별훈거슨그눈숙을덥눈두군박퀴굿ᄒ털이업느니라몸형상은미류와

굿흔되이서가디구량편빙양에만잇ᄂ니털빗츤눈과굿치희여보기됴흐나목소리눈심히무셔오니이새가제잇눈곳도아조험ᄒ고무셔온곳이라낫에먹을거슬찻즈며먹ᄂ거
ᄉ녹기와여러가지새와혹물고기를먹ᄂ니라

습 문

문○더운피잇ᄂ유쳑동물의눈혼거시무어시뇨○새눈포유슈와분별ᄒ흔거시무어시뇨○새몸이덥기가포유슈와엇더ᄒᄂ뇨○새의가슴뼈눈엇더ᄒ뇨○새몸이가빅얍게된거슨무어슬인흠이뇨○쇼화ᄒᄂ긔계눈엇더ᄒ뇨○털과짓츨무어슬로광치나게ᄒᄂ뇨○알은엇더ᄒᄂ뇨○새식기갓ᄉ슬때에부리ᄉ헷싹디기굿츨무솜쓸딕잇ᄂ뇨○집은무어슬위ᄒ야짓ᄂ뇨○새빗츨말ᄒ면뎨일환흔새들이어ᄂ디방에잇ᄂ뇨○소리잘ᄒᄂ새들은어ᄂ디방에잇ᄂ뇨○새의가죽이엇더ᄒ뇨○귀ᄂ엇더ᄒ뇨○니암시를잘셰도라아ᄂ뇨○때를쏫차옴겨든니ᄂ거시엇더ᄒ뇨○새떼를멧가지에눈홧ᄂ○무어슬보고눈호앗ᄂ뇨○류디에둔니ᄂ새를눈혼거시무어시며멧가지뇨○식육됴의힝실은엇더ᄒ뇨○눈이엇더ᄒ뇨○새눈홀곳을엇더ᄒ흔면어둔니ᄂ뇨○빗치엇더ᄒ뇨○부리와발이엇더ᄒ뇨○집을엇더흔곳에짓ᄂ뇨○별보리미ᄂ엇더멧류이뇨⑦미류ᄂ엇더ᄒ뇨○그가온디큰거슨무어시라ᄒᄂ

뎨 십 이 쟝

ᄒᆞ뇨 ○쎨쥴류는엇더ᄒᆞ뇨 간돌은엇더ᄒᆞ뇨 ○털기쎠슬드는엇더ᄒᆞ뇨 ⓐ부헝이류는
엇더ᄒᆞ뇨 ○쎨부헝이는엇더ᄒᆞ뇨 ○눈부헝이는엇더ᄒᆞ뇨

九十五

데삽삼쟝은 잘안는새 (Insessores) (雀屬類) 과를의론홈이라

(一) 새즁에잘안는쟉속류 (Insessores) 가데일만흐니다른새도안즐수잇스나이속에 드는새는그발모양을보면나무에안기심히편흐게된거손발압가락셋과뒤가락흐나 히놉고낫게나지안코평평흐게된거신듸발가락이간흘고도독질독질흐며톱도길고구 부러졋는듸나무가지를발노써든든히잡고평안히안즈며다리는힘 이업서날기힘만치못흔고로흥샹날기만흐며고기를덜흐며깃과털은오석으 로되여보기됴흔듸숫거슨더옥크고아름다오니라이새가둘식짝흐고깃슨거반나무에 나잔사리에나ᄃ리ᄂ니소릭잘흐는새눈거반다이속에드러가ᄂ니라

(二) 안기잘ᄒ는새 (雀屬類) 눈부리를보고네무리로논화스니쳣지논부리가둥군거 (Conirostres) 圓錐嘴鳥 신듸이눈거반다식각물됴 (食各物鳥) 이나혹은오곡밧긔눈먹 지안눈거시니 113 그림을보면밀화부리 (Grosbeak) 오둘지눈부리 (Dentiro- stres) (嘴牙鳥) 인듸웃거손부리좌우편에니긋흔것흐나잇스니이눈긔고마리가그러흔듸 114 롬이긋흔거손동물을잡아먹눈새부리에잇눈것긋흐거시니안기잘흐눈새즁에도이 런것잇눈새가실샹은다른동물을잡아먹눈새라이눈녀ᄂ시와긋치버러지와디렁이만

뎨 십 삼 쟝

먹을쌘아니라작은새와파힝부(爬行)를잘아먹는거시오셋지는간흔부리•(Tenuirostres)(長尖嘴鳥)잇는새니그부리를이러케문든의스는솟속•에잇는단물을쌜기와버러지잡아먹는되덕당케흠이니이류에쟝본은봉쟉새오녯지는넓은부리잇는거시니(Fissirostres)(闊口鳥)이는부리가넓고도입짜미가눈쎄리아릭로지나가게되엿는되그럼으로입을넓게벌닐수잇느니라이러케된거슨날아갈쌔에입을벌니면버러지를맛나는되로잡아먹기덕당케흠이니졔비가그러흐니라

(三)부리가둥군새는원초췌니(圓錐嘴)오곡과여러가지씨를잘먹는되그부리가든든 흐여힘잇게된거슨졔먹는씨쟉디기를부스러치기에덕당케흠이니라이중에여러무리가잇스니빈취와가마귀(鴉)와화령(火鴒)과무됴(霧鳥)와횡췌쟉(橫嘴雀)과각췌됴(角嘴鳥)니이새가거반다집에서길드릴수도잇고그중에도엇던거슨구르침을잘밧을수도잇느니라

(四)빈취•(Finch)무리는미우만흔되참새•(Sparrow)(麻雀)와죵다리•(Skylark)와밀화부리•(Grosbeak)와굿흔새가드러가느니그중에큰거슨업고작은거시만흐니형샹과힝실이서로굿흐되밧과수풀과산울타리에잇서오곡과모든식물에씨를잘먹고쌔로버러지도먹느니라그즁에소리잘흐는것도만흔되거반다몸이든든호야온셰샹에퍼졋스니동물들이살수잇는되마다이무리가더러잇소며쏘이무리에부리는아릭와우회가

파지족쎄떼은작과속	등더 디 군 안 잘	심운새 디 부 눈	쎄피 새 리 것
류	취빈	귀마가	료무	료체횡	료체각
종	참새 죵다화부리 눈멸새	가가치마귀	화쎄덩셰료리		

데십삼쟝

(五) 빈취즁에 참시 (Sparrow) (麻雀) 115 눈 여러 가지 잇스니 도쳐에 다 잇느니라 그 몸이 심히 작은 딕 이새가 사름을 져 퍼 호지 안눈 고로 흥샹 집 근쳐에 잇기를 료화 호고 쪼 졔 세리 싸홈 호기를 잘 호느니라 이 빈취무리 즁에 눈새라 호는 거시 눈이 와도 져 퍼 호지 아니 호야 남편으로 옴겨 가 기를 일즉 이 아니 호고 눗 도록 치운다 방에 잇기를 됴화호느니라

(六) 가마귀 (Crow) (鴉) 116 눈 무리에 드러 간 새 들은 잘 안 눈 새 즁에 큰 거시니 담대 호고 사오나 오며 쏘 혼 말 도 그르쳐서 호게 호느니 가마귀가 간 밧 흐로 날아 둔니며 곡식 죵 것을 주어 먹 눈 고로 농 소 호는 사름들이 심히 뮈워 호야 잡으려 호나 그러 나 이 새가 농소에 히로온 버러지를 만히 잡아 먹 누니 공연히 잡을 선 둘이 업 느니라

九十八

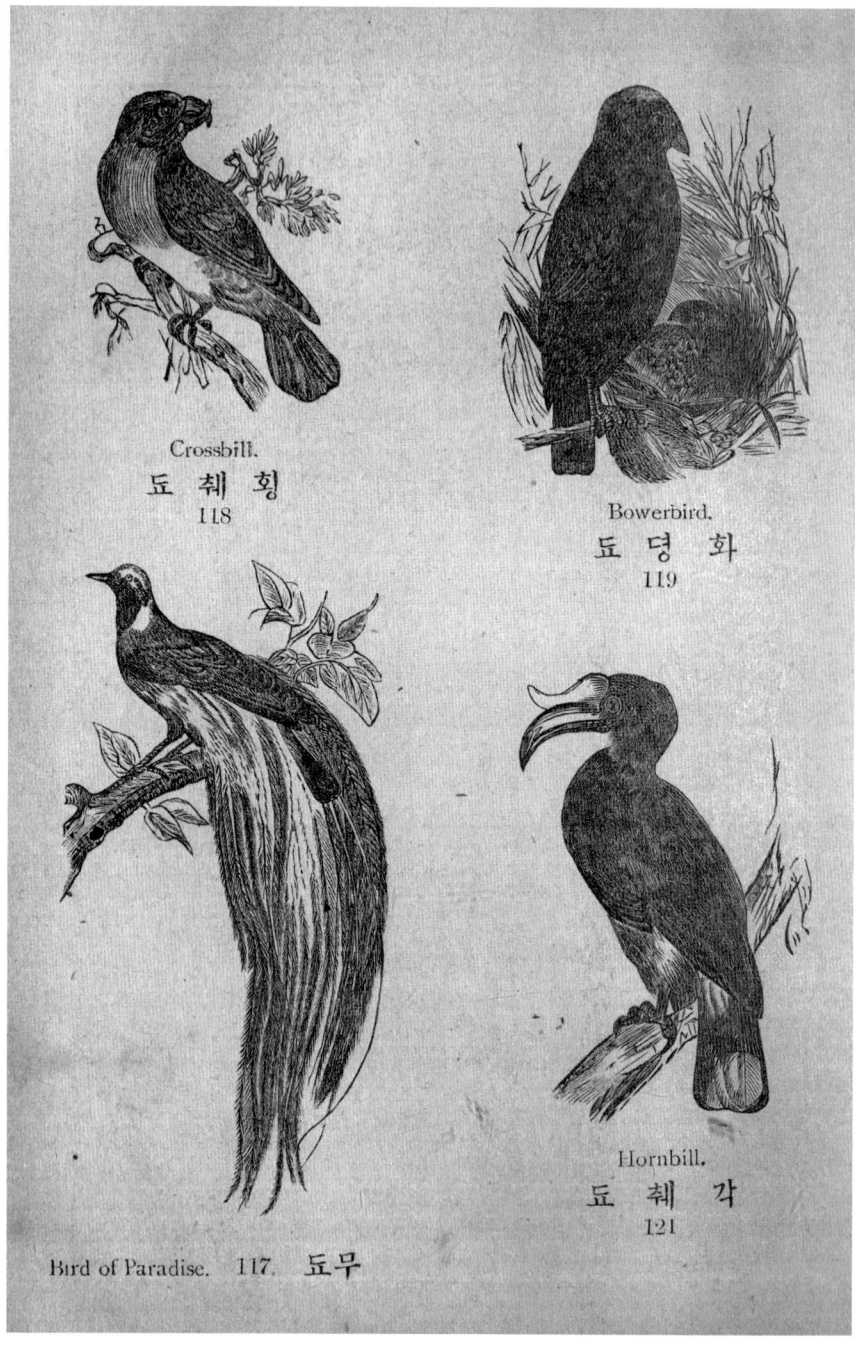

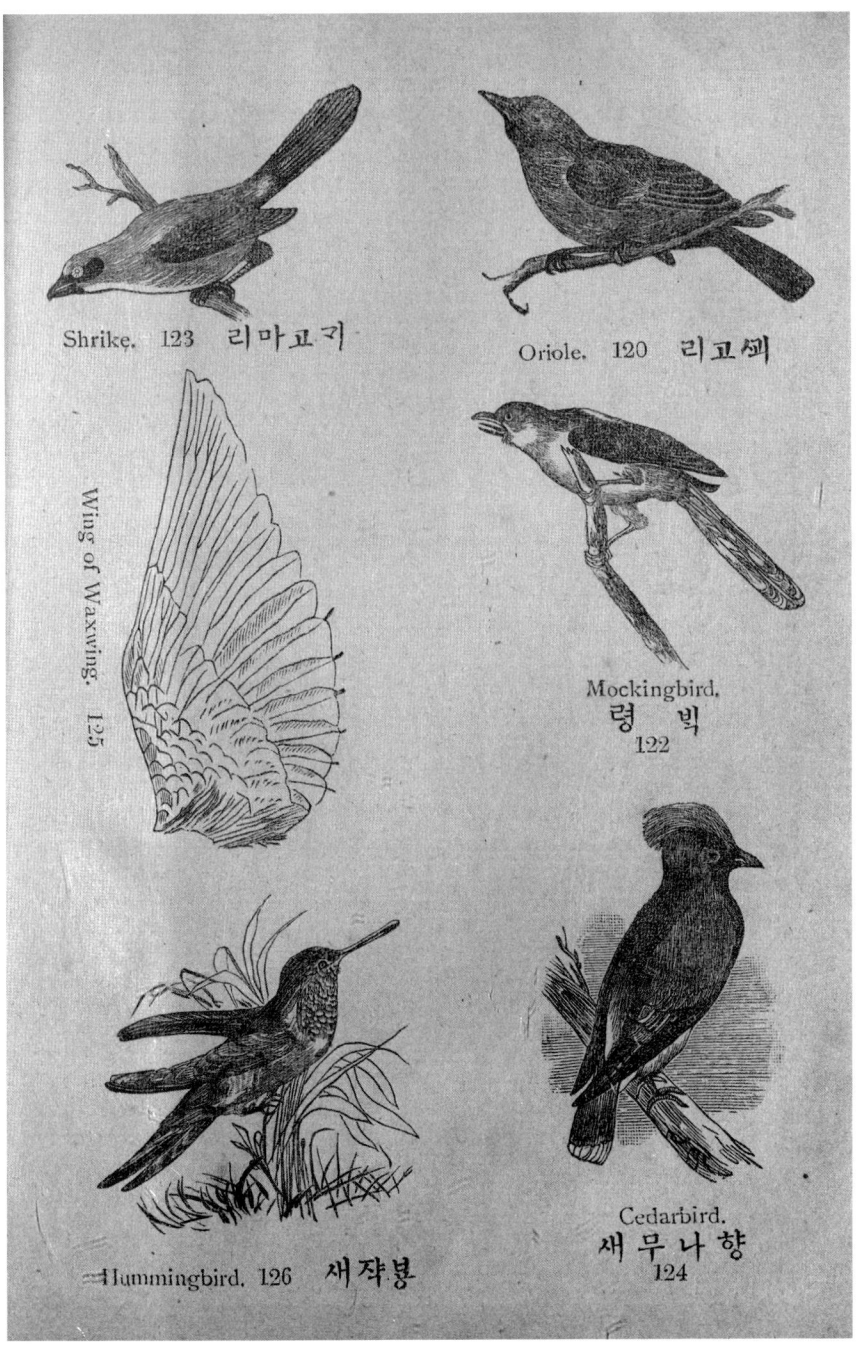

뎨십삼쟝

(七) 가치 (Magpie) 눈가마귀무리에드러간거시니이새도담대ᄒᆞ야흥상새알과새식기를도젹ᄒᆞ야먹으며때로혹사ᄅᆞᆷ의집에드러가서금과일졀아름답고찬란ᄒᆞᆫ물건을능히도젹질ᄒᆞᄂᆞ니라엇더케이가치가능히도젹질ᄒᆞᄂᆞ는고ᄒᆞ니젼에훈사ᄅᆞᆷ이우연히안경흔기를일헛는ᄃᆡ그후에집웅쳠하ᄆᆺ해가치집가온ᄃᆡ서안경을엇엇고ᄯᅩ본즉금가락지와여러가지둥지들기도흔물건을다모화다가졔깃세둔거슬보앗ᄂᆞ니라

(八) 화령 (Starling) (火鴿) 116 䰗 무리에형상과힝실은가마귀무리와ᄀᆞᆺᄒᆞ나몸은그보다작으니그즁에빗치누릇코아름다온거시잇서소리가미우듯기도ᄒᆞ니쇠ᄭᅩ리 (Oriole) 䰗라이새죵즈가온ᄃᆡ드러가는혼가지새눈셩졍이아조곱게ᄒᆞ기를깃버ᄒᆞ야졔집짓눈지료치식물건과실과털과혹무슴싹딕기로써짓ᄂᆞ니이눈화명됴 (Bowerbird) (花亭鳥)라 119 그림보시오

(九) 무됴 (Bird of Paradise) (霧鳥) 117 䰗 무리에부리는길고간ᄒᆞ니엇던동물박학스의말이원초ᄎᆘ (圓錐嘴) 에드러가지안코쟝쳠ᄎᆘ (長尖嘴) 에드러간다ᄒᆞ더라이ᄂᆞᆫ지극히아름다와보기됴흔새니태평양셤에서나ᄂᆞ니라털빗촌오식인ᄃᆡ쇼리는길고누르며ᄯᅩ몸에솜과ᄀᆞᆺ흔셰밀ᄒᆞᆫ거슬됴화ᄒᆞ야태성졍은식ᄭᅮᆺᄒᆞᆫ거슬됴화ᄒᆞ야대로부리로써졔리를다듬아곱게ᄒᆞ고바람불때이면털이섞거질가ᄒᆞ야날아갈때에머리로써바람을향ᄒᆞ고거스려나ᄂᆞ니라

예십삼쟝

(土) 횡쵀됴 (Crossbill) (橫嘴鳥) 118 屬 무리에 분별된거슨두가지잇스니그부리가어 그러진것과혀맛혜든든호삽굿혼거시잇는거시라그부리에어 그러진것과삽굿혼거시 무솜소용인고호니제됴화호는잣씨를먹으려홀때에그부리를잣송이비늘에드리밀고 어그러쳐서벌니게혼후에그삽굿혼혀로잣씨를쓰니여먹느니라또혼이부리가힘이만 흠으로호도굿혼굿은쟉디기를써치고그속에잇는알을먹느니라

(土) 각쵀됴 (Hornbill) (角嘴鳥) 121 屬 무리눈부리가크고부리우희쓸호나히잇스니그 쌀도크기가부리와굿혼지라그쌀을보면무거울것굿호나그속이뷔여벌집과굿혼교로 그쌀이가빅야오니라그럼으로소리가쳥량호야새소리와굿지안코스쟈소리와굿혼 지라아푸리카와인듸아에서나는딕집을마른나무구멍에지으며집지을때에는암새가 속에서브러졔둥지를틀면숫새는그밧긔잇서틈을엽게흙고암새로호여곰그집에거호 게호고겨우머리만둥지밧긔닉여놋코가만히잇서움작이지안는니날마다숫새가나아 가서먹을거슬차자다가암새와석기를먹이다가식기가큰후에야깃슬열고나오느니라

습 문

문 ○쟉쇽류에눈혼거시몃치며무어시뇨○이새들이분별호것과힝실이엇더호뇨○ 원초쵀됴는엇더호뇨○쵀아됴는엇더호뇨○쟝쳡쵀됴는엇더호뇨○활구됴는엇더

뎨십삼쟝

ᄒᆞᄂᆈ○원초ᄎᆈ됴ᄂᆞᆫ무어슬먹ᄂᆞᄂᆈ○드러간무리가멧치며무어시ᄂᆈ○빈취무리에드러간시ᄂᆞᆫ무어시며형샹과힝실이엇더ᄒᆞᄂᆈ○참새ᄂᆞᆫ엇더ᄒᆞᄂᆈ○가마귀ᄂᆞᆫ엇더ᄒᆞᄂᆈ○가치ᄂᆞᆫ엇더ᄒᆞᄂᆈ○화령무리ᄂᆞᆫ엇더ᄒᆞᄂᆈ○쇠꼬리ᄂᆞᆫ엇더ᄒᆞᄂᆈ○화뎡됴ᄂᆞᆫ엇더ᄒᆞᄂᆈ○무됴ᄂᆞᆫ엇더ᄒᆞᄂᆈ○횡췌됴ᄂᆞᆫ엇더ᄒᆞᄂᆈ○각췌됴ᄂᆞᆫ엇더ᄒᆞᄂᆈ

百一

뎨십亽쟝

뎨십亽쟝은잘안는새 (雀屬類) 과를다시의론홈이라

(一) 니모양잇는부리는쵀아됴 (Dentirostres) (嘴牙鳥) 라ᄒᆞ는티이에드러간새무리가 다숫신틱쳣지는긔고마리무리오 둘지는션명됴무리요 (百 舌鳥) 빗지는경연이오 (京燕) 다숫지는빅셜됴 (百舌鳥) 라이다숫무리즁에혹은웃부 리에니긋흔거시조곰만잇는것도잇고도모지어업는것도잇스니이런새들이쵀아됴 (嘴 牙鳥) 에드러간다흠은그다른형샹과힝습ᄒᆞ는거슬보아서쵀아됴 (嘴牙鳥) 에드러가 눈줄알거시라그즁에혹은원초쵀됴 (圓錐嘴鳥) 굿기도ᄒ고쵀아됴 (嘴牙鳥) 와굿기도 ᄒ니어느무리에드러가야됴홀넌지동물박학스라도서로합ᄒ게못ᄒᆞᄂ니라

(二) 기고마리 (Shrike) 鵙 눈부리에니가잘보임으로쵀아됴의쟝본이라할수잇ᄂ 니이긔고마리에힝실은식육됴 (食肉鳥) 와굿흔딕먹는거슨작은새와네발가진작은즘 셩과파ᄒᆡᆼ동물 (爬行) 과뫼쑥이굿흔춤부를잘먹ᄂ니라졔먹을거슬잡으려할때에가만 히안져잇다가졔먹이가뵈면갑쟉이압셰가서잡고그즁에혹은 뒤로먹은후에남은거슬가시나무에달아두ᄂ니라

(三) 션명됴 (Warblers) (善鳴鳥) 무리눈몸이쟉고부리눈조곰길고간흔듸샃히고부러

파지족	쎄은작	과속	류	종
등더	듁	안잘	양모	명션 됴	리마고기	밤쇠쇼리
심운새	디	눈잇		됴쥬기	빅령
쎼피	새	것	리부	빅연경	왕새	됴셜	향나무새

뎨십ぐ쟝

지고어속어속ㅎ니라소리잘ㅎ는새눈거반다
이무리에드러갓스며이션명됴가온세샹에거
반다퍼졋는듸미국부쥬에눈마흔네가지와잇
느니라이새들의ㅎ눈직분은나무가지와나무
님사귀와쏫세스라눈버러지를셩ㅎ지못ㅎ게
ㅎ느니그부리모양은버러지잡기에뎍당ㅎ
셩겻느니라이새는이옴거둔니기를잘ㅎ야
울이되여제먹을버러지가업셔질ㅼㅐ에눈남편
으로가고봄이되여북편에제먹을거시다시싱
길ㅼㅐ에눈남편으로브터북편으로다시도라오
느니라이즁에ㅎ가지눈밤쇠쇼리(Nightin-
gale)(夜鶯)라ㅎ눈듸이새눈흥샹황혼부리은들
밤에우느니그소리가쳥결ㅎ고멀니가며히

(四) 긔ㆍ쥬됴 (Thrush)(鶇鸎)눈수효가만코서로크게다른거시니이새들도곳마다잇
드름즉ㅎ니그럼으로그소리가다른새소리보다더옥아름다오니라
고션명됴와굿치버러지를먹으며그밧긔도달팡이와다렁이와여러가지실과를먹느니

百三

라 형샹은거반션명됴보다큰디그즁에소릭잘ᄒᆞ는새가만코쏘이즁에빅령(Mocking bird) (百鴿) 122 屬 이라ᄒᆞ는새는졔소릭만잘홀ᄲᅮᆫ아니오다른새들의ᄒᆞ는소리라도쏙쏙이옴기는듸이새가그즁ᄒᆡ기됴화ᄒᆞ는거슨오릭동안소릭를ᄒᆞ다가갑작이머뭇추고양오양오ᄒᆞᄂᆞᆫ고양이소릭나톱질ᄒᆞᄂᆞᆫ소릭를서로셔셔ᄒᆞ기됴화ᄒᆞᄂᆞ니라

(五) 경연 (Flycatchers) (京燕) 무리눈여러가지되지못ᄒᆞ나널니퍼진거시라이새가날아가면셔버러지를잡아먹는듸부리아금치가넓어셔입을크게벌닐수잇ᄂᆞ니이러케ᄒᆞ는것과부리좌우녑헤가시잇ᄂᆞᆫ거슨활구됴(闊口鳥)와굿ᄒᆞ니라이새들이가만히쉬지안코흥샹날아만가고쏘다리가작고힘이업스며이즁에ᄒᆞᆫ가지ᄂᆞᆫ새즁에담이업ᄂᆞᆫ새니왕새(King bird)라ᄒᆞ는디이의새셩졍이사오나와졔잇ᄂᆞᆫ디에다ᄒᆞᆫ겁이이오면다쏫차닉ᄂᆞ니가마귀와독수리굿치큰새라도능히디뎍ᄒᆞ야그우ᄒᆡ로고와ᄂᆞ려와서날기로쏘아멀니쏫차닐수잇ᄂᆞ니라

(六) 빅셜됴(Chatterers) (白舌鳥) 는만치안는거신듸소릭가부ᄒᆞ고가비야와즛셰히듯기어려오니라이즁에ᄒᆞᆫ나무새라(Cedarbrrd) 154 屬 ᄒᆞᄂᆞᆫ새는가울이면먼북편에셔이십마리부터빅마리ᄭᅡ지무리를지여나남편격도셕지가는거시니양력으로스월되여졔됴화ᄒᆞ는잉도와오듸ᄂᆞᆨ기젼에다사북편으로옴가가ᄂᆞ니이새가이런됴ᄒᆞᆫ열믹를먹으나사름의게유익ᄒᆞᆫ거슨곡식희ᄒᆞ는여러가지버러지를다먹으며쏘이무리가다이

예섭소쟝

百四

지파	더등	심운	쎠피
족쎄	륙디	새	
쎄은작	안잘	디것	새
과속	간흔	부	리
류	봉쟉 일됴 식밀됴	딕승	초뇨
종			

샹흔거슨 날기 엇해 동곳과 굿치 붉은 거시 잇느니
라 125 지 그림을 보시오

(七) 잘안는쟝쳡혜됴(雀屬類 Tenuirostres) 즁에 셋지는 간흔부
리잇는쟝쳡혜됴(長尖嘴鳥)니
이는 부리가 길고 도 간흔거 신듸 이러케된 거슨 곳
속에 잇는 단물쌀기와 작은 버러지를 잡아 먹기에
덕당케 흠이라 날기 눈길고 다리 눈 쟉으며 형샹은
거반 다 쟉고 약흔지라 쳣지는 봉쟉(蜂雀)이오 둘
지는 일됴(日鳥)요 셋지는 식밀됴(食蜜鳥)요 네지는 딕승(戴勝)이오 다 슷지는 초뇨
(鶺鴒)라

(八) 봉쟉새 (Humming bird) (蜂雀) 126 는 삼빅가지나 되는듸 다 미국에 잇고 두어
가지밧긔는 다 젹도 디방에 잇는 나라이는 새 즁에 몸이 뎨일 작고 빗치 뎨일 환흔 거시니 제
새가 몸은 쟉으나 날기는 크니 다른 새들에 몸과 날기된 거슬 비교 ᄒᆞ여 보면 이 새 날기 눈 제
몸 된 것 보아셔는 업시 크니라 그런 고로 나눈 힘이 대단히 만 ᄒᆞ야 살듸와 굿치 쌀으며 ᄯᅩ
곳 속에 잇는 단물을 쌀 ᄲᅢ에 나 버러지를 잡아 먹을 ᄲᅢ에는 안 지 안 코 흉샹 날면서 먹으며 이

새가 날음이 심히 쌜은고로 날때에 날기 소릭가 버러지 소릭와 굿고 또 이샹훈거슨 혀가 베여 둘에 갈나졋는디 길고 둥군거시라

(九) 일됴 (Sunbird) (日鳥) 눈디 구동편에 만잇는디 이새도 빗치 환호니라 그 혀와 힝습은 봉쟉과 굿호나 먹을거슬 차즐때에는 봉쟉과 굿치 솟우흐로 날아가면서 먹지 안코 안자서 먹으며 또 봉쟉과 굿지 아니훈 것흔 가지 잇는디 봉쟉새 눈 귀를 찌르는 소릭 밧긔 눈 눗지 못홍 나 일됴 눈 됴흔 소릭 만호 느니라 이 새가 아푸리가와 아시아와 태평양섬에 잇스 니 하와이 셤에 잇는 됴흔들이 그 털을 쟝식을 귀히 녁임으로 갑시 만흐니라

(十) 식밀됴 (Honey suckers) (食蜜鳥) 눈 오스트렐니아와 그 갓가온 셤 밧긔 눈 업고 디 로 펫치 기도 호고 덥기 도 호 느니라

(十一) 초뇨 (Creepers) (鶺鴒) 128 쟙 은 유로바와 아시아쥬에 잇스니 머리에 관이 잇서 제 무옴 디잇고 반목됴 (攀木鳥) 와 굿 호 것도 잇스니 나무에 올나 갈때에 눈 바로 올나 가지 안코 빙글 도라서 올나 가는 디올나 가면서 나무 싹 디기에 잇는 버러지를 차자 먹으며 그러케 올나 가 느니라

또 후두새와 밥새와 먹새들이 다이 쵸뇨 (鶺鴒) 류에 드러 가 느니라

(十二) 쟉속류 (雀屬類) 중에 넙은 부리 잇눈 활구됴 (Fissirostres) 闊口鳥 눈 임의 십 삼 쟝 두 결에 말호엿 눈 디 입이 넙고 입좌우 아금 치에 가시 가 잇는 거시 날아가면서 버러지를 잡아

157 · 동물학

파지족쎄	등더쎄	심운	뼈피
작은과속류종	은넓잘안눈	류디 새	새새것리식봉됴
	문모됴제비식츙쟉화려량새		

(흘) 문모됴 (Goatsuckers) (蚊母鳥) 129 題

먹기에뎍당ᄒᆞᆫ줄은분명히알거시니췌아됴 (嘴牙鳥) 즁에도혹은이와ᄀᆞᆺᄒᆞᆫ거시잇는ᄃᆡ경연 (京燕) 이그러ᄒᆞ니라거반다벌기를잡아먹으나이류에드러가는큰것즁에혹은믈고기를잡아먹ᄂᆞᆫ 거시잇ᄂᆞ니라는호면여숫무리니쳣지는문모됴요 (蚊母鳥) 둘지는제비오 (燕) 셋지는식츙쟉이오 (食虫雀) 넷지는화려요 (華麗) 다ᄉᆞᆺ지는량새오 (梁鳥) 요여숫지는식봉됴라 (食蜂鳥)

눈거반다밤에돈니ᄂᆞ니그림으로밤에돈니는부형이와ᄀᆞᆺ치날키털이부드럽고빗치회식으로되엿스니경연 (京燕) 과제비 (燕) 들이자라고드른후에이문모됴가박쥐와ᄀᆞᆺ치어슬어슬할때에나와서싸우희낫추떠서날아단니ᄂᆞ니라박쥐는경시츙부 (硬翅虫部) 를잡아먹으나이문모됴눈몸이연ᄒᆞᆫ밤각시굿ᄒᆞᆫ거슬잡아먹는ᄃᆡ제먹는거시그입에훈번드러가면졸연히나오지못ᄒᆞᆫᄂᆞ니이눈 입좌우편에잇는가시가나오는거슬막고제입에훈연히 모됴가발에이샹ᄒᆞᆫ것을나히잇스니발당가락에톱이길혀졋서빗과ᄀᆞᆺ치되엿스니이거 시무슴쓸ᄃᆡ잇는지조셰히알수업ᄂᆞ니라 130 그림을보시요

메십ᄉ쟝

百七

뎨삽ᄉ쟝

(齒) 제비 (Swallows) (燕) 131 蠟 눈놀긔힘이만코입이넓고다리가짥으며놀긔짓촌길고곳으며섚쥭ᄒ고ᄭ리눈길고도갈나진거시니이새의온몸이다날닉기에뎍당ᄒ게문둔거시라졔비즁에사ᄅᆞᆷ의집쳠하에집짓기를됴화ᄒᄂᆞᆫ것도잇고혹은물갓가온언덕에구멍을파고집짓ᄂᆞᆫ것도잇ᄉ며쏘혼죵ᄌᄂᆞᆫ太平洋셤에셔나ᄂᆞᆫ디그집은졔입으로나오ᄂᆞᆫ춤으로지엿ᄉ니그춤이쳐음에눈류질인고로ᄒ르나 차차 마르면류리와굿치든든ᄒ게되ᄂᆞ니그거슬쳥국사ᄅᆞᆷ들이맛잇게먹눈고로쳥국히구에사드리눈갑시심히만ᄒ니라

(寅) 식츙쟉 (Todies) (食虫雀) 은빗치환ᄒ고쌸니나눈새니거반다젹도디방밧긔눈업ᄂᆞ니라

(癸) 화려 (Trogons) (華麗) 132 蠟 눈이에지극히고흔새니털빗츤오셕이오ᄭ리눈길기가셕자이라아시아남편과아메리카에셔나ᄂᆞᆫ디그소릭가부ᄒᆞ야쑥쑥ᄒ지못ᄒᆞᆫ고로사ᄅᆞᆷ이그소릭를드러디셔나눈지알수업ᄂᆞ니라멕스고국귀흔사ᄅᆞᆷ들이혹님금의일가이나혹관쟝들이이새털갓쓰기를마치쳥국귀흔관쟝들이공쟉새털갓쓰듯ᄒᄂᆞ니라

(子) 랑새 (Kingfisher) (梁鳥) 133 蠟 눈믈고기를잡아먹ᄂᆞ니빗치환ᄒ고형샹이보기됴흐니라

(大)식봉됴(Bee-eaters)(食蜂鳥)는 미국에는 업스나 아시아와 아푸리사와 오스트렐니아에 잇느니라

습 문

· 문○췌아됴에 드러 간 무리는 무어시뇨○이 무리가 다 부리 좌우편에 무어시 잇느뇨○여러 무리 즁에 췌아됴에 쟝본은 어느 무리뇨○션명됴는 엇더 ㅎ뇨○빅령은 엇더 ㅎ뇨○경연은 엇더 ㅎ뇨○왕새는 엇더 ㅎ뇨○빅셜됴는 엇더 ㅎ뇨○안는새 쟉 속류를 론 중에 셋지 새는 무어시뇨○그 분별 훈거시 무어시뇨○쟝쳠췌됴에 드러 간 무리 가 몃치며 무어시뇨○봉쟉새 날기는 엇더 ㅎ뇨○혀는 엇더 ㅎ뇨○윙윙 ㅎ 는 소릭는 엇더 ㅎ 케 ㅎ 는 뇨 ○ 일됴는 엇더 ㅎ 뇨 ○ 식밀됴는 엇더 ㅎ 뇨 ○ 되승은 엇더 ㅎ 뇨 ○ 초뇨는 엇더 ㅎ 뇨 ○ 쟉 속류 즁에 넷지 속은 무어시뇨○이 속에 드러 간 새 분별 훈 거시 무어시뇨○문모됴는 엇더 ㅎ 뇨 ○ 쟉 속류 즁에 넷지 속은 무어시뇨○제 비는 엇더 ㅎ 뇨 ○ 식봉됴는 엇더 ㅎ 뇨 쟉 은 엇더 ㅎ 뇨 ○ 화려는 엇더 ㅎ 뇨 ○ 랑새는 엇더 ㅎ 뇨

뎨십오쟝

뎨십오쟝은 반목됴(Scansores) (攀木鳥) 와 소발됴(Rasores) (搔撥鳥) 와 치주됴의(Cursores) (馳走鳥) 과를 의론홈이라

지족떼	등더	심운	쎠피
작은과속류종	새디륙	새	새
	잘이잡무나	눈ᄒ	것
	잉무	거췌됴	
		리썩더구	
		두견	

(一) 류디에둔니는새 즁에셋지무리는 반목됴 (Scansores) (攀木鳥) 과 니이는 나무줄기나 가지를 잡고잘올나가는새라 발가락은 녓시 잇는듸 둘은 압흐로향ᄒ고 둘은 뒤로 향ᄒ엿스니 라이새가 나무에 오르며 나리는 일을만히 힘으로 다리이만코 놀아가 눈쌔 는 별노 만치 아니ᄒ니 놀기가 작으니 라이과에 드러 간 거시 네 무리 잇스니 첫재 는잉무새요 (鸚鵡) 둘재는 거췌됴 (巨嘴鳥) 솃재는 두견 (杜鵑) 새라이네

더구리오 (啄木鳥) 넷재는 떡더

(二) 잉무새 (Parrot) 鸚鵡 는

흐며 ᄂᆞ리 기에 덕당ᄒ게 싱긴 거슬 보니 다 흔 과 에 드러 갈 듯 ᄒ 나 그 몸 이 나 무 에 올 가지 무리가 각각 서로 크게 굿지아니ᄒ니 각각 다른과에드러가는줄알지나라 눈 다른 새 와 분별 된 거시 부리 가 잛고 든 든 ᄒ며 구부러 진 것 과 혀 가 두 텁 고 살 진 거 시 라 이 눈 격 도 다 방 에 도 잇 고 온 ᄃᆡ 일 더 운 곳 에 잇 눈 되 이 새

百十

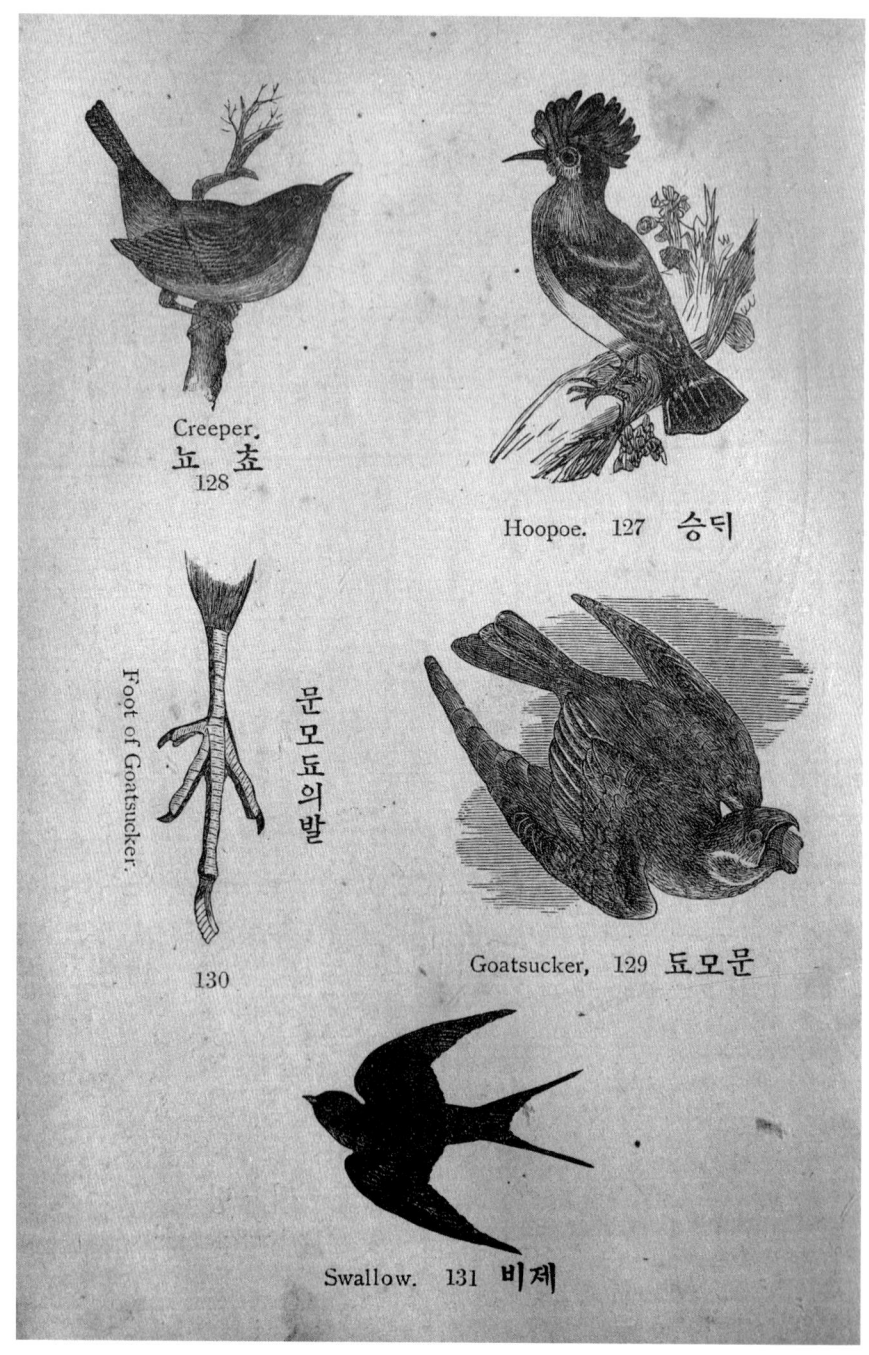

Creeper. 뇨쵸 128

Hoopoe. 127 승딕

Foot of Goatsucker. 문모됴의발 130

Goatsucker. 129 됴모문

Swallow. 131 비졔

Toucan.
됴 췌 거
135

Trogon.　132　려 화

Kingfisher.　133
새 랑

Parrot.　134　새무 잉

가 ᄅ 침을 잘 밧는 고로 아모 소리 던 지 입 닉 일 수 잇 고 쏘 이 새 가 다른 새 들 보 다 붓 잡 기 를
잘 ᄒ ᄂ 니 이 새 가 지간 만 흔 것 과 나 무 에 흥 샹 잇 ᄂ 거 슬 혜 아 려 보 니 새
가 온 ᄃ 잉 무 새 가 포 유 슈 (哺乳獸) 슈에 잣 나 비 와 굿 ᄒ ᄂ 거 시 라 미 국
무 새 ᄒ 나 히 잇 스 니 침 처 를 녀 무 됴 와 ᄒ ᄂ 번 은 가 만 히 침 처 잇 ᄂ ᄃ 가 서 그 침 처 를
도 젹 ᄒ 여 먹 으 려 ᄒ 다 가 그 더 운 물 이 제 머 리 에 ᄒ 번 뛰 미 그 머 리 털 이 다 싸 진 지 라 이 새 가
제 머 리 에 털 업 ᄂ 거 슬 붓 그 러 워 ᄒ ᄋ ᄋ 마 동 안 사 ᄅ 음 을 ᄃ 홀 ᄯ 마 다 제 머 리 를 감 초 느
후 날 에 ᄯ 더 흔 민 ᄃ 머 리 로 인 이 그 집 에 드 러 가 니 잉 무 새 가 그 로 인 을 보 고 웃 ᄉ 며 ᄒ ᄂ 말
이 네 가 침 처 를 도 젹 ᄒ 여 먹 엇 ᄂ ᄂ ᄀ 힛 스 니 이 ᄂ 그 새 가 본 릭 제 임 의 ᄃ 로 ᄒ ᄂ 말 이 아 니 오
남 의 말 을 듯 고 그 ᄃ 로 ᄒ ᄂ 거 시 라
(三) 거 훼 됴 (Toucan) (巨嘴鳥) 135 鸜 눈 남 아 메 리 사 에 서 나 ᄂ ᄃ 그 부 리 가 희 융 (海絨)
과 굿 ᄒ 야 크 고 가 빅 야 오 니 그 부 리 로 써 씨 드 ᄅ 알 기 를 잘 ᄒ 며 졸 ᄯ 에 ᄂ 부 리 를 제 털 아 리
감 초 니 이 러 케 힘 은 그 부 리 가 무 어 세 다 치 면 샹 을 가 흠 이 라 ᄯ 긴 쇼 리 가 잇 스 며 혀 좌 우 녑
헤 ᄂ 돕 나 와 굿 치 어 석 어 석 ᄒ ᄂ ᄃ 그 ᄀ 스 로 제 쇼 리 와 털 을 다 듬 을 ᄯ 에 찬 빗 과 굿 치 쓰 고 먹
(四) 쳑 더 구 리 (Woodpecker) (啄木鳥) 136 鸜 무 리 ᄂ 오 스 트 렐 니 아 흔 곳 밧 긔 ᄂ 업 ᄂ ᄃ
눈 거 쇼 손 쳐 소 와 고 기 를 다 잘 먹 ᄂ 니 라
가 업 ᄉ 니 흥 샹 나 무 싹 ᄃ 기 를 쏘 아 싹 ᄃ 기 가 속 에 나 나 무 틈 에 잇 ᄂ 버 러 지 를 찻 ᄂ ᄃ 버 러 지

데십오쟝

를보면즉시혀몃흐로쩌르니이는그혀가샛족호고또혀몃헤샛족혼가시가잇서버러지를찔너죽이고또혀에풀과깃치붓는춤이잇서심히작아혀로능히쌔를수업는벌기라도그춤으로붓혀먹느니라쇠리털가온딕도긋은털두어미가잇는딕털몃히샛족호야가히나무에라도쇠즐슈잇스니그런고로나무를쪼흘때에그발만나무에붓치는것이아니오그털노도의지호야붓치느니라집은느새와굿치짓지안나코무속에혼구멍을뚤으고구멍속에알을낫느니라

(五) 두견 (Cuckoo) (杜鵑) 무리는만흔딕거반다온딕중에도데일더운곳에잇느니라이새중에호나흔제알나흘집을짓지안코다른새집에알을낫느니이새식기짠후에그식기도제어미무음과굿치간샤호야다른새식기를던져브리고그집에거호는딕그일을모르게호는고로그양모되는새가제식긴줄알고잘보호호느니라

(六) 새중에넷지과는 소발됴 (Rasores) (搔撥鳥) 니이는버릿기를잘호는새라이과에드러간새들은오곡과여러가지씨를잘먹으니싸헤잇기를됴화호는딕몬져본새눈날아가기를잘호는새도잇고나무에잇기를됴화호는새임의본새는나논힘이작고그다리는거름잘것기만치고쌋돕이작고든든호게된거시제먹을거슬차즈랴고버릿기잘호기에덕당호게된거시길고쌋돕이작고든든호게된거시라이새들이각각저만도라보고짝을지어두니지안흐며숫커숀그식기를상관업눈

줄 알고 조곰도 도라보지 안ᄂᆞᆫ되 그 식기ᄂᆞᆫ 갓 난 후에라도 족시 제 먹을 거슬 찻ᄂᆞ니라 이 새들이 길드리기가 쉽고 ᄯᅩ 새 즁에 데일 사ᄅᆞᆷ의 게 유익ᄒᆞᆫ 거슨 이 새를 이 먹음즉ᄒᆞᆫ 거시라 숫 거세털은 거ᄉᆞᆯ 반다 머리에 관이 잇스되 암ᄭᅥᆺ 손슷ᄭᅥᆺ만 못 ᄒᆞ니라

지족쎼(은작)	파쎼 류릿버	등더 새 눈것	심운 새 디 눈	쎄피
과 속 류 죵	비	둙	금	명

(七) 눈혼 거시 널곱류이니 첫재ᄂᆞᆫ 비둙이(鳩) 오 둘재 ᄂᆞᆫ 금명(禽名) 이오 셋재ᄂᆞᆫ 셩(雉) 이 오 넷재ᄂᆞᆫ 치구(雉) 요 다ᄉᆞᆺ재ᄂᆞᆫ 엄췌됴(掩嘴鳥) 요 여ᄉᆞᆺ재ᄂᆞᆫ 테너무 쓰 무리 오 닐곱재ᄂᆞᆫ 대족됴(大足鳥) 니라

(八) 비둙이(Pigeon)(鳩) 137 齲 ᄂᆞᆫ 이과에 드러간 것과 나무에 잇기됴화ᄒᆞ고 ᄂᆞ라가기 잘ᄒᆞᄂᆞᆫ 것과 ᄯᅵᆺ발 가락이 다른 무리에 뒷발 가락과 ᄀᆞᆺ치 놉히 나지 안코 잘 ᄠᅳᆫ 새와 ᄀᆞᆺ지 아니여러 가지 다른 무리와 ᄀᆞᆺ지 안는 것두어 가지 잇스니 자웅이 싹ᄒᆞᆫ 눈 안ᄂᆞᆫ 새 와 ᄀᆞᆺ치 압발가락과 ᄒᆞᆫ 듸서 난 거시라 이 여러 가지가 다른 여러 무리와 ᄀᆞᆺ치 아니ᄒᆞᆷ으로 동물박학ᄉᆞ 즁에 더러ᄂᆞᆫ 이 비둙이를 ᄯᅡᆫ과에 드러간다 말ᄒᆞᄂᆞ니라 이 비둙이 식기ᄂᆞᆫ 작은 병 아리만치 잘것지 못ᄒᆞ며 ᄯᅩ 석 기먹이 이 샹ᄒᆞᆫ 거시 이 둘인듸 ᄂᆞ에ᄂᆞᆫ 눈 살먹 이 얇고 판판ᄒᆞᄂᆞ니 그 어미새가 알을 안ᄒᆞᆯ 동안에 ᄂᆞᆫ 그 살먹 이 변ᄒᆞ야 가 족이 두럽고 작은

데 십 오 쟝

百十三

뎨십오쟝

덩어리가싱기느니이덩어리가졋갓흔즙을니여졔먹은식물을부드럽게하는디그식물이문문호게된후에도로비앗아서석기를먹이느니무론자웅하고다이러케하느니라

(九) 놀기를샐니항야흔푼동안에륙리식가느니뎐보나기젼에유로바사룸들이항샹비둙이를가지고셔간을붓치는디그법은셔간을날기밋혜미고초로그발에발으느니이러케흠은날기만항고쉬지못항는디라엇지그런고하니날아갈때에발이더워서조열항게되면문득강변에안자발을겨시되만일초를발으면발이조열항지아니항야쉬지안코바로가느니라대뎌신왕복항는거슨본릭비둙이가항는일이아니로되그러나당초그르침을밧아서그러케항느니가령오늘비둙이를일리밧괴노항도라오거든그후에눈가히비둙이로항여곰서간젼항눈소령을삼느니라비둙이무리는셰샹곳마다거반다잇느니라

(十) 버릿눈새즁에이졔깃흔솟무리눈계류(Gallinaceous)(鷄類)인딕금명(Curassow)

(禽名) 무리눈남아메리싸젹도딘방에만잇스니이눈둙보다크고길드리기도쉽고가히먹을만흔새니라

(土) 씽(雉) 무리를말홀터이니그뒤발가락이놉흔딕서남으로그숫만겨우싸헤딕일수잇고거반다메느리발톱은항나히나둘이나잇느니라둙(鷄)과화계(火鷄)와씽(雉)과

뎨십오쟝

공쟉(孔雀)과 쥬계(珠鷄) 굿흔거시이무리에드러가 눈디이즁에둙(Chicken) 138 몰 이곳마다퍼졋느니이거시길드리기에여러가지각식으로되엿느니라본곳은인도아인디그곳수풀속에만히잇느니라

(土)화계(Turkey) (火鷄) 143 몰 눈북즁아메리사에서나눈디임의쎵무리에잇눈것즁에관즈가예서더큰거시업느니이눈부드럽고피만흔가죡갈피이니화계를혼번격동식히면사룸의낫치붉어지눈다털이업고쏘쇼리를펏

(土)쎵(Pheasant) 은아시아여러곳에잇눈디그즁환호거슨수마듸라와말나가셤에잇누니 이두셤과아시아동남편에잇느니라

(土)공쟉(Peafowl) (孔雀) 140 몰 은미국과인듸아에서나눈디털빗촌훈모양이아니오 록식이더만흐니나라수커슨쉬리가삼스자이나길고쉬리털마다눈이잇눈디쎄로고흔거슬여느니빗눈의복닙은사룸을보면더가즉시제고흔평풍을열어빗눈자랑ᄒ 나라소릭눈듯기됴치못ᄒ며그발도민우싁싯지못ᄒ되오직평풍을열때에눈수다훈눈

지족셰	등더	심운	쎠피
작은과속류종	류버릿	새디눈	새디것
둙 화계 쎵 쥬계 공쟉			

百十五

뎨십오쟝

들이더옥보기아름다오니이는다른새들이능히밋출수업는니라이공쟉새쇠리를쳥국서못짓차구라일홈ᄒᆞᄂᆞ니쳥구황뎨씌셔셔울과밋각도에공이잇고귀ᄒᆞᆫ관쟝들의게샹급을주ᄂᆞᆫ듸이공쟉미를쳥국에셔황뎨씌공물ᄒᆞᄂᆞᆫ례가잇ᄂᆞ니라

(五) 쥬계 (Guinea fowl) 珠鷄 141 눈몸이길기가ᄒᆞᆫ쟈인듸처음에는아푸리카에셔만나더니그후에엇던사ᄅᆞᆷ이유로바에가져간고로요사이는이둙죵즛가그싸헤도만ᄒᆞ니빗촌회식과검은빗쳔뎜이온몸에구슬ᄀᆞᆺ흔뎜이잇고그즁에도머리에털이업고투구와ᄀᆞᆺ치든든ᄒᆞᆫ것도잇고쏘머리우혜털이잇셔관ᄀᆞᆺ흔것도잇스며부리아린눈변두가잇는

되먹는거슨오곡과풀씨와버러지를잘먹고셩졍은셩을잘ᄒᆞᄂᆞ니라

(六) 치구 (Grouse) 雉鳩 무리는아메리카와유로바와아시아북편에잇스니셩무리와분별ᄒᆞᆫ거슨털업는관도업고관즛도업스며환ᄒᆞᆫ빗도업ᄂᆞ니라크고격은거슨져이셔리ᄀᆞᆺ지아니ᄒᆞ니뫼추락이 (Quail) 鶉 142 는별노크지아니ᄒᆞ나유로바에잇는ᄒᆞᆫ가지는숑계 (Ptarmigan) 松鷄 라지죵즛는거반화계만치큰거시잇ᄂᆞ니라이즁에ᄒᆞᆫ가지는다리에셔브터발ᄭᅡ지간흔털이나셔눈ᄀᆞ거시니이눈아메리사와유로바북편에잇는듸다리빗치누릇코차겨울되는듸로덥헛ᄂᆞ니라이털은은셔 (銀鼠) 털과ᄀᆞᆺᄒᆞ야여름에는털빗치누릇코차겨울되는듸로

빗치변ᄒᆞ야횐빗치되ᄂᆞ니라

(七) 엄췌됴 (Sheatbills) 掩嘴鳥 무리는만치못ᄒᆞ고거반다남아메리사에잇스니그코

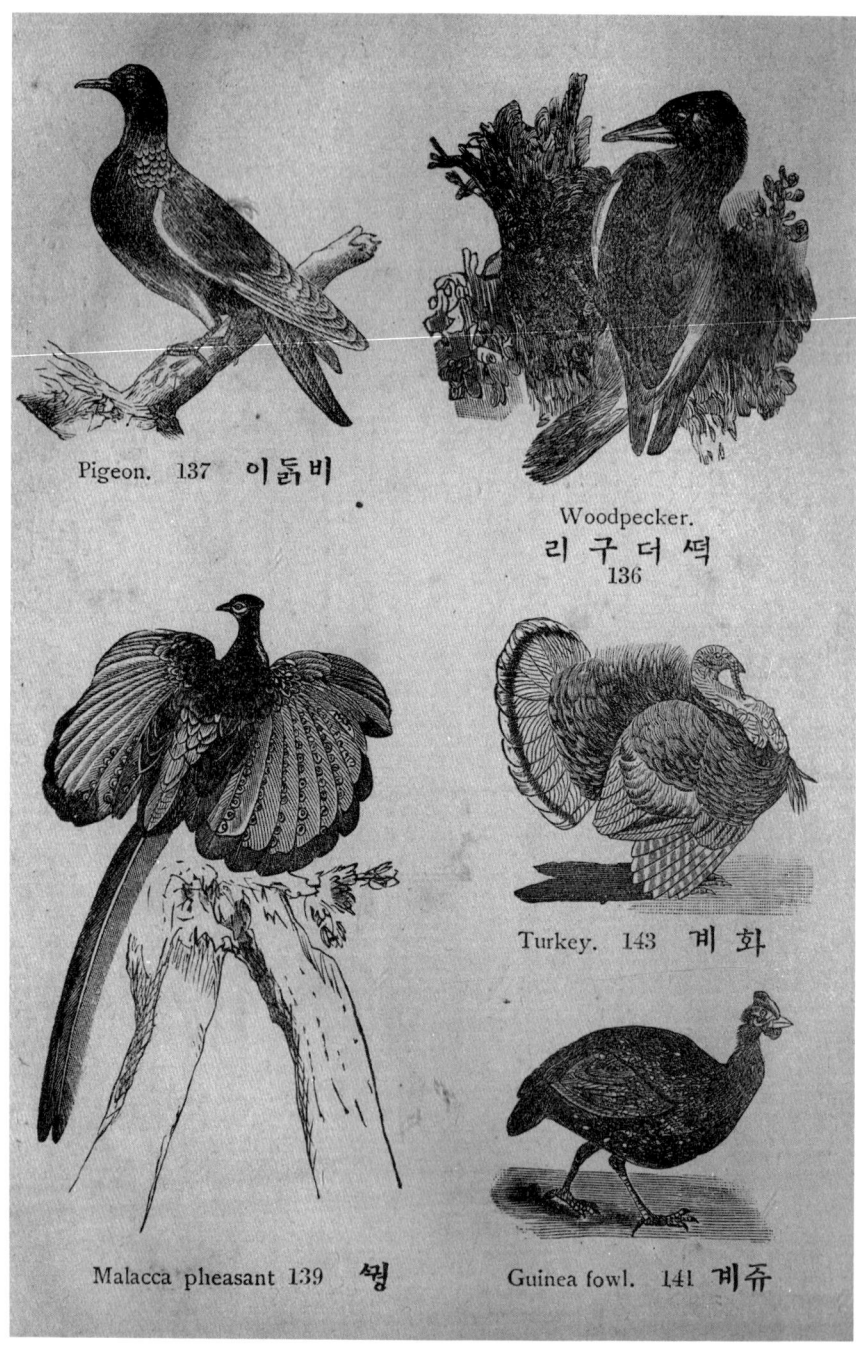

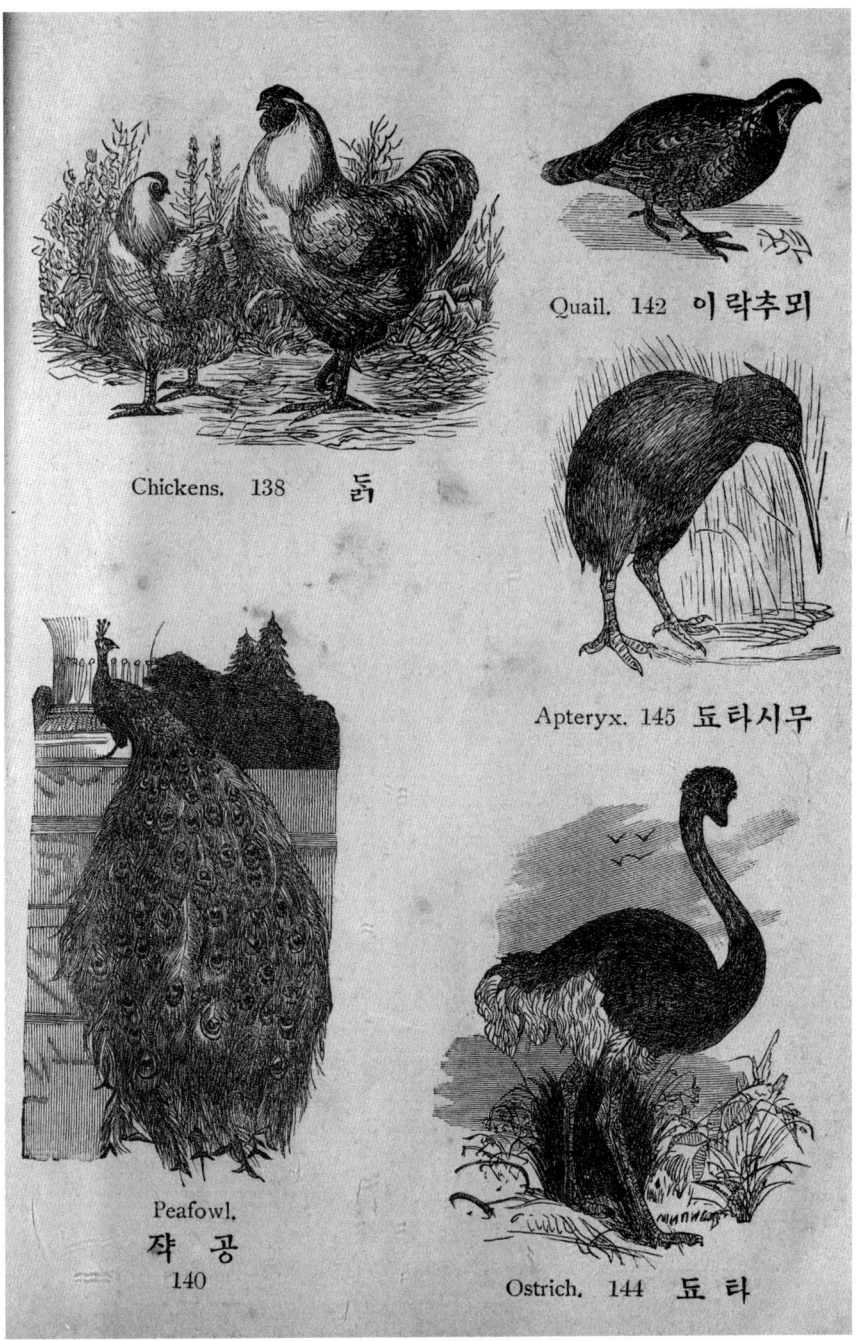

지쪽셰	등더	심운	쎠피
작과속류종	셰은과류종	새디릿	새새것
쳐모초락이송계	츼엄	테나무쓰	거시니
	쵀됴		
		대쪽됴	

구멍을덥는든든호거시잇스며털은눈과굿치환

거시라

(18) 테나무쓰 (Tinamous) 무리도만치못호디이

것

(19) 대쪽됴 (Greatfoot) (大足鳥) 눈 오스트렐니

아와 그갓가온섬밧긔눈업느니이즁에ᄒᆞ나흔산

짓눈새라ᄒᆞ눈디이눈그새가썩은식물을가지고

산을문ᄃᆞ눈딕그가온딕눈소오자이나깁흔지라

그속에알을나ᄒᆞ고두고잘덥느니라그산이믹우큰

오쥬회눈륙십자이라사람들이이산을처음볼때

에눈그곳토인의무덤인줄알앗느니라

(20) 이제눈치쥬됴 (Cursores) (馳走鳥)를말ᄒᆞ려이니이눈새라 도륙디에만든니눈디

거반날기가잇스나둔니눈거슬돕는것밧긔ᄂᆞᆯ기도쟉고그힘줄도쟉음으

로그가슴쎄ᄂᆞ니ᄂᆞ새와굿치압ᄒᆞ로내밀지안코편ᄒᆞ며ᄂᆞᆯ기힘줄은쟉으나다리힘줄

은크고힘이만ᄒᆞ야 다름질을잘ᄒᆞ 거시오털은ᄂᆞ슬ᄒᆞ니라

(21) 타됴 (Ostrich) (駝鳥) 눈새즁에지극히큰거시니몸은여닯자가넘느니라아

뎨십오쟝

百十七

지족		
쪽떼	쟉	
떼은	과	
더	속	
운	류	
새	죵	
디륙		
듯잘		
것눈		
됴 타타됴		
무시타됴		

등새
심운
쎅피새

푸리새와 아랄비아에서 나눈되 그발은 크며 발가
락은 둘이라 이새가 싸흘 때에 발을 쓰느니 이눈
발힘이 만흠이오 또 거름을 쌀니 것느니라 그몸은
즁흥고 쌔 눈다 속이 뷔지 안아 스며 두 날 때에눈
빙돌아 가눈 모양이 잇 스니 몰이라 도 능히 산드르기
어려 오 니라 등에눈 가히 두어 사람이 타며 짓고 알을 그
르기 도흥느니 이새가 집을 모릭 싸 헤짓 고 다른 곳에 가
서 집을 짓느니라 이새들에 눈 일을 본 즉 알을 다 낫코 알 두어 기를 제 집 밧긔 두엇 다 가 쟝
츳제 셕기 먹을 거 예 비흥며 그 알흔 기 즁수 눈 서 근 이라 그 곳 사롬 들 이 그 싹 디기 로 그릇
을 문 드 러 쓰 느 니 이 눈 그 싹 디 기 가 심히 굿 은 연 고 라 도 흔 그 털 이 보 기 도 갑시 심히
싸 니 라 (요 빅 긔 삼 십 구 쟝 십 삼 졀 노 십 팔 졀) 타 됴 가 날 기를 환연 히 다 듬 이 니 그 털 을 앗 김
이 학 새 와 굿 도 다 더 가 이 졍 이 업 서 제 셕 기 도 제 붓 치 처 럼 녁 이 지 안 흐 니 제 수 고 흔 거 시 쓸 되 업
각 지 안 눈 도 다 더 알 을 싸 헤 낫 코 ㅼ 클 우 헤 서 쏘 여 도 발 에 붉 랫 것 과 들 즘 싱 이 붉 흘 거 슬 셩
게 되 엿 스 되 도 로 혀 써 리 지 안 흐 니 이 눈 쥬 씩 셔 더 의 게 지 혜 와 춍 명 을 주 시 지 아 니 흠 이 로
다 뎌 가 눌 기 를 떨 치 고 놉 히 쏠 때 에 눈 물 과 몰 탄 쟈 도 우 습 게 녁 인 다 흥 엿 느 니 라

(22) 무시타됴 (Apteryx) (無翅駝鳥)145 눈 곳누 실란드 셤에셔 나 ᄂᆞᆫ 거신듸 이 새가 이 샹ᄒᆞᆫ 거슨 ᄂᆞᆯ 기 가 숨어 보이지 안 코 ᄯᅩ ᄭᅩ리 가 업 스 며 몸은 둙보다 크고 부리 ᄂᆞᆫ 길고 힘이 잇 스니 졸 ᄯᅢ에 부리 로 ᄡᅥ ᄯᅡ 헤 집 ᄒᆞ 면 마치 로 인 이 집 ᄒᆞᆫ 것 ᄀᆞᆺ 지 ᄒᆞᆫ 지라 먹을 거 슬 차 즈 며 먹 ᄂᆞᆫ 거 슨 ᄯᅡ 헤 모든 버 러 지 라 먹을 거 슬 차 즐 ᄯᅢ ᄎᆞᆺ 혜 잇 ᄂᆞᆫ 듸 밤에 나 아 와 먹을 거 슬 차 즈 며 먹 ᄂᆞᆫ 거 슨 ᄯᅡ 헤 모든 버 러 지 라 먹을 거 슬 차 즐 ᄯᅢ 에 ᄂᆞᆫ 제 눈 힘을 밋 지 안 코 흥샹 코 으 로 더 듬 어 잡 ᄂᆞ 니 라 털 은 심 히 둙 과 ᄀᆞᆺ 히 길 허 사 룸 이 보 기 에 즘 ᄉᆡᆼ 에 털 과 ᄀᆞᆺ 흐 며 발 은 함 이 잇 ᄂᆞᆫ 고 로 ᄯᅩ ᄃᆞ 나 기 를 잘 ᄒᆞ 고 ᄡᅡ 홈 홀 ᄯᅢ 에 도 발 을 쓰 고 알 은 심 히 큰 듸 밋 집 에 ᄒᆞᆫ 기 식 낫 ᄂᆞ 니 라

습 문

문○반목도에 분별 ᄒᆞᆫ 거 시 무 어 시 뇨○거 긔 드 러 간 무 리 ᄂᆞᆫ 무 어 시 뇨○서 로 ᄀᆞᆺ ᄒᆞ 뇨○잉 무 새 ᄂᆞᆫ 엇 더 ᄒᆞ 뇨○새 가 온 ᄃᆡ 잉 무 새 가 포 유 슈 즁 이 무 슴 즘 ᄉᆡᆼ 과 ᄀᆞᆺ ᄒᆞ 뇨○거 ᄎᆑ 됴 ᄂᆞᆫ 엇 더 ᄒᆞ 뇨○쟉 더 구 리 ᄂᆞᆫ 엇 더 ᄒᆞ 뇨○두 견 새 ᄂᆞᆫ 엇 더 ᄒᆞ 뇨○소 발 됴 에 분 별 ᄒᆞᆷ 이 무 어 시 뇨○거 긔 드 러 간 무 리 ᄂᆞᆫ 무 어 시 뇨○비 둙 이 무 리 에 분 별 ᄒᆞᆷ 이 무 어 시 뇨○쇼 화 ᄒᆞ ᄂᆞᆫ 게 ᄂᆞᆫ 엇 더 ᄒᆞ 뇨○얼 마 나 날 ᄂᆡ ᆨ 갈 수 잇 ᄂᆞ 뇨○비 둙 이 밧 긔 버 릿 기 잘 ᄒᆞ ᄂᆞᆫ 무 리 를 무 어 시 라 ᄒᆞ ᄂᆞᆫ○금 명 은 엇 더 ᄒᆞ 뇨○쒱 무 리 에 드 러 간 거 시 무 어 시 뇨○너 ᄂᆞᆫ 둙 은 엇 더 ᄒᆞ 뇨○화 계 ᄂᆞᆫ 엇 더 ᄒᆞ 뇨○공 쟉 은 엇 더 ᄒᆞ 뇨○쥬 계 ᄂᆞᆫ 엇 더 ᄒᆞ 뇨○송 계 ᄂᆞᆫ 엇 더 ᄒᆞ 뇨○치 구

뎨 십 오 쟝

눈엇더ᄒᆞ뇨○엄쳬 됴 눈엇더ᄒᆞ뇨○테 나 무 쓰 눈엇더ᄒᆞ뇨○대 쪽 됴 눈엇더ᄒᆞ뇨○쳐
쥬 됴 파 눈엇더ᄒᆞ뇨⑤타 됴 눈엇더ᄒᆞ뇨○무 시 타 됴 눈엇더ᄒᆞ뇨

데십류쟝은물새를의론함이라

(一) 물새를두가지로분ᄒᆞ면첫재는셥슈됴니 (Grallatores) (涉水鳥) 물에잘것는거시오둘재는유영됴니 (Natatores) (游泳鳥) 물에서헤염치는새라

(二) 물에것기잘ᄒᆞ는새는다리가길고털이업스며목과부리가다길허서능히물에서먹을거슬찻기쉬오니라먹는거슨물고기와연톄동물과 (軟體動物) 물덩이와충부요몸이여우고ᄂᆞᆯ기힘이만흔되이는ᄂᆞᆯ아가기에덕당ᄒᆞ게된거시라ᄭᅩ리는잛음으로너느새와ᄀᆞᆺ치ᄭᅩ리를치로삼아쓰지안코ᄂᆞᆯ째에는발울뒤로설너서처와ᄀᆞᆺ치쓰ᄂᆞ니라물에것는새를논ᄒᆞ면닉첫재는쟉명 (鵲名) 이오둘재는ᄒᆡ변됴 (海邊鳥) 요셋재는학 (鶴) 이요넷재는로즈 (鷺鷥) 요다ᄉᆞᆺ재는관됴 (邊鳥) 요여ᄉᆞᆺ재는사쵸됴 (沙錐) 요닐곱재는앙계 (秧鷄) 니라

(三) 쟉명 (Bustard) (鵲名) 은아시아와오스트레랴에잇는거시니이는타됴 (駝鳥) 와ᄀᆞᆺ치다리힘이잇서ᄃᆞ름질을잘ᄒᆞ는거시오던동물박학ᄉᆞ는치주됴 (馳走鳥) 에드러가는것보니쳐주됴에드러가지안는줄분명히알지라ᄒᆞ나ᄂᆞᆯ기큰것과멀니라도잘ᄂᆞᆯ아가는것ᄀᆞᆺ흔것두어가지잇ᄉᆞ니곡식을잘먹고알은별노집업시싸헤서낫코ᄌᆞ웅이짝을짓지안느니라그중에대쟉명 (Great Bustard) (大鵲名) 146 ᄅᆞᆷ은유로바에잇

데 십 륙 쟝

쟉	죵	속	과	류
은작	파지족	떼	떼	
대쟈명	명	희도변	학도변	죠로	관도	사쵸도	심피	앙계
시녀 립웡				와새	권츄새	걸류	쎠	

등더	심운	새
물것	새	새것

눈새 즁에 뎨일 큰 새니 다른 숫커세 쟝은 넉쟈이요 즁 수 눈 삼 스십근 이라 대한에 잇 눈 니 시가 이 무리에 드러 가 느니라

(四) 희도변됴 (Plover) (海辺鳥) 무리 도 둣기를 잘 ㅎ 눈 딕 거 반다 디구 동편 온 딕 디 방에 잇 눈새 니 제 둔 니 눈 곳 은 희 변 돌 둣 지 잇 눈 딕 와 모리 밧 헤 잇 느니 눌 기 가 크고 날아 갈 때에 눈 비 돔 이 굿 치 빙빙 돌 며 날아 느니라 이 무리 즁 에 립웡 (Lapwing) 이란 새 눈 유로 배에 잇 눈 딕 머리 뒤 쪽 딕 기에 길고 검은 헐 이 잇 고 몸 은 검고 흰 거시 니 날아 갈 때 에 보 기 쉬 오 니 라 147 圖

(五) 학 (鶴) (Crane) 148 圖 무리 눈 아시아 와 유로 바 와 아푸리싸 에 잇 눈 딕 여 름 에 눈 유로 바 와 아시아 북 편에 잇고 가울이 면 인 듸 아 와 이 즙 드 에 잇 느 니 라 이 새 가 날 때 에 눈 놉 히 뗘 나 느 니 아 조 놉 히 날 때 에 눈 편 에 잇 때 에 눈 거 서 머 즈 구 와 달 팡 이 와 디 렁 이 와 오 곡 을 먹 느니 쟝 은 소 오 쟈 가 되 느 니 라

그 몸 은 거 반 보 지 못 ㅎ 나 목 소 리 가 히 드 를 수 잇 스 며 먹 눈 거

百二十二

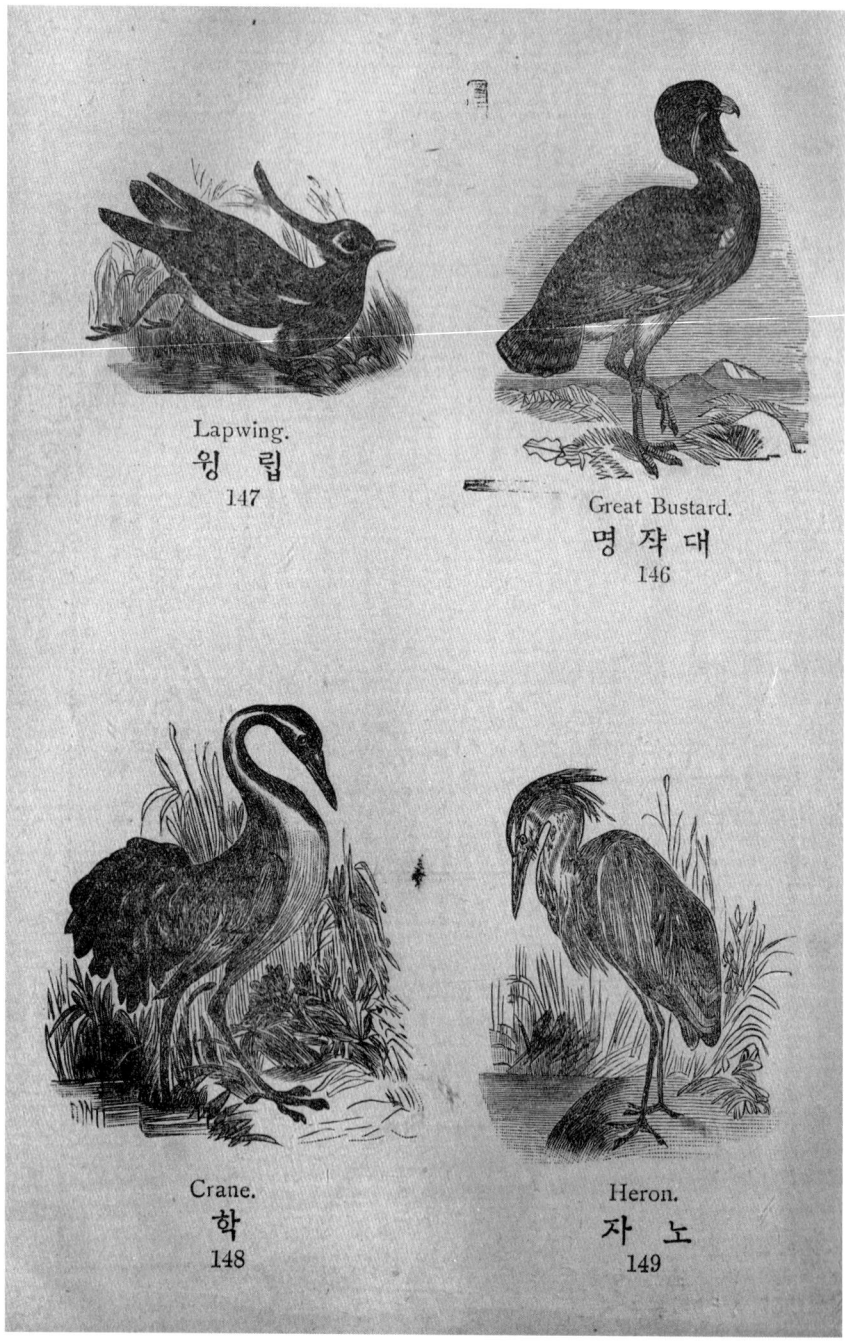

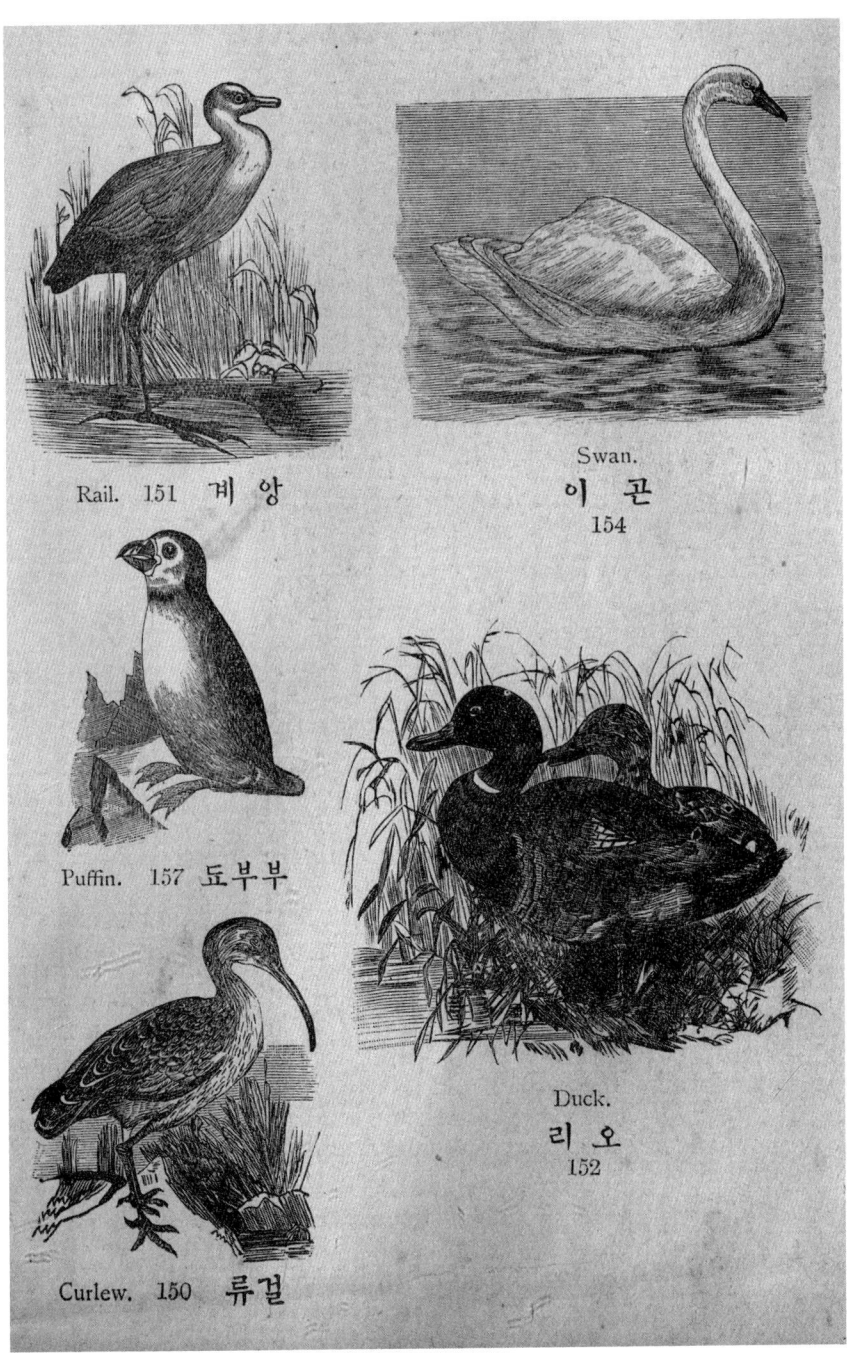

(六) 물에것는새 (涉水鳥) 무리중에장본은로즉 (Heron) (鷺鶿) 149 屬 무리인디대한말노와새라ㅎ는니이눈물에것기에분명히덕당ㅎ거시라강에나못세나슈렁과헤잇서물고기와곤츙과조고마흔포유슈 (哺乳獸) 를먹느니라부리가길고둔ㅎ며멧히샢족ㅎ야물고기를잘잡을수잇는디이로즉가물에것는다른새와굿지아니ㅎ거슨깃슬놉흔나무에드리느니흔들반즘고기를잡아다가제식기를먹여기르느니라

관됴 (Stork) (鶴鳥) 라ㅎ는새는큰새니대한말노권츄새라물에것는새가물에힝ㅎ기를덜ㅎ느니제집은웅우희나다놉흔디짓고쏘이새가놀키혈만조곰검고그밧긔는다희며혹희석도잇스니부리와다리는다붉은빗치라먹는거슨쥐와새양쥐와먹자구굿흔거시나혹내여버린썩은물건을먹으며알은크기가차스죵과굿고알색디기눈흰빗치라집에서길으되사룸을저허지안코셩졍이령교ㅎ야으히들이희룡ㅎ느니라

솔보면뎌도즉시으히들과굿치희룡ㅎ느니라

(七) 사츄됴 (Snipes) (沙錐鳥) 무리눈여러곳에퍼졋는디대한말노됴요새라ㅎ느니라먹눈거슨츙부와다령이와여러가지연톄동물인디그런거슬잡으려ㅎ야길고간흔부리를진흙속에드리미느니이러케흠은제먹을거슬맛나눈디로써듯르아눈되근이잇느니라이무리즁에걸류 (Curlew) 150 屬라ㅎ는새는그부리가구부러진거시니이눈디구동셔북편에다잇고미국에잇는데일큰거슨쟝이두자이오부리는닐곱치브터아홉치석지니

(九) 앙계 (Rails) (秧鷄)151 물 무리에 분별훈 거시 후나 잇는듸 그 발가락이 길허서 진흙과 진푸리에 능히 거러둔닐 수 잇고 그 중에 다른 것도 혹 이러케 진흙에나 진푸리에 잇는듸 풀닙사귀 우흐로 잘것기에 덕당훈 거슨 그 발가락 좌우편에 각각 가죽이 잇느니라 이 무리는 아푸리가와 아시아와 아메리가에 잇느니라

(十) 헤염잘치는 새는 발가락 스이마다 가죽이 이런 하엿스니 헤염칠 때에 발가락을 가지고 노질 훗듯 하눈듸 발을 압흐로 내밀 때에 발가락을 다 모흐고 뒤로 슬 때에 눈 발가락을 펏쳐 쓰며 몸형샹은 일 당빅이 와 굿훈 되로 물에 만힝 하는 새 발은 제몸 뒤로 처우쳐 낫는 되 이는 몸을 니 밀기 쉬오니라 이런 고로 륙디에 힝 기는 심히 편치 못 하고 털은 쎅쎅훗고 기름이 만흐니 몸을 물에 적시지 안케 호며 쏘 목이 다리 보다 긴 거시 업느니 라 이 중에 다 솟 무리 가 잇 스니 첫재는 오리오 둘재는 입슈됴 (入水鳥) 요 셋재는 대오뢱이오 (大鷔客) 빗재는 구됴 (鷗鳥) 요 다 솟재는 당아 (塘鵝) 니라

(士) 오리 (Duck) (鴨)152 물 무리는 도쳐에 다 잇스니 털은 미우 보기 됴코 고기 맛도 됴호니라 그 부리 좌우 녑흔 돕 니와 굿치어 석어 석호야 무론 무어 슬 먹던지 입에 드러가면 건덕이는 걸 니 고 물 만 홀니나 오며 쏘 부리에 셔 듯기 잘 호는 퇴근 (Nerve) 이 잇는 고로 모든 물

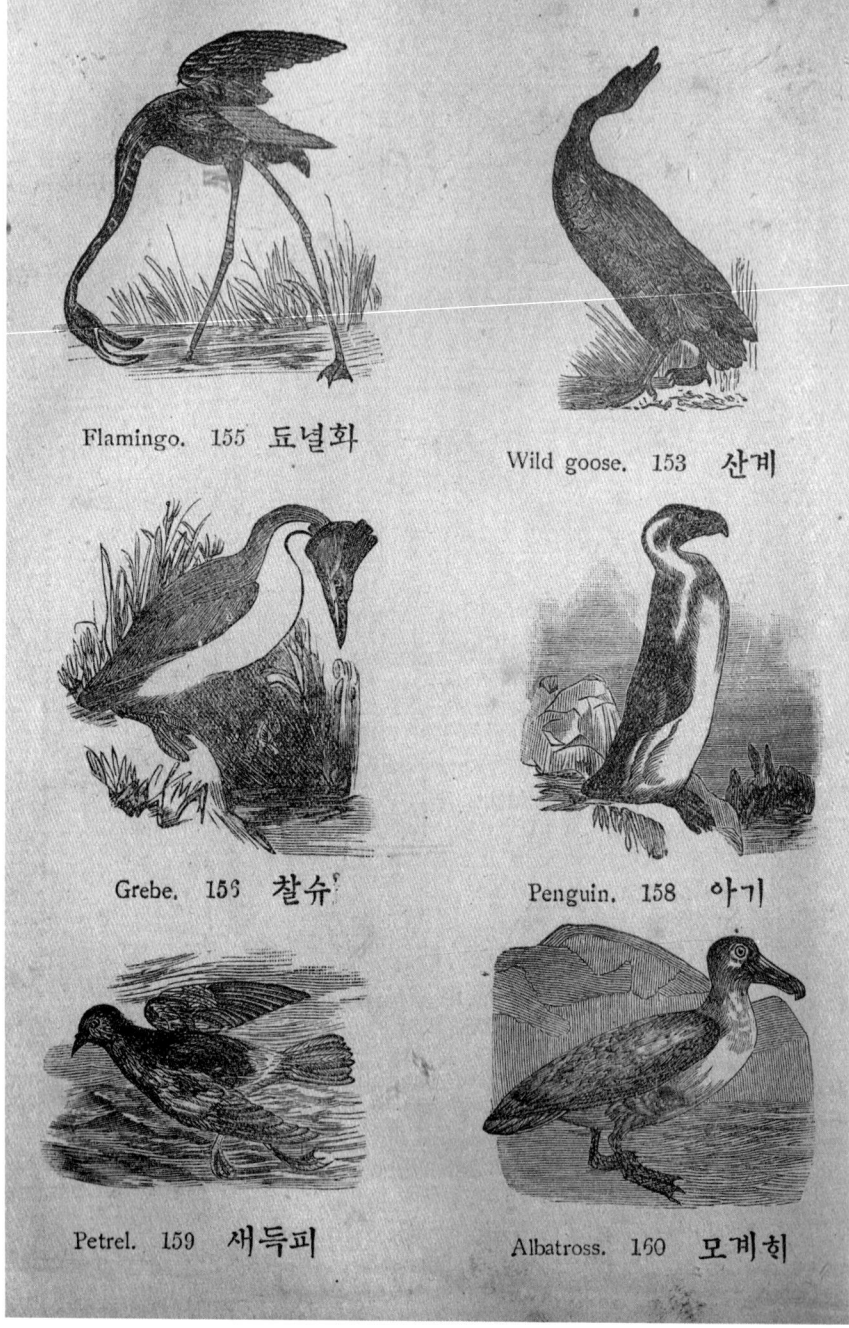

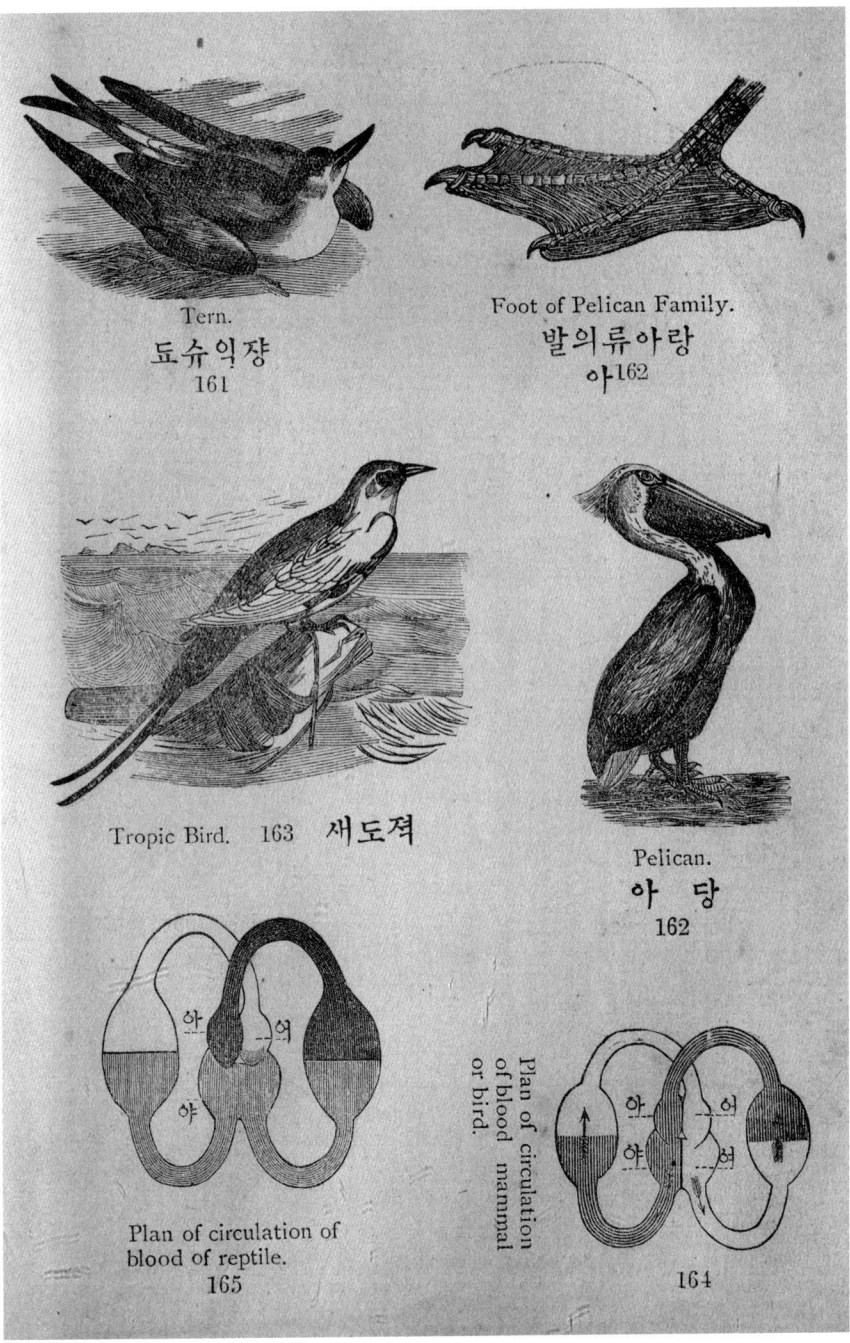

파지	족쎼	쎼은작	과속	속종
등더	심운새	쎼피새것		물처염 헤
오	리	대오긱	구됴	아당
오계리 히곤압 화렬됴	입슈됴 슈찰	부기아 부됴	피득히계모됴 쟝익슈됴	젹도새

건을부리로써잘셔드르알며먹는거슨여러가진
딕츙부와디렁이와연례동믈과오곡이니라
(十二)계산(Goose) (鵝) 은오리무리에드러간거
시니둘다본릭산에잇는오리와길어기 153 鸙에서
느려온거시라이계산은오리보다거룩다에힝ᄒ
를됴화ᄒ니그다리가오리보다압호로난고로
ᄒ기가그다지오리보다거룩지안ᄂ니라이거
시해염치는새과에드러간거시라도물에것는새
와좀곳ᄒ나류디에단니는고로제먹는거슨거반
다오곡과잔씌라
(十三)츔오리를는혼거시들인딕첫재는엿흔닉ᄉ
못셰힝ᄒ눈거시오둘재는깁흔못세나바다에힝
ᄒ눈거시니이둘재것도혜염도잘치고믈속에도
잘드러가눈거시라이둘재종에ᄒ압(Eider duck)
(海鴨)이라ᄒ눈거시잇ᄂ듸디구북편에잇ᄂ니
라이눈털이심히간흔거시니집을짓고알을나흔후에암커시제몸에털을버셔셔그알우희

대십류쟝

百二十五

대십륙쟝

혼갈피롤덥ᄂᆞ니라 사람들이그둥지를차즈면그럴가져가기를깃버ᄒᆞᄂᆞ니이ᄂᆞᆫ그털이쓰는
디가만ᄒᆞᆫ갑시싼연고라 이둘재중에아름다온곤이(Swan) 154 䳓도드러가ᄂᆞ니이새ᄂᆞᆫ
아시아와유로바동편에서나ᄂᆞᆫ듸털빗치희고보기심히아름다온고로사람들이흥샹동
산가온듸두고기르ᄂᆞ니혹다른새가와서차가려ᄒᆞ면뎌가즉시두눌기로보호ᄒᆞ고ᄯᅩ계
산과ᄀᆞᆺ치큰소리를찌르ᄂᆞ니라 ᄯᅩ오스트렐니아에잇ᄂᆞᆫ이샹ᄒᆞᆫ동물중에온몸이다검은
곤이ᄒᆞᆫ가지가잇ᄂᆞ니라

(卤)화렬됴(Flamingo)(火烈鳥) 155 䳓 ᄂᆞᆫ다리가와새와ᄀᆞᆺ치길허물에잘걸어가게
되엿스나그부리가어셕어셕ᄒᆞ야오리부리와ᄀᆞᆺ치된것과발가락ᄉᆞ이마다련ᄒᆞᆫ가죡이
잇ᄂᆞᆫ거슬보너오리류에드러가ᄂᆞᆫ줄알지라 키가오륙자이나놉흔듸온몸이다붉고날기
ᄭᅳᆺ만좀검은지라 부리ᄂᆞᆫ오리와ᄀᆞᆺ고도구부러졋스며제먹ᄂᆞᆫ거슨다물에잇ᄂᆞᆫ거신듸먹
을때에ᄂᆞᆫ목을구부려쳐물속으로너허머리를써쑤로ᄒᆞ고굽은부리를물우흐로향ᄒᆞ야
쳐들고무어슬잡아먹ᄂᆞᆫ듸흥샹무리를지어강가헤가즈러니션후에야먹ᄂᆞ니그중에두
어놈은소면을두루슬펴보며슈직군이되고집은ᄯᅡ우헤짓ᄂᆞᆫ듸집흠으로삼스쟈즘놉게
쌋코그우헤알두어ᄂᆞᆫᄂᆞᆫ듸알을안흘때에ᄂᆞᆫ그다리가너머긴고로다리를제집밧그
로ᄂᆞ러치코잇ᄂᆞ니라

(莄)입슈됴(Diver)(入水鳥) 무리ᄂᆞᆫ날기가잛고그다리가뒤로너머치우쳐난고로셜때

185 · 동물학

데십륙쟝

에눈그몸이곳게셔ᄂᆞ니라먹ᄂᆞᆫ거슨물고기니물
ᄂᆞ니라이무리가다남북편에잇ᄂᆞᆫ디이무리즁에슈찰(Grebe)(水㲉) 156 鼀이라ᄒᆞᄂᆞᆫ거
사잇ᄉᆞ니오리와굿치발가쟉은잇스나서로맛붓지아니ᄒᆞ엿스며물에ᄯᅳ기도잘ᄒᆞ고물
숨박질도잘ᄒᆞ야물속으로가히륙빅자를힝ᄒᆞ야물밧긔나오ᄂᆞ니라륙디로돈니기ᄂᆞᆫ편
리치못ᄒᆞ야몸을뒤여가ᄂᆞᆫ것굿치ᄒᆞᄂᆞ니이ᄂᆞᆫ발만의지ᄒᆞ면너머지ᄂᆞᆫ둣되이라빗
츨말ᄒᆞ면잔등은침황빗과비ᄂᆞᆫ흰거시니엇던거슨머리ᄉᆞ면이다회여옷깃과
굿ᄒᆞ디보기가민우잔ᄒᆞ고검은줄이잇서더옥보기됴ᄒᆞ며집은물가헤짓
ᄂᆞ디ᄋᆞ재가ᄯᅢ로쳬집을ᄯᅥ날ᄯᅢᄂᆞᆫ풀노써쳬집을덥ᄂᆞ니라
(笑)대•오•긱(Auk)(大鶿客) 무리ᄂᆞᆫ입슈됴(入水鳥) 굿치날긔가민우잡고발이몸뒤에서
낫ᄂᆞ니라이무리가혜염칠ᄯᅢ에그날긔를가지고쓰기를마치물고기가짓느러미로헤염
치ᄂᆞᆫ것굿ᄒᆞ니물에서날아간다ᄒᆞᆯ수잇ᄂᆞ니라그즁큰•거•손•기가삼ᄉᆞ자즘되ᄂᆞᆫ딕북극서
만나고다른곳은업ᄂᆞ니라이무리즁에ᄯᅩᄒᆞᆫ가지ᄂᆞᆫ부•부•됴•(Puffin)(呼呼鳥) 157 鼀라
ᄒᆞᄂᆞᆫ디다른일홈은바다잉무ᄂᆞ니이ᄂᆞᆫ부리가잉무와굿흠이라그부리가히마다ᄒᆞᆫ절반식
허물을버스며그빗츤등은검고빈ᄂᆞᆫ희며발은느르며싸홀파고깃슬삼으며알은겨우ᄒᆞ
가만낫ᄂᆞ니ᄋᆞ새가젹도북편에잇ᄂᆞ니라이대오긱무리즁에남북에다잇ᄂᆞᆫ것은가지고
ᄉᆞ니이ᄂᆞᆫ기•ᄋᆞ•(Penguin)(企鵝) 158 鼀라ᄒᆞᄂᆞᆫ거시라물에잇슬ᄯᅢ에ᄂᆞᆫ그놀긔를가지고

百二十七

뎨십륙쟝

죵산지이곳치ᄒᆞᄂᆞ니라

짓느러미로쓰고류디에둔널때에눈압다리로쓰ᄂᆞ니만일뉘가그새괴여가ᄂᆞᆫ거슬보면
가히네발가진즘ᄉᆡᆼ이라할수잇ᄂᆞ니라그즁큰거ᄉᆞᆫ쟝이넉자이오죵수ᄂᆞᆫ슈십근즘되ᄂᆞ
니라ᄯᅩ석기먹이ᄂᆞᆫ거시이샹ᄒᆞ야먹일때에어미새가몬져울면그석기가그소리를듯고
즉시제부리를어미새가ᄉᆞᆷ에두어부리를마조디흥면그어미가식물을비앗하먹이되나

(七) 구표 (Gulls) (鷗鳥) 무리ᄂᆞᆫ임의본것과크게굿지아니ᄒᆞ거시잇ᄉᆞ니이ᄂᆞᆫ날아가ᄂᆞᆫ
힘이만흠이라이새가히변밧긔ᄂᆞᆫ륙디로더멀니날아가지안코암바다가온디라도ᄒᆡᆼ
샹바다에만잇ᄉᆞ니바다새라할수잇ᄂᆞ니라먹ᄂᆞᆫ거ᄉᆞᆫ물외면에서ᄯᅩ아먹고물숨박쏙질은
잘못ᄒᆞᄂᆞ니이즁에흔가지ᄂᆞᆫ 피득됴 (Petrel) (彼得鳥) 159 鷭 라ᄒᆞᄂᆞᆫ디이ᄂᆞᆫ혜염치ᄂᆞᆫ새
즁에대일작은새라이새가바다마다어디던지다잇ᄉᆞ니혜염치기도ᄒᆞ며졸기도ᄒᆞ고ᄯᅩᄒᆡ
염쳐서나날아서나왕릭를ᄯᅡ라ᄃᆞᆫ니ᄂᆞ니빅사름들이때로혹빗가온디남은물건
을바다에던지면더가와서그브린거슬주어먹고ᄯᅩ빈ᄃᆞᆫ니ᄂᆞᆫ곳으로물결을타서릭왕ᄒᆞ
ᄂᆞ그림으로피득됴라ᄒᆞᄂᆞ니라오직알만큼디에서낫ᄂᆞᆫ디겨우흔긔만
싸혜두ᄂᆞ니라ᄯᅩ이무리에드러간것즁에히계모(Albratoss) (海鷄母) 160 鷭 란거시잇ᄉᆞ
니이눈넙은바다에거ᄒᆞᄂᆞᆫ새즁에데일큰새니즁수가이삼근이오눌기눈쟝이열넉쟈이
니날음이심히쌀으고ᄯᅩ물고기를잡아온군디로삼키ᄂᆞ니ᄉᆞ오근만치큰물고기라도그

百二十八

되로능히삼킬수잇느니라

(六) 이무리즁에쏘훈가지는쟝익슈됴•••• (Terns)〔長翅水鳥〕라ᄒᆞ는거시니이무리를바다 제비라ᄒᆞᄂᆞᆫ거슨륙디에둔니ᄂᆞᆫ졔비와ᄀᆞ치놀기가길고샘쪽ᄒᆞ며쏘ᄉᆡ리가졀반갈나진 것과날아가면셔먹을거슬잡ᄂᆞᆫ연고라그즁에엇던거슨물고기를잡아먹ᄂᆞᆫ것도잇고혹 은륙디에졔비와ᄀᆞ치버러지를잡아먹ᄂᆞ니라ᄂᆞᆫ쟝익슈됴ᄂᆞᆫ[161]鸘디구동셔편에다 잇눈되물가헤로날아가면셔물외면에잇눈물고기를주어먹을ᄯᅢ에날닉ᄒᆞ눈거슨이새 에서더날닉ᄒᆞ눈새가엽ᄂᆞ니라

(七) 당아(Pelican)〔塘鵝〕[162]鸘무리는이헤염치는과에드러간것중에다른것과분별 된거슨그뒤발가락이길고다른발가락과가쥭으로련ᄒᆞᆫ거시오[162]鸘이중에큰거신이 삼쟈이나크고부리ᄂᆞᆫ긴듸부리아리주머니가잇셔고기를잡으면즉시주머니에담아가 지고졔깃셰도라가식기를먹이ᄂᆞ라이새모양이보기에씩씩지못ᄒᆞ고담이작음으로알 을강헤나혼다가만일너머요란ᄒᆞᆫ즉알을다른듸로옴겨다가도로가져다두며쏘바다에 거ᄒᆞ기를깃버ᄒᆞ지안ᄒᆞ고ᄒᆞᆼ샹강변과히변에만거ᄒᆞᄂᆞ니라

(八) 당아무리즁에쏘격도새라(Tropic bird)[163]鸘ᄒᆞᄂᆞᆫ거시잇스니이새가나ᄂᆞᆫ힘이만 ᄒᆞ여러날동안을밤낫쉬지안코날기만할수잇ᄂᆞᆫ되혹곤할ᄯᅢ에무ᄉᆞᆷ거북을차자그등 안져졸기도ᄒᆞᄂᆞ니라이즁에큰거시털벗슨몸이비둘이보다죠곰커도날기를펴치면사

뎨십류쟝

百二十九

데십륙쟝

룸의흔발넘고부리아리눈붉으쓰르흔주머니가잇눈딕졔ᄆᆞ음딕로공긔로크게더허부르게홀수잇ᄂᆞ냐

습 문

문○물새를멧가지로논홧ᄂᆞ뇨○물에것눈새가엇더ᄒᆞ뇨○거긔드러간무리눈무어시뇨○쟉명무리눈엇더ᄒᆞ뇨○그즁에큰거시엇더ᄒᆞ뇨○히변됴무리눈엇더ᄒᆞ뇨○그즁에립윙이란새눈엇더ᄒᆞ뇨○학무리눈엇더ᄒᆞ뇨○노즈무리눈엇더ᄒᆞ뇨○관됴눈엇더ᄒᆞ뇨○사죠됴무리눈엇더ᄒᆞ뇨○걸류란새눈엇더ᄒᆞ뇨○양계무리눈엇더ᄒᆞ뇨○헤염치눈새눈엇더ᄒᆞ뇨○거긔드러간무리눈엇더ᄒᆞ뇨○오리와계산은엇더ᄒᆞ뇨○오리에두가지눈엇더ᄒᆞ뇨○희압은엇더ᄒᆞ뇨○곤이란새눈엇더ᄒᆞ뇨○화렬됴눈엇더ᄒᆞ뇨○입슈됴무리눈엇더ᄒᆞ뇨○슈찰은엇더ᄒᆞ뇨○대오직은엇더ᄒᆞ뇨○쟝익아눈엇더ᄒᆞ뇨○구됴눈엇더ᄒᆞ뇨○피득됴눈엇더ᄒᆞ뇨○하계모눈엇더ᄒᆞ뇨○슈눈엇더ᄒᆞ뇨○당아무리눈엇더ᄒᆞ뇨○젹도새눈엇더ᄒᆞ뇨○

뎨십칠쟝은 파행부(Reptiles)(爬行部)를 의론홈이라

(一) 유쳑동물지파즁에 두쪽이잇는디 첫재는 더운피 잇는동물이니 이우헤 말혼거시다 그러호고 둘재는 찬피 잇는 동물인디 이 찬피 잇는 거슬 다시 눈호면 두 떼니 파힝부(爬行部)와 물고기라 파힝부를 다시 눈호면 다솟과 인디 거북(龜)과 악어와(鱷魚) 쟝지비암과(壁虎) 비암(蛇)과 량싱이(兩生)라

(二) 더운피 잇는 동물의 피는 일긔에 차고 더운거슬 인호야 변호지 안코 항샹 그 뒤로 잇는 디 가령 사람의 피에 열긔는 한셔표(寒暑表)로 아흔여덟도 인디 여름 날보다 더 운 이더 운거시 남북빙양에 엄동셜한 되야도 그디로 더우니라 무릇 더운피 잇는 동물의 피에 잇는 열긔를 거두는 법이 여러 모양 잇스니 스쪽슈(四足獸)는 졔털노 열긔들 운은 날기털노 호고 고리(鯨)는 가족에 잇는 기름으로 호는디 사람은 옷가음을 가지고 에 잇는 열긔를 나오지 안케 호느니라 찬피 잇는 동물은 몸에 잇는 열긔가 그보다 작을 뿐만 아니라 그 색디기가 열긔를 거두기에 덕당치 못호게 되엿느니라 이 동물에 몸에 잇는 피가 차고 더운 거슨 졔 잇는 곳에 공긔나 문이 차고 더운 거슬 싸라 변호느니라

(三) 파힝부(爬行部)를 첫재로 말홀터 이니 이 즁에 더러는 네발이 잇스나 그 다리가 잘음 으로 몸을 싸 헤디이고 힝호는거슬 파힝 동물이라 호느니라

뎨십칠쟝 百三十一

(四) 파힁부의 쎠 슬겅은 더 운피 잇는 유쳑 동물보다 여러 가지 모양이 잇는 뒤 빅 암무리가 온 디두골(頭骨)과 등심쎠와 수다흔 갈비 디 밧 긔는 엽 고 쏘 빅 암무리는 가슴 쎠가 도모지 업스나 거북 무리는 그 가슴 쎠가 크게 넓어져셔 아릭 방피가 되고 갈비 디는 우흐로 넓어져셔 웃 방피가 되엿느니라

(五) 파힁부는 더 운피동물보다 운 신을 잘 못ᄒᆞ느니 이는 그 힘줄과 온몸에 동ᄒᆞ는 피가 더 운동물보다 힘이 업는 연고라 이런 줄을 엇더케 아는 고 ᄒᆞ니 그 몸에 피 동ᄒᆞ는 것과 포 유슈 와 새 동ᄒᆞ는 거슬 비교ᄒᆞ여 보면 대강 알거시니 이 우헤 두 그림을 보면두 가지 동ᄒᆞ는 거슬 셔 드를 거시라 그림은 포유슈와 새 피 동ᄒᆞ는 의 소나 그 즁에 검은 거시 섯 지 못흔 피라

(아)눈 렴 통 우편에 잇는 이룬 •포•유•슈 (Auricle) (耳輪) 이라 ᄒᆞ는 방인 디 이 눈 몸에 힁ᄒᆞ던 부졍흔 분•(噴)(Ventricle) 이라 ᄒᆞ는 방이라 이 부졍흔 피를 밧아 가지고 썸어셔 허파 셔 지 피를 밧는 거시라 이 부졍흔 피가 (아)에셔 (야) 셔 지드러 가는니 이 눈 좌분 ᄂᆞ 허파에셔 호흡홀 ᄯᅢ에 공긔를 밧음으로 그 피가 졈 굿 ᄒᆡ 되여 붉은 빗치 되ᄂᆞ니 이 눈 좌 (左耳輪) 이라 ᄒᆞ는 방이라 (어)라 ᄒᆞ는 방에셔 밧ᄂᆞ니 이이 눈 좌
룬•(左耳輪) 이라 ᄒᆞ는 방이라 (어)에셔 눈(여) 셔 지드러 가ᄂᆞ니 이 눈 좌분 (左噴) 이 방으로 드러 가ᄂᆞ니라

(六) 이 그림은 파힝부(爬行部) 몸의 피동ㅎ는의 소인디여 괴는(아)라ㅎ는 방이 렴동 우편이룬(耳輪) 인디이 방이 몸에 힝ㅎ던 부정흔 피를 밧는거시오 (어)는 그렴동 좌이룬 (左耳輪) 인디이 논 허파에서 싯긋ㅎ게 된 피를 밧는거시라 이 두 이룬(耳輪) 이란 방에서 밧는 두가지 피가 포유슈와 굿치 싸로 잇지 안코 둘다 분(噴) 이라ㅎ는 힝방에서 석겻는디 이 정흔 피와 부정흔 피가 서로 석긴 후에 허파 선지 도가 서 힝ㅎ느니라 이 그림에 검은 거슨 부정흔 피오 그 가온디 회석 피는 정흔 피와 부정흔 피가 서로 석긴 거시오 흰거슨 싯굿흔 피니라

(七) 이 그림을 보니 파힝부(爬行部) 에 골과 힘줄과 몸에 잇는 오장 륙부가 다 이석 근 피를 밧아 힝ㅎ게ㅎ느니 이 석근 피가 싯굿흔 피 보다 긔력이 업느니라 그런 고로 파힝부(爬行部) 에 드러간 동물이 다 포유슈와 새 보다 운신을 잘 못ㅎ고 쏘 피 힝ㅎ는 것과 호흡ㅎ는 거슬 다 쳔쳔히 ㅎ느니라

(八) 파힝부의 성명이 이 굿치 드나 그러나 죽이기가 쉽지 못ㅎ고 몸을 만히 샹ㅎ나 관계치 안ㅎ느니라 더운 피 동물에 두골과 등심골을 업시 ㅎ면 산 모양이 즉시 업서지나 이 파힝부는 그러케 ㅎ여도 오히려 그 몸을 운동ㅎ느니라 가령 암의 죽은지 두어 날 된 조린를 가지고 바눌노써 그 몸을 씨르면 상긔 도음작이 에 힐수 잇고 비암 도 몸을 두어 토막 잘나 노흐면 그 잘은 것들 이 각각 멧시 동안 그냥 움작이 고 장지 빈암에 쇠리를 잘 나도 그러케 ㅎ

뎨십칠쟝

나라온딕에잇는파힝부는가을이되여가면은밀훈딕드러가서오는봄선지서지안코자기만홍느니라

(九) 파힝부눈싱각홍는것도쟉으니그골도쟉으니라닷치는거슬잘써듯지못홍고맛보눈거과맛홍보눈거시다둔호며눈도밝지못호며듯는긔게도더운피잇는동물보다온젼치못호니라

(十) 이부에드러간거시거반다고기먹는거시니거북과악어가턱어리로졔먹는식물을좀쯧어먹으나빅암은온군딕로삼키느니이눈그목이넓어지기쉬움으로져보다큰즘싱이라도능히삼킬수잇느니라

(土) 파힝부가새와굿훈거시둘인딕졔식기를졋먹이지안코알에서나는거시라거반그알을모릭밧혜낫느니히빗출밧아싸는니라

(土) 이거슬눈혼것즁에거북 (Turtle) 을볼터이나다른동물과굿지아니ᄒ야온몸이각디기가잇서열고닷는거슬ᄆ옴딕로호는니그런고로그몸이각디기속에잇서머리와발을줄어치면다른동물이능히히홀수업느니라각디기는여러조각인딕각각거북이커지눈딕로조각마다열어으로몸우혜덥는거시되여동홀수업게되여스니호흡홀때에공긔를삼키기만호고또슈는혹이빅년너머살수잇느니라

(土) 거북의발모양과각딕기를보면네무리라홀수잇스니이는싸거북 (陸龜) 과슈령거

파지	등	심	쎼
쪽 쪠 쎼 은 작	찬 눈 거	눈	피 것 북
과 속 류 종			
	싸거북 슈렁거북 강거북 바다거북		

북(水源龜)과 강거북(江龜)과 바다거북(海龜)이라

(甲) 싸헤잇는거북(Land Turtle)(陸龜)은 발가락이 각각 되지 안코 톱만 보이느니 거북반다 열듸에 잇스나 그 중 혹은 온듸에 도 잇는듸 이 눈 거울 동안은 자기 만흔 눈 거시 오른거북은 더 운 디방에 잇스니 혹은 이 빅근 넘기 도 흐느니라 싸거북에 먹는 물건은 쳐 소밧긔 먹지 안는 듸 셩품이 슌호야 사름을 듸 뎍 지 안느 녀 가 즉시 주러치느니라

(乙) 슈렁거북(Marsh Turtle)(水源龜)은 널니 퍼진 무리니 동셔량부 쥬더 운 디방에 잇는듸 열듸에 도 잇고 온듸에 도 잇느니라 이 슈렁창파 닉스 물과 작은 못세 다 잇스니 혜염 잘 치는 거 손 그 발이 납젹 호 고 발가락 스이에 련 호 가죽이 잇스며 각되기는 싸거북만치든 처못 호 니라.

(丙) 강거북(River Turtle)(江龜) 166 은 큰 강에 잇스니 이 강거북과 슈렁거북이 다고 기를 먹는듸 물고기와 다른 파힝부와 새와 버러지를 먹느니라 이 강거북에 몸우헤 잇는 방 피가 슈렁거북에 방피 보다 엷고 도 온 전 치 못 호 며 쏘 잔등에 는 가족과 굿 호 부드러 온 각 디

뎨 철십 쟝

가가잇스니 그럼으로 부드러온 거북이라 ᄒᆞᄂᆞ니라
(七) 바•다•거•북• (Sea Turtle) (海龜) 167 야룜 은 발이 물고기 짓느러미와 ᄀᆞᆺᄒᆞ야 물에서
헤염치기를 잘ᄒᆞ고 륙디에ᄂᆞᆫ 잘 ᄒᆡᆼᄒᆞ지 못ᄒᆞ며 짓느러미로 모리밧ᄒᆡ 구멍을 파고 그 가온
ᄃᆡ 알을 이 빅여 기 식 낫 ᄂᆞ 니라 그 고기ᄂᆞᆫ 가히 먹ᄂᆞ니 태평양 셤에서 나ᄂᆞᆫ 거손 듕이 오륙빅
근이나 되ᄂᆞᆫ 딕 작아서 브터 바다에서 자라ᄂᆞ니라 이 무리 즁에 혼 가지ᄂᆞᆫ 사롬의 요긴히 쓰
ᄂᆞᆫ ᄃᆡ 모를 낫ᄂᆞ니 이 딕 모 낫ᄂᆞᆫ 거북이 웃방피 조각은 고기 비늘과 ᄀᆞᆺ치 ᄂᆞ 음 붓헛ᄂᆞ니
라
악•어• (Crocodile) 무리ᄂᆞᆫ 셰가지로ᄂᆞᆫ 홧스니 악•어•와 (鱷魚) 셰•비•알•과 일•니•게•들•인ᄃᆡ
악•어• (鱷魚) 167 야룜 ᄂᆞᆫ 아푸리까와 아메리까와 쳥국 등쳐더 운 디 방에서 나ᄂᆞ니라 그 형샹
이 장지 빔암과 ᄀᆞᆺ 고 쟝은 이십오쟈 즘 되며 ᄯᅩ 네발
이 잇고 쎼리 ᄂᆞᆫ 길며 잔 등에 비 ᄂᆞᆯ 갓치든든 한 각디
기 가잇 ᄂᆞ 딕 그 각디 기 가둘겁고 굿은 고로 졔 몸을
임 의 딕 로 잘 도 리키 지 못ᄒᆞ며 혀 가 잇 스 나 잘 닉 밀
지 못ᄒᆞ고 셩졍 은 사오납고 힘이 만ᄒᆞ 혹 시 사롬 들 이
잡아 먹 ᄂᆞ 니 그런 고로 강 변에 힝션 ᄒᆞᄂᆞᆫ 사롬 들은
ᄒᆞᆼ 샹 조심ᄒᆞᄂᆞ니라 알 은 게 산 알과 ᄀᆞᆺ ᄒᆞᆫ 디 이 것도

파지	등	심	뻐
족 쎼	찬	피
쎼 은 작	긔	눈	것
과 속 류	악	어
종	악어 셰비알 일니게들		

River turtle. 북거강 166

Sea turtle. 북거다바 야167

Crocodile. 야167 어악

Gavial. 168 알비찌

Alligator. 169 들게니일

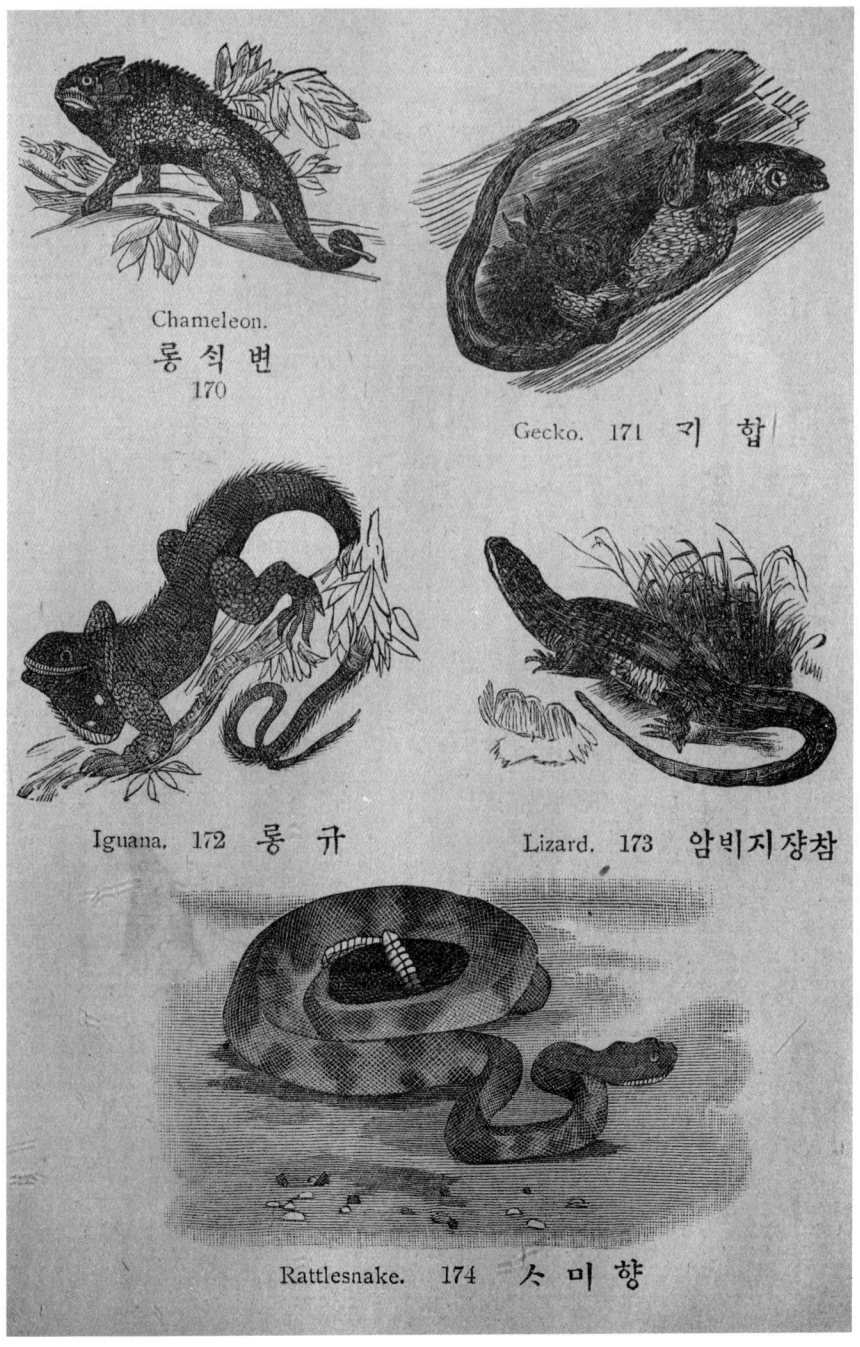

거북처럼 모릭밧헤서 알을 만히 나흐나 횡재와 다른 즘싱들이 만히 그 알을 먹어 번셩치 못게 ᄒᆞᄂᆞ니라 이 악어가 싱물을 잡을 째에 몬져 쇠리로 써 입에 물 노드러 가죽 안에 에 쓸고 언덕 에 나와 싸 헤 무엇 다 가 썩은 후에 먹 ᄂᆞ니 사롬이며 다를 잡으려 ᄒᆞ면 그 몸 뒤에 잇서 잡 ᄂᆞ니 이 눈 그 등에 쎠 굿친 각 디기가 잇슴으로 몸을 갑작이 도리켜 사롬을 물지 못홈이니라 (요빅긔 ᄉ셧일장을 보시오)

(ㅈ) 세비알(Gavial) 鼈 은 인듸아 젼지 쓰 강에 잇ᄂᆞᆫ 되 코 ᄂᆞᆫ 악어보다 길고 셩품은 몸 시사 오나 온 거시라 이 즘싱이 그 곳 토인의 게 유익ᄒᆞᆫ 거스로 그 곳 사람들이 사람의 죽음이나 즘싱에 죽음을 다 졘지 쓰 강에 던지 ᄂᆞᆫ 듸 이 셰비알이 그 거슬 다 먹음으로 사람의게 히 되지 안 ᄂᆞ니라

(ㅜ) 일니게들(Alligator) 鼈 은 악어보다 물에 잇기를 덜 ᄒᆞᆫ ᄂᆞᆫ 듸 그럼으로 강에 잇 보다 슈령창에 잇기를 됴화 ᄒᆞᄂᆞ니라 코 ᄂᆞᆫ 악어보다 둔 ᄒᆞᆫ 되이 즘싱이 물 고기를 잡 ᄂᆞᆫ 의 ᄉᆞ 눈여러 무리가 물아 다가 좁은 곳으로 드러 보니 고 그 후에 눈여러 무리가 제 무 ᄋᆞᆷ 딕로 잡아 먹으며 ᄯᅩ 훈 ᄃᆞᆺ치 나 기 가이 즘싱 잇ᄂᆞᆫ 듸 갓가히 오면 더 가 즉시 잡아 먹 ᄂᆞ니라

습 문

문 ○ 찬피 잇ᄂᆞᆫ 동물이 멧 가지며 무어시뇨 ○ 그 몸에 잇ᄂᆞᆫ 열긔가 더운 피 동물과 엇더케

뎨 십 칠 쟝

百三十七

데 십 칠 쟝

다르뇨○더운피동물들이몸에열긔를거두는법이엇더ᄒ뇨○파힝부라ᄒᆞᆷ은무슴쯧이뇨○파힝부의뼈슬겅이가엇더ᄒ뇨○운신ᄒ는거시엇더ᄒ뇨○더운피동물의피동ᄒ는거슬말ᄒ라○찬피동물의피동ᄒ는거슬말ᄒ라○파힝부의피동ᄒ는거시운신ᄒ는듸무슴샹관이뇨○파힝부의성명을죽이기가쉽ᄂ뇨○온듸에잇는파힝부들이가을이면엇더케ᄒᆞ뇨○골과오관은엇더ᄒ뇨○무어슬먹ᄂ뇨○빅암은먹는거시엇더ᄒ뇨○파힝부가새와굿혼것두가지가무어시뇨○파힝부의과는무어시뇨○거북각딕기는셩긴거시엇더ᄒ뇨○얼마나오릭사ᄂ뇨○멧가지뇨○싸스거북은엇더ᄒ뇨○슈령거북은엇더ᄒ뇨○강거북은엇더ᄒ뇨○바다거북은엇더ᄒ뇨○악어눈멧가지뇨○녀니악어눈엇더ᄒ뇨○셔비알은엇더ᄒ뇨○일니게들은엇더ᄒ뇨

데십팔쟝은 파힝부(Reptiles)(爬行部)를 다시 의론홈이라

(一) 쟝지비암(Lizard)(壁虎) 과에 드러간 거시 여러가진 되 몸은 악어와 굿흐나 쎠굿 치든든 ᄒᆞ고 굿은 각 ᄯᅢ기가 엽고 비암과 굿치 조고마흔 비늘이 잇ᄂᆞ니라 혹은 네 발 가진 것 도 잇고 두 발 가진 것 도 잇고 나무에 잇ᄂᆞᆫ 것 도 잇ᄉᆞ며 물에 잇ᄂᆞᆫ 것 도 잇고 무ᄒᆡ 잇ᄂᆞᆫ 것 도 잇고 나무에 잇ᄂᆞᆫ 것 도 잇ᄉᆞ니 눈은 검고 도 빗치 나ᄂᆞ니라

(二) 쟝지비암 무리 가온ᄃᆡ 닐곱 류가 잇ᄉᆞ니 첫재는 변석룡(變色龍)이 오 둘케는 합긔(蛤介)오 셋재는 규룡(虯龍)이오 넷재는 권쟈(勸者)요 다ᄉᆞᆺ재는 ᄎᆞᆷ 쟝지비암이오 여ᄉᆞᆺ재는 ᄉᆞ벽호(蛇壁虎)요 닐곱재는 눈버슨 쟝지비암이라

(三) 변석룡(Chameleon)(變色龍) 170 은 디구 동편 더운 ᄯᅡ헤 잇ᄂᆞᆫ 되 몸 좌우 렵히 납격ᄒᆞ고 민양 그 등심을 놉히 승구르치ᄂᆞ니 나무에 올나가면 ᄭᅩ리로ᄡᅥ 그 가지를 감ᄂᆞ니라 긔여 가기를 더디 ᄒᆞ야 마치 시 참과 굿치 가고 혀 눈 심히 길고 도 가 온 ᄃᆡ가 뷔 엿ᄂᆞᆫ 되 ᄯᅩᄒᆡ 퍼졋고 ᄶᅩ혀에 가 풀과 굿치 잣불ᄂᆞᆫ 물이 잇ᄂᆞᆫ 되 버리지를 보면 즉시 그 물 노 뿟쳐서 잡아 먹ᄂᆞ니라 두 눈을 각각 제 무ᄋᆞᆷ 되로ᄡᅥ 제짝 금보기도 ᄒᆞ며 허파 가 크고 ᄯᅩ 온몸에서 로 통ᄒᆞ 긔운 쥬머니 가 잇ᄂᆞᆫ 고로 호흡ᄒᆞᆯ ᄯᅢ에 숨을 드리쉬면 온 몸이 크고 살 졋다가 숨을 ᄂᆡ 여 쉬면 도로 녜 되로 되ᄂᆞ니 이러 케 여러 모양으로 변홀 ᄲᅮᆫ만 아니라 잇 던 ᄯᅢ에 눈 붉고 누른 빗도 되고

뎨십팔쟝

지파족뼈은작	등찬긔	심피눈	뼈것	종
				변셕룡
				합긔
		장과족류		권쟈룡
				춈장지비암
암비지장				슈벽호
				눈버슨장지빔암

고엇던때에 눈붉기도ᄒ고 엇던때에 눈붉고 누른 줄기도되고 혹 뎜친 모양도되ᄂ니 사람들이 능히 그 빗츨볼수잇스나 사람의 게 보임을 닙으면 쏘 다른 빗치되여 잠시간이라도 그 변셕ᄒᄂ 거시 혼 모양이 아닌고로 그 보ᄂ 바가 다 굿지 아니ᄒ야 사람이 보고 도 그 샹혼 거슬 뭇 춤ᄂ니 무어시라고 일홈 홀 수 업ᄂ니라

(四) 합긔●(Gecko)(蛤蚧)171 蠫 ᄂ 그 소리 를 ᄯ라 일홈ᄒ 엿 스 니 이 류 가 다 낫 에 는 틈 에 숨 어 잇 다 가 밤 에 만 나 오 ᄂ 니 빗 촌 회 셕 이 라 빔 암 과 굿 치 몸 에 간 혼 비 늘 이 잇 스 며 쏘 젹 은 듯 혼 가 시 가 잇 스 니 이 즘 싱 이 담 으 로 잘 붓 허 ᄃ ᄂ 니 ᄃ 그 발 힘 이 담 붓 기 를 잘 ᄒ ᄂ 고 로 괴 여 가 도 발 자 귀 소 리 가 업 ᄂ 니 라

(五) 규룡●(Iguana)(虮龍)172 蠫 은 장 지 빔 암 과 굿 혼 ᄃ 일 빅 오 십 여 가 지 라 그 중 에 더 러 ᄂ 그 몸 이 큰 ᄃ 길 기 가 여 슷 자 즘 되 ᄂ ᄂ 니 라 능 히 나 무 스 이 로 뛰 여 ᄃ 니 고 더 러 ᄂ 는 와 굿 치 날 기 도 ᄒ ᄂ 니 라 몸 좌 우 렵 헤 새 날 기 와 굿 혼 가 죡 이 잇 ᄂ ᄃ 가 히 임 의 ᄃ 로 펴 러 치 며 쎄 리 ᄂ 길 고 ᄯ 도 심 에 셔 브 터 쎄 리 ᄭ 삿 직 지 롭 ᄂ 니 와 굿 치 어 셕 어 셕 혼 거 시 잇 ᄂ 니 이

중에더러는아시아동편바다셤에나고더러는미국에만나느니라
(六) 쟝지비암무리즁에이졔깃흔세가지눈혀가간홀고도둘노갈나젓느니라권쟈(Monitor) (觀者) 무리즁에도더러는큰거시신디이눈다몸이잘긔여가기에편호게싱긴거시라먹는거손버러지와알과새와쟉은포유슈와다른파힝부와물고기라나일강에잇는권쟈눈쟝이여숫자즘되눈디이눈악어가눈뜻손이즘이악어오눈거술보면섁섁호눈소리로써졔갓가히잇눈사룸을권호야알게호단말이라
(七) 츰쟝지비암(True Lizard)173 蠟 은눈이묽고몸이간홀고운신을잘호눈즘싱이니그빗치환호거시라이거시오스트렐니아와남태평양밧긔눈더운곳에다잇느니혹은온디에서겨울동안자기만호느니라너는쟝지비암은길기가여숫치가넘지못호며쏘이무리에드러간즘싱의섁리가부러지기쉬오너만지기만호여도유리와곳치섁거지나그러나다시나오고쏘호섁리가마자부러지지안코조곰샹호기만호여도상호디서다시새섁리가나와서못춤섁리둘이되느니라
(八) 스벽호(Snake Lizard) (蛇壁虎) 무리에잇는거술보니쟝지비암과에서브러졈졈빗암과선지변호야가는거신디이즁에혹은네발가진것도잇고혹은두발가진것도잇스며혹은발이깍디기쌈에숨어잘보이지안눈것도잇느니라발숨은즘싱중에흔가지는몸이길기가흔자즘되여온몸이춤쟝지빅암섁리와굿치부러지기쉬은거시라

뎨 십 팔 쟝

(九) 눈버슨장지빅암 (Nakedeyed Lizard) 은빅암과 더욱비슷ᄒ니이ᄂᆞᆫ몸이빅암과ᄀᆞᆺ흘ᄯᆞᆫ만아니라눈도빅암과ᄀᆞᆺ치눈가족이업고몸은가족밧긔눈덥힌거시업ᄂᆞ니이무리가거ㆍ반ㆍ다 오스트렐니아에잇ᄂᆞ니라

(十) 빅ㆍ암 (Serpents) 과에특별ᄒᆞᆫ것세가지잇스니첫재ᄂᆞᆫ슈쪽업고돌재ᄂᆞᆫ등심쎠가다른동물보다녹진녹진ᄒᆞ고셋재ᄂᆞᆫ온몸비늘우헤얇은허물이잇ᄂᆞ거시라빅암(蛇)은가슴쎠업스니그갈비ᄃᆡ가아ᄅᆡ로의지ᄒᆞ엿ᄂᆞᆫᄃᆡ거스로발을ᄃᆡ신ᄒᆞ며그몸은임의ᄃᆡ로놀니고ᄯᅩ등심이만공혹은삼빅여기나되ᄂᆞ니그쎠모양이공이와확굿치니음음샹접ᄒᆞᆫ고로몸을돌니던지혹사리던지졔ᄆᆞ음ᄃᆡ로심히쌀니ᄒᆞ고그혀ᄂᆞᆫ검고ᄯᅩᄒᆞ히갈나졋스니ᄒᆞᆼ샹입밧긔셔감앗다펏다ᄒᆞ며귀ᄂᆞᆫ업스며혀로쎠맛슬알고ᄒᆡᆼᄒᆞᆯᄯᅢ에ᄂᆞᆫ혀로쎠ᄯᅡᄒᆞᆯ더듬ᄂᆞ니먹ᄂᆞᆫ거ᄉᆞᆫ아모싱물이나온군ᄃᆡ로삼기고멧돌만에허물흔갑질을벗ᄂᆞ니라가쪽을ᄯᅡᆫ가쪽으로되ᄂᆞᆫ거시아니오졔본몸과ᄒᆞᆫᄃᆡ붓흔가쪽인고로능히졔눈을잘보호ᄒᆞ야손히흠이업게ᄒᆞᄂᆞ니라

(土) 독ㆍ소 (Viper) (毒蛇) 에죵즛들은웃아가리에길고샙죡ᄒᆞᆫ두가지잇스니그니가다속이뷔고ᄯᅳᆺ헤ᄂᆞᆫ작은구멍이잇ᄂᆞᆫᄃᆡ무엇슬물냐ᄒᆞ면그독ᄒᆞᆫ물이곳구멍으로흘너나오고가만히잇슬ᄯᅢ에ᄂᆞᆫ니가다입안으로누어평평ᄒᆞ게되엿다가사ᄅᆞᆷ을물냐ᄒᆞ면그니가곳추니러셔낫타나ᄂᆞ니라그럼으로사ᄅᆞᆷ들이이

파지족셰은작과속류종	등 찬 긔	심 은 빗	쎄 피 것 암
빅암			
독사			
각미사			
향망미사			
왕망			

샹ᄒᆞ다ᄒᆞ야 잡아서 그 독ᄒᆞ니를 ᄲᅡ본 후에 가지고 교회

(土) 각사 (Horned Viper) (角蛇) 독이 잇스니 아푸리사에 잇ᄂᆞ니라 몸이 쟉아 스무치에서 지나지 못ᄒᆞ고 두 눈 우헤 뿔ᄀᆞᆺ나 식 나스니 ᄒᆞᆫ번이 빅암의 게 물니면 과히 로옴을 밧ᄂᆞ니라

(吉) 향미사 (Rattlesnake) 響尾蛇 174 蠮 눈 미국에 ᄒᆞᆷ롱ᄒᆞᄂᆞ니라

뎨 십 팔 쟝

(古) 왕망 (Boa Constrictor) (王蟒) 175 蠮 의 죵즛는 비암즁에 데 일 큰 거시니 그 즁에 도 큰 거슨 쟝이 스십 자ᄋᆡ 오흔히 거슨 열 다 숫자 브터 삼십자 ᄉᆞ지되ᄂᆞ니 이 거시 더운 디 방에 셔 나는 디 사ᄅᆞᆷ과 소와 모든 즘싱을 잡아 먹ᄂᆞ니 무어 술 잡아 먹던지 몬져 몸힘을 써서 감아

잇는 디 ᄭᅬ리에 굿은 각 디기가 잇서 그 줄ᄂᆞ히 잇스니 ᄭᅬ리를 흔들면 그 각 디기가 서로 마죠쳐 소리가 나ᄂᆞ니라 그럼으로 그 일홈을 향미사라 ᄒᆞᄂᆞ니라 이 즘싱이 허물 벗을ᄯᅢ마다 ᄭᅬ리에 굿은 각 디기가 ᄒᆞ나 식 더 나ᄂᆞ니 그럼으로 그마 디 수호로 허물 벗은 지 알지라 이 빅암이 무셔온 거시나 민양 사ᄅᆞᆷ을 물냐 홀ᄯᅢ마다 몬져 ᄭᅬ리를 흔드러 소리를 내게 ᄒᆞᆫ고로 사ᄅᆞᆷ들이 그 소리를 듯 고 도라나서 그 히를 피ᄒᆞᄂᆞ니라

서 나눈 디 사ᄅᆞᆷ과 소와 모든 즘싱을 잡아먹ᄂᆞ니 무어 술 잡아먹던지 몬져 몸힘을 써서 감아

대십팔쟝

죽인후에온군듸로삼기고민양훈번빅부르게먹으면거의반듯동안남아자기만흥다가 먹은거시써진후에야쏘먹을거슬찻느니라그곳사람들이법을베프러잡아고기는먹고 가죡은옷감을문드느니라

(五)량싱(Amphibia)(兩生) 즁에드러가는흔죠흔것들이니졀 반은물고기와굿고졀반은파츙부와 (爬虫部) 굿흔듸알을진푸리에서낫느니라그알이 작은듸속에눈검은덤이잇고밧긔는계란횐주와굿흐니그작은셕기를올창이(Tad- pole)라흥는듸몸이작은고기와굿흐야귀살미가잇고쏘리가길흐니이올창이가졈졈변 흥야홈에눈뒷발둘이나고그후에는압발둘이나고나죳은귀살미와쏘리가차차업서 지느니이쌔브터허파가싱긔느니라허파가싱긘후에는홍샹물에만잇지안코거반륙디 에거흥느니라

(共)이거시거의다비늘이업고가죡만잇스며쏘갈비듸가업는고로사람과굿치긔운을 호흡흥지못흐고다만공긔를훈두입식삼기만흥느니그럼으로사람이먹기를잡아 입을벌니고잇스면다가긔운을삼기지못흐야죽는느니라먹자구와둑겁이의혀는써 싹로낫는듸쌔로그면흐면혀솟히속에서브러도리켜나오느니라
 ㉗이과를는호면다솟가진듸쳣재먹자구(田鷄)요둘재는둑겁이(蟾)오셋재는화 ○수(火蛇)요넷재는만샹량싱(鱧狀兩生)이오다솟재는무죡량싱(無足兩生)이라

데 십 팔 쟝

지파쪽쎼쎼은과속류	등찬기	심찬눈	쎄피것싱
종			
먹자구			
둑겁이			
화샹량싱			
만샹량싱			
무쪽량싱			

(大) 먹자구 (Frog) (田鷄) 176 鼃 눈륙디에도잇고물에도잇스니니눈우헤만잇고다른디눈업는 니라밧은련흔쟝심이가잇서능히물에셔혜염을 잘치고먹눈거슨물고기셕기와곡식희흐눈버러 지를잘먹고쏘우눈소리눈쳐량호야가히드름즉 호니먹자구왕셩홀째에눈그우눈소리가북소리 와굿호고로그소리를듯고사룸들이서로전호야 호눈고로그소리를듯고면물갓가온곳마다그먹자 구가더욱만호그우눈소리가아춤이면야바룸부눈 소리를싹라멀며갓가온디가다들니 눈니이런바로써푸른풀못물에곳곳이먹구리라호눈글구가잇눈니라

(丸) 먹자구가온디샹수기(Treefrog) (上樹鷄) 177 鼃 라호눈거슨홍샹나무에잇스니합 기와굿치발가락마다빠눈힘이잇서나무에잘붓흐며쏘너느먹자구와굿치알을물에쓸 고겨울이되면진흙속에김히드러가서오눈봄셕지자눈니라

(두) 둑겁이 (Toad) (蟾) 178 鼃 눈모양이먹자구와굿고물에서나서차차변호야온몸에둥군쌀아기굿흔거시 가되면다시물에드러가지안눈니라이심히셜셜호야먹자구와굿치고물은련흔쟝심이 만히잇고발은련흔쟝심이가업눈디겨울이면먹자구와굿치싸속에드러가서오리자눈

百四十五

뎨 십 팔 쟝

나라먹자구는웃니가잇스되둑겁이는업스며먹자구는혀끗히갈나젓스되둑겁이눈혀
끗히갈나지지안코먹자구는가족이미쓰러오나둑겁이는셜셜히갈며발가죡
이맛붓고로그셩졍이둑겁이보다더욱물에잇기를됴화ᄒᆞ고쏘혼코가먹자구보다두렷ᄒᆞ며쏘먹
고뒷발이좀잡은고로먹자구만치멀니뛰지못ᄒᆞ고쏘혼코가먹자구보다두렷ᄒᆞ며쏘먹
자구소리눈둑겁이보다큰거시니이둑겁이가북방심히찬곳밧긔눈곳이다잇ᄂᆞ니라
이즘싱이먹눈물건은여러가지버러지니그눈이심히붉으니라이즘싱을잡아손으로만
지면그몸에서진이흔르ᄂᆞ니그러나그진이독흔거시아니라이즘싱이차차크면서허물
을벗눈듸그버슨허물을가지고둥굴게만든후에곳삼기ᄂᆞ니라작은으히들이흥샹말ᄒᆞ
기둑겁이눈의민흔물건이니층아히ᄒᆞ지못ᄒᆞ고조곰도히ᄒᆞ지들을업시ᄒᆞᄂᆞ
과연물지도안코쌀쓰지도아니ᄒᆞ고오히려사름의게히되는쟈은버러지들을업시ᄒᆞᄂᆞ
니그실샹은유익흔물건이라

(卅)화소(Salamander)(火蛇)(Newt)(蝮)[179]蠑 라ᄒᆞᄂᆞᆫ거슨형샹은쟝
지빅암과굿ᄒᆞ나먹자구와둑겁이굿치졈졈변ᄒᆞᄂᆞᆫ거슬보아량싱에드러가ᄂᆞᆫ줄아ᄂᆞ니
라이교가물에잇기를됴화ᄒᆞᄂᆞᆫ듸먹ᄂᆞᆫ거슨올창이와버러지라춤화소ᄂᆞᆫ
거시니형샹은교와거반굿ᄒᆞ나쇠리ᄂᆞᆫ납젹ᄒᆞ지안코둥구니라혹이말ᄒᆞ되이화소가능
히불가온듸서도살수잇다ᄒᆞ니이눈밋지못홀풍셜이라

(ㅂ) 만샹량성 (Siren) (鰻狀兩生) 은 그 미셩혼 뒷발 밧긔 눈 다른 다리 눈 업스며 눈에 잇기를 됴화 ᄒᆞᄂᆞ니 그 즁ᄒᆞᆫ 가지 눈 길기가 석 자즘 되ᄂᆞ니라

(ㅅ) 무죡량성 (Apoda) (無足兩生) 은 ᄒᆞᆫ가지 밧긔 업ᄂᆞᆫ 되이 눈 버슨 비암이라 ᄒᆞᆯ 수 잇스니 모양은 비암과 ᄀᆞᆺᄒᆞ나 비눌이 업고 다른 량성과 ᄀᆞᆺ치 몸이 졈졈 자라 눈 되로 벌ᄒᆞ여 가ᄂᆞ니라

습 문

문○장지비암 무리 눈 엇더 ᄒᆞᆫ뇨○혼거시 무어시 뇨○변식룡은 어 듸서 나ᄂᆞ뇨○특별ᄒᆞᆫ 거슨 무어시 뇨○혀 눈 엇더 ᄒᆞᆫ뇨○그 변식 ᄒᆞᆫ 거 슨 엇더 ᄒᆞᆫ뇨○엇더ᄏᆡ ᄒᆞ여서 몸을 부ᄒᆞ게 ᄒᆞᄂᆞ뇨○합긔 눈 엇더 ᄒᆞᆫ뇨○규룡은 엇더 ᄒᆞᆫ뇨○권쟈 눈 엇더 ᄒᆞᆫ뇨○츔장지비암은 엇더 ᄒᆞᆫ뇨○스벽호 눈 엇더 ᄒᆞᆫ뇨○눈버슨 장지비암은 엇더 ᄒᆞᆫ뇨○빈암 보다 특별ᄒᆞᆫ 거시 무어시 뇨○뼈 슬 것은 엇더 ᄒᆞᆫ뇨○엇더ᄏᆡ 운신 ᄒᆞᄂᆞ뇨○관은 엇더 ᄒᆞᆫ뇨○독 소 눈 엇더 ᄒᆞᆫ뇨○각스 눈 엇더 ᄒᆞᆫ뇨○향미스 눈 엇더 ᄒᆞᆫ뇨○왕망은 엇더 ᄒᆞᆫ뇨○량성 에 드러 간 거시 무어시 뇨○엇지 ᄒᆞ야 량성이라 ᄒᆞᄂᆞ뇨○몸이 변ᄒᆞ여 가 눈 거슨 말ᄒᆞ라○다른 파힝부에 드러 간 것과 분간은 무어시 뇨○먹자 구 눈 엇더 ᄒᆞᆫ뇨○둑겁이 눈 엇더 ᄒᆞᆫ뇨○싱 과에 눈 혼 것 시 무어시 뇨○만샹량성은 엇더 ᄒᆞᆫ뇨○무죡량성은 엇더 ᄒᆞᆫ뇨

뎨십구쟝

뎨십구쟝은 물고기 (Fish) (魚部)를 의론홈이라

(一) 찬피 잇는 둘재 떼는 물고기 (Fish) (魚) 인디 유쳑동물중에 물고기 밧긔 는 공긔와 물을 석거 서 사 는 거시 업스니 온 동물은 다 공긔로 사 는 디 물고기 도 그러 ᄒ 니 만일 신에 좌우 렵헤 귀 살 마 호흡 ᄒ 교사 ᄂ ᆞ니라 허 파 는 공긔 만 밧 는 거시니 이 물고기 는 공긔가 물과 홈 가 잇서 물을 마시면 물이 귀살미 서지 드러 갓 다 가 나 오 ᄂ ᆞ니 이러케 ᄒ ᆯ 때 에 공긔가 물과 말 석 거 드 러가고 ᄯ 물 이 홍 샹 귀 살 미 를 젹심 오 로 공긔 를 밧 는 디 물이 업스면 귀 살 미 가 말 나 서 공긔를 밧 지 못 ᄒ ᆞ고 죽 ᄂ ᆞ니라

(二) 사름과 밋 다른 더 운피 잇는 동물에 렴 통 은 각각 네 간이 있고 고기여 가 는 파 힝부에 렴 통 은 세 간이 잇스나 이 물고기 는 두 간 만 잇서 그 쟈 셕 피 가 렴 통 에서 브터 귀 살 마 서지 가 면 좌 우 귀 살 마 에서 공긔를 맛 나 눈 디 로 곳 화 ᄒ 야 붉 은 피 가 되 는 디 이 는 다른 동물과 ᄀ 치 렴 통 으로 드러 가지 안 코 바로 몸 으로 니 ᄅ ᆞ 는 니라 ᄯ 호 포 유 슈 보 다 피 가 더 뒤 힝 ᄒ 고 ᄯ 도 덥 지 도 못 ᄒ 니 라 몸 형 샹은 납 젹 ᄒ 고 비 늘 이 잇 스 며 윤 틔 나 고 기 름 이 잇는 고 로 물에 잘 단 니 고 비 속 에 는 긔 운 녯 는 긔 포 (Airbladder) (氣泡) 가 잇 는 디 공긔 가 ᄆ ᆞ 옴 디 로 가 득 차 게 도 ᄒ 고 뷔 게 도 ᄒ ᆞ 는 니 긔 포 에 공긔 가 ᄯ ᆞ 지 면 쌀 아 엽 디 이 긔 포 가 온 젼 ᄒ ᆞ 니 라 로 된 것 도 잇 고 두 셋 으로 분 ᄒ ᆞ ᆫ 것도 잇 스 니 이 긔 포 가 분 ᄒ ᆞ ᆯ 수록 더 옥 편 리 ᄒ

지라물에서놀쌔에눈겨우쓰리만흔들고지누러마를쓰지아니ᄒᆞ니지ᄂᆞᆫ거반
그몸을바르게만ᄒᆞᆫ지라눈은크고둥군듸눈가쥭이업스며그아가리ᄂᆞᆫ혀쌈션지가드
록ᄂᆞ리가치우잇ᄂᆞ니라

(三) 이물고기들이거반다큰거시잡은거슬삼키ᄂᆞᆫ듸치우온군듸로삼키ᄂᆞ니라젼에흔
사람이두자넘ᄂᆞᆫ물고기를잡아그비를쎠여두자되ᄂᆞᆫ고기를엇던고기를
빗지를갈너보니그보다작은거시잇고쏘빗에셔엇은고기를쎠여본즉샹긔도쟝은부스
럭고기가잇스니오리면쇼화ᄒᆞᆯ거시라고기ᄂᆞᆫ소리가업ᄂᆞᆫ듸짠물에서사ᄂᆞᆫ것도잇고몱
은물에서사ᄂᆞᆫ것도잇스니바다고기ᄂᆞᆫ알을바다여울에도낫코혹은깁흔바다에드러서
도낫코혹은안바다로드러와서도낫ᄂᆞ니라

(四) 엇던고기ᄂᆞᆫ알을나흐라고큰강으로드러갈쌔에그여울을뛰여지나가ᄂᆞ니라시젼
에닐너스되고기가못세ᄯᅬᆫ다ᄒᆞ엿스니고기가잘뛰ᄂᆞᆫ줄은가히알겟도다쌔에ᄂᆞᆫ열
자브터열여ᄉᆞ자ᄭᅡ지놉히뛰며ᄯᅩ갈쌔에암고기가완압헤잇고숫고기들은그뒤에둘너
ᄡᅡ고가ᄂᆞᆫ듸가을이되면이러케큰강으로드러와서모리에구멍을파고알을나ᄒᆞ고봄
에다시바다로갓다가오ᄂᆞᆫ가을에다시그쳐로도라오ᄂᆞ니라

(五) 고기즁에혹은바다밋헤도집을문들고혹은진푸리에도잇스니그집이새깃과긋ᄒᆞ
며ᄯᅩ알을만히낫듸엇던고기ᄂᆞᆫ혼번에알륙만기도낫코엇던고기ᄂᆞᆫ구빅만알도낫ᄂᆞ

뎨십구쟝

百四十九

데십구쟝

니라물고기즁에거반귀손졍이업서알을이곳치먼듸나흐두고쏘석기가너머만흔
고로졔석기라도졔석기로알지안코잡아먹기만호나그러나흔가지고기눈숫거시석기
들을보호호눈듸그보호호눈법은가령무슴환란을맛나며그숫거시석기들노호여곰다
졔입으로드러오게호엿다가환란이지나간후에입으로다시작은고기를비앗나니이고
기죵즛에호눈졍샹이대개이러호니라

(六)물고기눈다른유쳑동물보다수효가만코쏘죵즛와류가만흔듸이물고기를논호눈
법도여러가지라 규비엘(Cuvier)이란동물학소눈뼈에부드럽고든든흔거슬보고둘노말
호엿눈듸그즁쳣재굿은뼈잇눈거스니즈러미가가세굿흔것과부드러온거슬보고노
앗고둘재부드러온뼈잇눈거슨귀살미싱긴거슬보고두가지로논호앗고 익게씨(Agassiz
)란동물학소눈그비눌이각각다른거슬보고네가지로눈호앗스니그러나그눈혼거슬셰
히다말호쟈면낫치얽겟눈고로이아릭멧가지를대강만논호아말호노라

(七)검어•(Sword fish)(劒魚) 180 魚 눈듸즁희에서나눈듸쟝은열두자이라그웃덤이
가검날과굿치길고힘이잇스니흐샹그거스로다른고기를잡아먹고쏘능히비人밋창을
뚤어죵죵빈사롬의명을샹흐게호느니라

(八)마어•(Sea Horse)(馬魚) 181 魚 눈그머리가물과굿흔딕이고기가변석룡과굿흔거
시셰가지잇스니길기눈오치에셔지나지못호며쇠리로써능히무슴물건을감눈것과

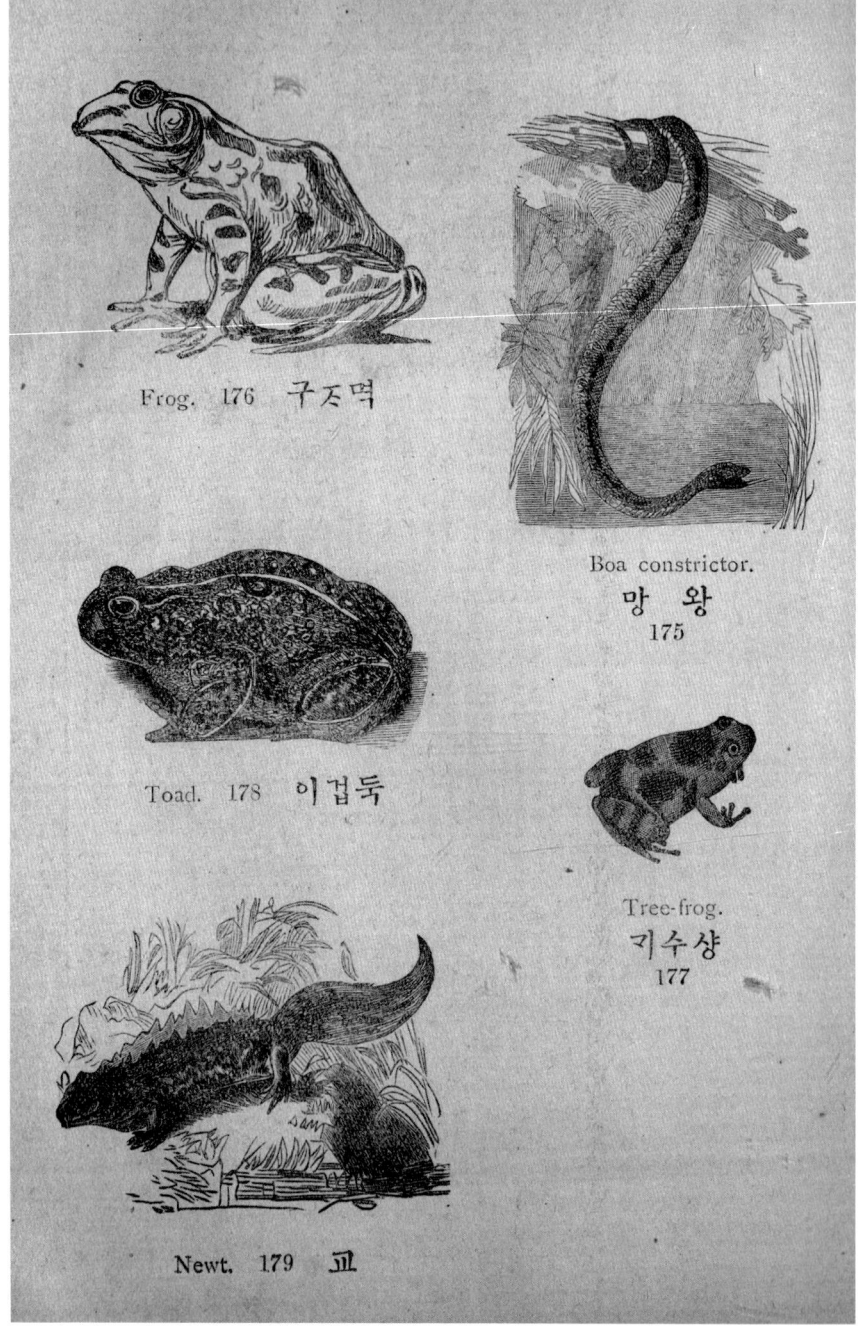

Frog. 176 구즈먹

Boa constrictor.
망 왕
175

Toad. 178 이겁둑

Tree-frog.
긔수샹
177

Newt. 179 요

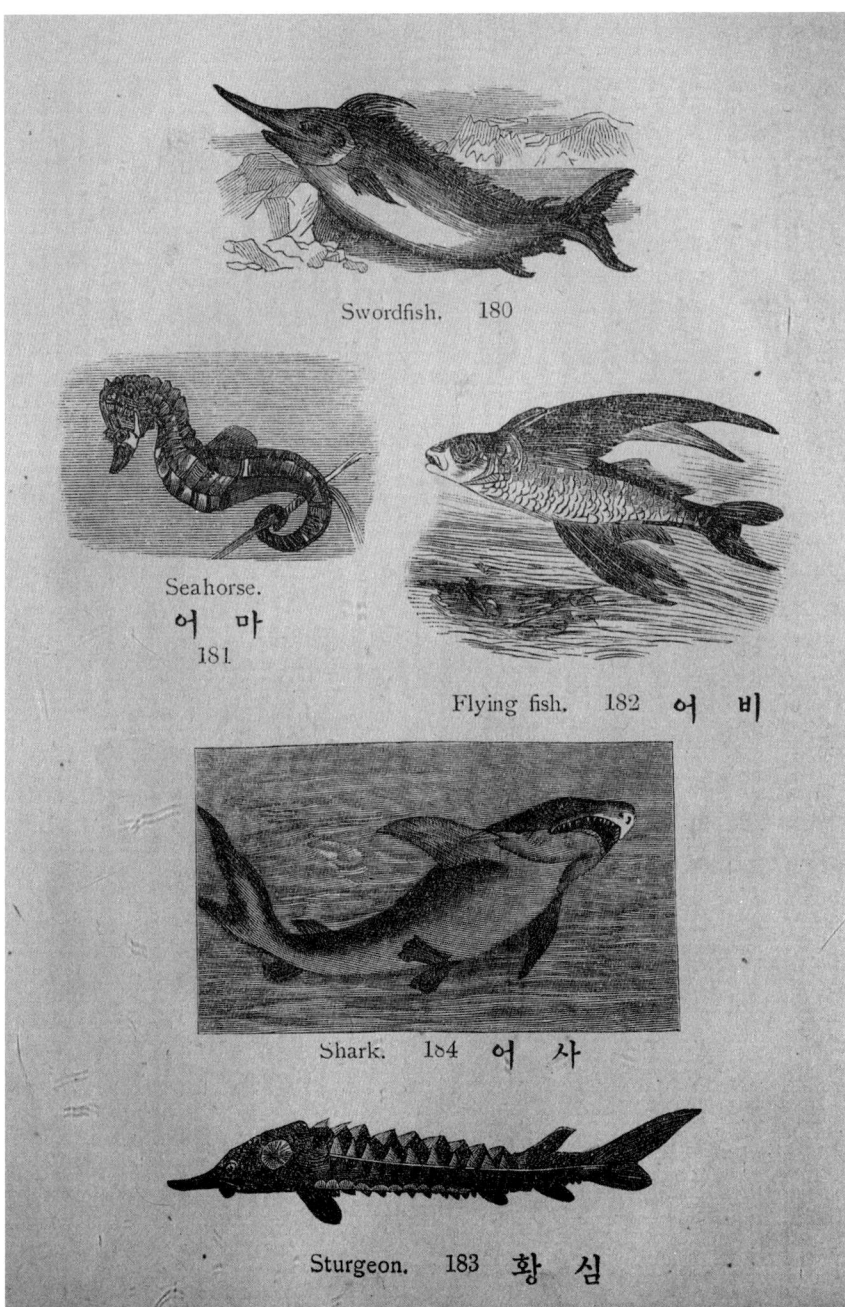

지족쎼	등	심	쎠
쎼은파속류	찬물	고	파기
죵			
검어			
마어			
비황어			
심어			
사리어			
만푸레			
전션어			
황환어			

두눈을제짝금보는거시라이거시식기를나흐며주머니에녓느니그주머니는꼬리아리잇느니라

(九) 비어 (Flying fish) 〔飛魚〕182 鱧 논바다에잇는 디그지느러미가길허져서새날키왖ᄒ니가히소오빅자를멀니뛰느니라쎄에보면완연히나는듯ᄒ나그실샹은뛰는거선디이는그몸이겨우바로만쒸여가고도리키지는못ᄒ느니라

(十) 심황 (Sturgeon) 〔鱘鱨〕183 鱧 애별명은챠갑어 〔着甲魚〕라고ᄒ느니이는그몸에든든한각되기가잇슴이라맛이잇스며쎠는심히연ᄒ고몸으로성물을잡아먹느니라이고기가밋물에잇는각죵혹남은물건을물에던지는거슬보던지사람이혹실족ᄒ야발을물에떠러치면더가죽시삼키느니니이고기가몸시악ᄒ물건이로되하느님의의소디로이악ᄒ고기를셩치못ᄒ게

데십구쟝

(土) 사어 (Shark) 〔鯊魚〕184 鱧 논큰거소삼스십자이나되느니사람과밋물에잇는각죵니사람들이흥샹이고기로맛잇는찬을가초며공괴넛는것포는가히강에서나서바다로드러가느니라고가쟝큰거소쟝이열자이니이고기가큰

뎨십구쟝

호랴고알두어기밧긔눈낫치못ᄒ게ᄒᄂ니라그알이이샹ᄒᆫ듸좌우녓헤박슈염굿치감기눈실이잇ᄂ니라

(卋) 만리 (Eel) (鰻鱺) 185 鰻 무리눈빗암쟝어라ᄒᄂ거시니몸이길고간흐러빗암과굿흔티가죡이부드럽고간흔비늘이잇스나그비늘이심히작은고로잘분간흘수업고ᄯᅩ귀살미구멍이심히좁아셔공긔가귀살미를잘맛치지못ᄒᄂ니그런고로물에셔나와도그귀살미가너느고기와굿치쉬히마르지아니ᄒ야날닉죽지안ᄂ니라

(卋) 림푸레 (Lamprey) 186 鰻 눈몸형샹이만리무리와굿흔듸몸좌우렵해각각귀살미구멍닐곱식잇눈고로사ᄅᆷ들이보고말ᄒ듸눈이닐곱이라ᄒ며ᄯᅩ입셩긴모양이이샹ᄒ야가락지와굿치둥굴고수다ᄒ니가잇스며혀에도작은니두층이잇ᄂ니라이혀를흥샹입밧그로닉여보닛다ᄒᄂ듸그혀가싸ᄂᆫ힘이만흥무어슬잘붓쳐기도ᄒᄂ니라사ᄅᆷ들이이만리와림푸레를죽이려ᄒ야칼노여러토막에닉어셔슬눈솟안헤두어도오히려음작이니이물건이날닉죽지안눈줄을가히알겟도다

(卋) 뎐션 (Electric eel) (電鱓) 은젼긔비암쟝어라ᄒᄂ거시니이눈남아메리샤에서나눈듸흥샹졔몸에잇눈젼긔로써모든싱물을죽이ᄂ니사ᄅᆷ들이이런줄을지나보지못ᄒ고뎌를만나면뎌의게샹흠을닙어죽지눈아니ᄒ나몸에긔운이진ᄒ야머질수잇ᄂ니라뎌곳사ᄅᆷ들이법을베프러잡ᄂ듸그잡ᄂ법은몬져들물을모라다가물노드러보

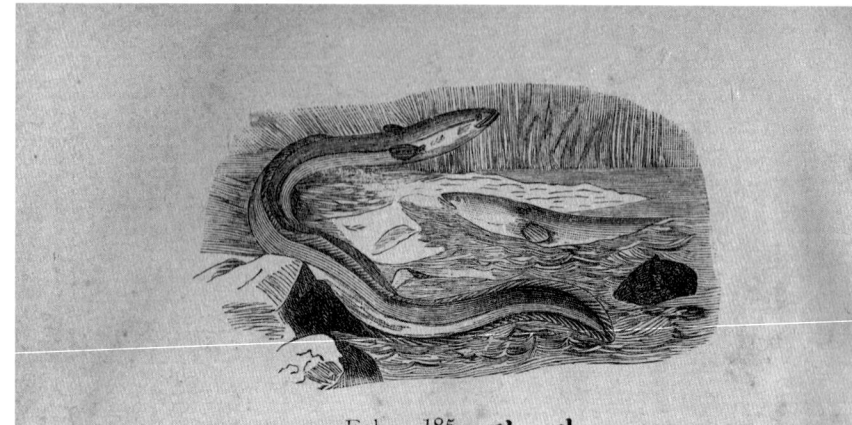

Eel. 185 리만

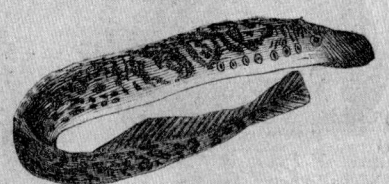

Lamprey. 186 레푸림

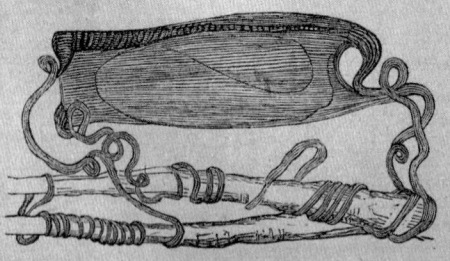

Egg of Shark. 알의어샤
아184

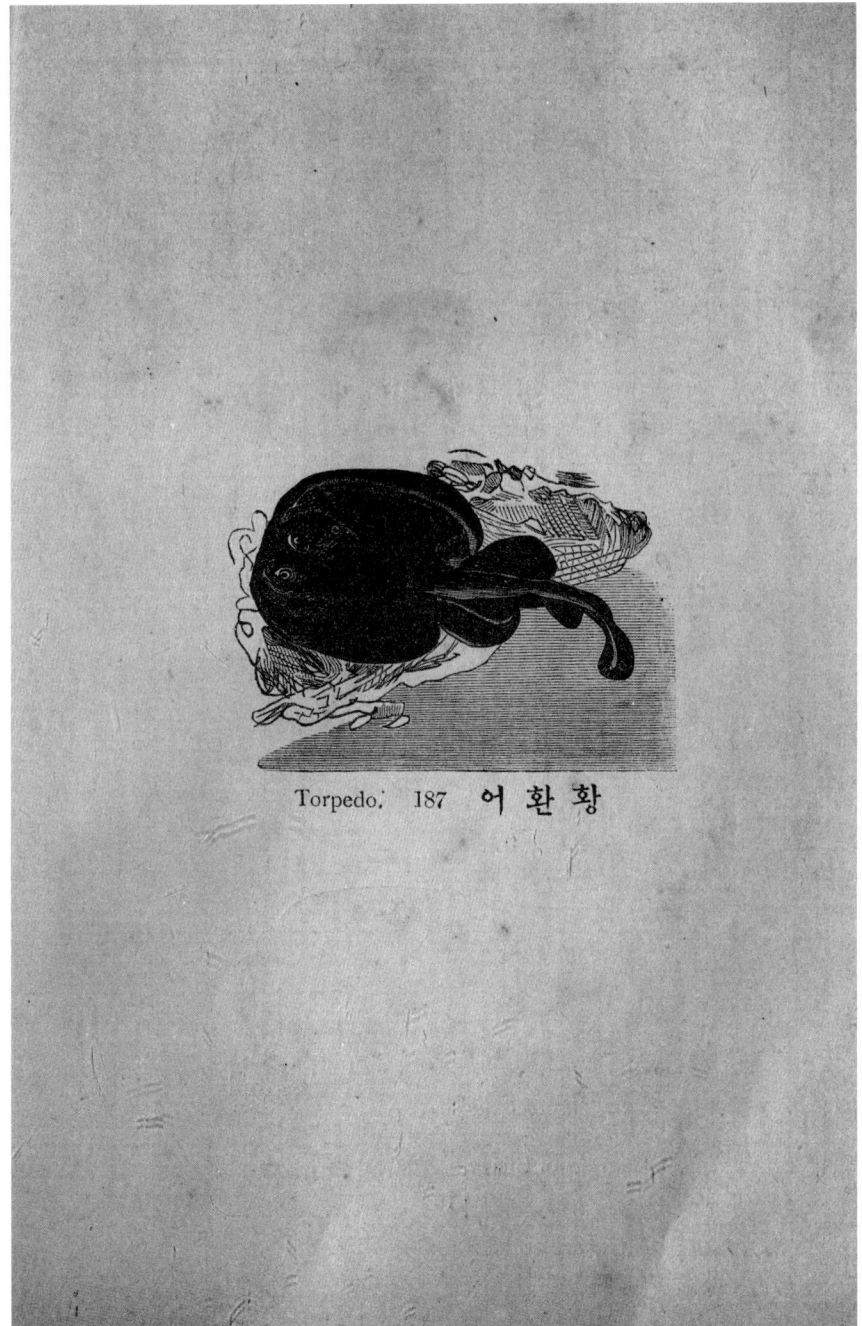

Torpedo. 187 어환황

　　　　　　　　　　　　　제십구쟝

(五) 황환어 (Torpedo)(黃鮟魚) 187 䱐　눈곳가우리라 하는 거시니 그 즁에 흔 가지는 견긔 가히 사람을 샹홀 수 잇고 또 츰가우리 눈 싸리에 가쳐 가 잇서 사람을 샹호느니라 그 두 눈이 머리 우혜 잇고 좌우 렵혜 잇지 아니 호며 입과 귀 살미는 다 아리 잇는 듸 흥샹 밋호로 돈니느니 샤람들이 이 고기 먹기를 됴화호나 물고기 즁에 맛 업는 고기니라

닉면 더 고기가 물을 보고 제 몸에 던긔 잇는 디로다 써서 던긔 가 거의 다 업서지고 힘더 쓸 수 업게 되면 그 때에 잡느니라

습　문

문 ○동물 즁에 어느 성물이 물에서 흥샹 샤느뇨 ○물에서 엇더케 호야 능히 샤느뇨 ○엇더케 호흡호느뇨 ○물에서 엇나면 웨 죽느뇨 ○물고기 렴통은 엇더케 호느뇨 ○물에서 무엇 더호뇨 ○물고기 몸에 무어시 잇느뇨 ○무어시 잇서 물에 잘 돈니느뇨 ○물에서 무어스로 잘 쓰고 갈아 안케 호느뇨 ○그 눈은 엇더 호뇨 ○니 눈이 엇더호뇨 ○엇더케 바다 여울을 지나가느뇨 ○시젼에 무슴 말을 닐넛느뇨 ○놉히 뛰는 거슨 능히 멧 자나 뛰느뇨 ○바다에 잇는 고기가 알을 어디서 낫느뇨 ○물고기 즁에 호나흔 어느 곳에 깃슬 먼드느뇨 ○물고기 알이 얼마나 만호뇨 ○고기 즁에 호가지는 제 식기를 무슴 법으로 보호 호느뇨 ○

데 십 구 쟝

검어눈무숨모양이뇨○어느곳에셔나느뇨○마어눈무어시이샹ᄒᆞ뇨○비어눈능히
재와굿치나느뇨○심황은별명이무어시뇨○사어눈무숨물건을먹느뇨○만리눈어
느물고기와굿ᄒᆞ뇨○물에셔떠나도엇더케오릭살수잇느뇨○림푸레눈엇더ᄒᆞ뇨
젼션은어느곳에셔나느뇨○무엇스로싱물을죽이고사람도샹ᄒᆞᆯ수잇느뇨○무숨법
으로잡느뇨○황환어눈무어스로사람을샹ᄒᆞ게ᄒᆞ느뇨○두눈이어듸잇느뇨

百五十四

동물학 이 권

뎨이십쟝 무쳑(無脊) Invertbrates 동물이라

뎨이십쟝은 관졀(關節)(Articulates) 동물을 의론 홈이라

(一) 동물즁에 유쳑지파 는 임의 다 보앗거니와 지금브터 볼거 슨 무쳑(無脊)(Invertebrates) 동물인 딕 셰지파가 잇 는 지라 이 셰지파 즁에 쳣재 는 관졀(關節) 동물인 딕 이 지파에 든 거시 여러 가지 나 모든 버러지와 디령이와 검의와 젼갈과 게족속이 다 이 여러 가지 동물 이 모양은 각각 크게 다르나 굿흔 거슨 가지 잇스니 유쳑 동물과 굿치 몸에 쳑골은 업스나 그 딕 신에 든 든 흔 각 딕 기가 잇 스니 각 딕 기 눈 몸을 든 케 도흥 고 힘 줄이 거긔 붓흔 거시 라 쏘 흔 갑 옷과 굿 흔 각 딕 기가 흔 조각으로 문 든 거시 아니 오 잘 눅 잘 눅 흔 잘 쏙 막 이 마다 흔 조각식 인 딕 여러 조각을 니어 셔 그 몸을 덥 혓 느 니 라 가령 지네 굿흔 거 슬 보면 완연히 보일거 시니라

(二) 쏘 집 마다 흔 이 잇는 파리를 잡아 보아 도 그러 흐니 라 그러나 베족속은 이러케 여러 조

百五十五

뎨이십쟝

각이별노업는거슨그각되물기든든케ᄒᆞ엿기에그몸을흔조각으로덥헛고쏘흔검어리와디렁이의게도이런모양이별노업는거슨그몸이녹질녹질흔거슬막지안으려홈이니라

(三) 이관졀동물은몸에힘줄이만흔고로운신을잘ᄒᆞ는디그즁에더러는다른동물보다운신을데일잘ᄒᆞ는거시오쏘흔족속외에는제먹을거슬차즈려고입의되로리왕을잘ᄒᆞᆫ디먹을거슬붓잡는긔계가힘이만코이샹ᄒᆞ게만드럿느니라

(四) 이지파즁에는거반다머리가완연ᄒᆞ게드러난거시오그입압헤집키ᄭᅩᆺᄒᆞᆫ긔계는유쳑동물의턱과ᄀᆞᆺ치아리우흐로다물지못고좌우편으로다물어집는거시오그집키는여러가지모양이잇ᄉᆞ니혹은칼ᄀᆞᆺ치베기를잘ᄒᆞ는것도잇고혹은부스러치게ᄒᆞ는것도잇느니라쏘다리는여슷시나여둛이나열이나열빗되는거시흔흥되엿던거슨수빅잇는것도잇고엇던거슨도모지업는것도잇는디그러나다리가업게되면ᄒᆞ나도업고잇게되면다여솟우흐로잇느니라

(五) 관졀동물은몸에피가동ᄒᆞ는거시이샹ᄒᆞ니렴통은업스나그디신에흔긴동이등심이에잇는디ᄯᅥᆨ곳은아니오잘ᄯᅡᆨ막이와합흔거시니그런고로몸에잇는잘ᄯᅡᆨ막이마다렴통디신ᄒᆞᆫ동식잇고그피빗촌희니라

(六) 호흡ᄒᆞ는거슨각각다르니갑각부(甲殼部)은가지와게ᄀᆞᆺᄒᆞᆫ거신디물고가와ᄀᆞᆺ치

공긔와 물을 셕거서 호흡ᄒᆞᄂᆞᆫ되 실상은 그 귀살미로 ᄒᆞᄂᆞᆫ 거시오 츙부(虫部)와 검의ᄂᆞᆫ 공긔만 호흡ᄒᆞᄂᆞ니라

(七) 관절동물은 닐곱 가지에 ᄂᆞ홀 수 잇ᄂᆞᆫᄃᆡ 첫재ᄂᆞᆫ 츙부(Insects)(虫部)이니 이ᄂᆞᆫ 파리와 벌과 기암이와 목이와 비긋ᄒᆞᆫ 거시니 몸에 마듸가 셋시니 머리와 가슴과 비라 머리에ᄂᆞᆫ 슈염이 잇고 다리ᄂᆞᆫ 여슷시 잇고 ᄂᆞᆯ기ᄂᆞᆫ 것도 잇ᄉᆞ나 두 ᄂᆞᆯ기와 네 ᄂᆞᆯ기 잇ᄂᆞᆫ 거시 흔ᄒᆞ니라

(八) 둘재ᄂᆞᆫ 죡부(Myriapoda)(多足部)이니 이ᄂᆞᆫ 지네무리니 머리만 완연히 ᄯᅡ로 잇ᄉᆞ나 가슴과 빅ᄂᆞᆫ 한마듸 안헤 잇고 ᄯᅩ 다리ᄂᆞᆫ 마흔여듧이리로 되ᄂᆞᆫ 거ᄉᆞ별노 업고 몸에 잇ᄂᆞᆫ 각 듸기ᄂᆞᆫ 조각수가 만코 서로 긋ᄒᆞ니라

(九) 셋재ᄂᆞᆫ 지쥬(Arachnida)(蜘蛛) 부이니 이ᄂᆞᆫ 검의와 젼갈과 벽슬(壁虱)이라 ᄒᆞᄂᆞᆫ 동물이니 머리와 가슴은 ᄒᆞᆫ되 붓허스나 빅ᄂᆞᆫ ᄯᅡ로 잇고 다리ᄂᆞᆫ 여듧식이오 슈염은 업ᄂᆞ니 라 이 세 가지 죵류ᄂᆞᆫ 다 공긔만 호흡ᄒᆞᄂᆞᆫ 거시라

(十) 넷재ᄂᆞᆫ 갑각부(Crustacea)(甲殼部)이니 이ᄂᆞᆫ 가지와 게 긋ᄒᆞᆫ 거시니 호흡ᄒᆞᄂᆞᆫ 거ᄂᆞᆫ 순물 고기와 긋치 공긔와 물을 셕거셔 호흡ᄒᆞ고 다리ᄂᆞᆫ 열이나 열둘이나 열넷시 잇고 몸에ᄂᆞᆫ 호 인 조각은 여러 가지 모양이 잇ᄉᆞ니 혹은 츙부와 긋치 세 마듸에 ᄂᆞᆫ호인 것도 잇고 혹은 지쥬 부와 긋ᄒᆞᆫ 것도 잇고 혹은 다 죡부와 긋ᄒᆞᆫ 것도 잇ᄂᆞ니라

데 이 십 쟝

뎨—이십 쟝

(十一) 임의 본이 네가지 죵류는 다 마디로 문든 것 지가 잇스나 그 남아 세 가지 죵류는 것 지가 업느니라

(十二) 다솟재 는 련졉부 (Annelida) (連接部) 인디 이는 검어리와 디렁이 족쇽이니 그 몸에 잇는 잘 두 막이 조각은 별노 분명치 못ᄒ거시라

(十三) 여솟재 는 쳬뇌부 (Entozoa) (躰內部) 이니 동물 빅 속에 잇는 회니라 이것도 몸에 잇는 잘 두 막이 가 잘 보이지 안느니라

(十四) 닐곱재 는 륜젼부 (Rotifera) (輪轉部) 이니 이는 극미 동물 (Animalculae) (極微動物) 이라ᄒ는 디 몸이 너무 젹어셔 현미경 업시는 잘 보지 못ᄒ는 디 이것도 그 마디는 분명히 보 이지 안느니라

(十五) 이제 츙부 (Insects) (虫部) 를 혜아려 보건디 쎼에 드러간 죵 의 수효가 다른 동물보 다 구장 만ᄒ니 유쳑 동물은 온 죵 를 다 합ᄒ여야 불과 삼만 죵 로되 이 쎼 중에 는 한 경시

(硬翅) 츙이란 것 만 볼 지라도 삼만 죵 는 넘 겟 는 지라 츙부 는 임의 차자 보고 안 것도 만ᄒ거 니와 아직 아지 못ᄒ는 것 이 보다 더 만흘 듯ᄒ니라

(十六) 이 츙부 는 몸에 잇는 마디 시 니 마디 셋시로 되 조각은 열셋시 나 열 넷시 나 되니 머리에 잇 고 가슴에 셋시 잇고 빈에 아홉이 잇 느 니라

(十七) 츙부 가 호흡ᄒ는 거시 이샹ᄒ 디 허파 는 업스나 몸에 동이 잇서 공긔 가 그 동으로 드러

가느니라 츙부는운신을잘ᄒᆞ는거시니 공긔를만히먹어야 될거시라 파힝부(爬行部)와
비교ᄒᆞ면 대단히 다르니 파 츙부는 너무둔ᄒᆞ고 쓰니 공긔를 조곰식 먹어도 관계치 안ᄒᆞ니
라 그런고로 겨울을 지낼동안은 공긔를 호흡지 안ᄒᆞ느니라
(六) 츙부즁에 혹은 식물의 진 도 먹고 다른 동물의 진 일을 ᄲᅡ라 먹는것도 잇고 혹은 식물이
나 다른 동물의 몸을 먹ᄂᆞᆫ것도 잇는 ᄃᆡ 먹는 모양은 두 가지에 ᄂᆞᆫ 홀 수 잇스니 첫재는 ᄲᅡ라 먹
ᄂᆞᆫ거시오 둘재는 널어먹는거시라
(九) ᄲᅡ라먹는거슨 나뷔와 긋치 긴 수염 ᄀᆞᆺ흔 동이 잇스니 먹지 아닐ᄯᅢ에는 ᄆᆞᆷ 듸로 살여
두엇다가 먹을ᄯᅢ에 눈 곳게 펴서 ᄭᅩᆺ 속에 들여 보니여 단물을 ᄲᅡ라 먹는 거시오 188 圖 그림을
보시오
(十) 널어 먹는거슨 무당벌기와 박쥐와 사마귀 ᄀᆞᆺ흔 거시니 이는 집키가 잇셔 먹을 거슬 잘
슷고 베기에 덕당ᄒᆞ니라
(十一) 혹은 벌과 모긔 ᄀᆞᆺ치 ᄲᅡ는 긔계와 베는 긔계가 둘다 잇스니 ᄲᅡ는 긔계로는 먹고 베는
긔계로는 연장 ᄀᆞᆺ치 써서 벌은 집을 짓고 모긔는 다른 동물의 가족을 뚜루느니라
(十二) ᄯᅩ 머리에 긴 슈염둘이 잇서 닷치면 즉시서 드라아는 거시오
ᄯᅩ져은 수염둘이 잇스니 이 눈 무슴물건이 잇서 닷치 눈 거슬 셔 듯게 ᄒᆞᄂᆞᆫ 거시라
(十三) 이 츙부 눈 오관에 힘이 만ᄒᆞ나 그 니암시 맛는 긔계는 지금ᄭᅡ지 차자 본 사람이 업고 듯

데이십쟝

百五十九

데 이 십 쟝

눈긔계잇는것도흔치안느니라그러나눈은분명호디그즁에엇던거슨무수호겟은눈이
다합ᄒᆞ야혹보눈긔계가된거시니파리눈은겹은소쳔이합ᄒᆞ야히된거시오총부
즁에혹은이만오쳔이합ᄒᆞ야나된것도잇느니라 189 그림을보니현미경으로보눈디벌
의머리압흐로첫재잇눈거슨슈염이오그눈들은머리압뒤와좌우편을다덥헛느니라
(齒)몸을기르눈비위가셋신디첫재는새의살며과굿치먹은거슬밧아젓처고둘재눈멀
더군이란쟝집과굿치먹은거슬가라져게ᄒᆞ고셋재는먹은거슬쇼화ᄒᆞ야피가되게ᄒᆞ
니라.

(足) 그즁에발은각각제힝ᄒᆞ는디뎍당ᄒᆞ디로된거시니혹은톱이잇고혹은발에빠눈긔
계가잇셔담벽에잘붓흘수잇고혹은다리에털굿흔거시잇셔헤염을잘치는것도잇고혹
은그압발이두더쥐의압발과굿치ᄯᅡ흘파기에뎍당호것도잇느니라
(翅)쏘놀기는박쥐날기와굿치두겁인디그속에잇눈가는줄기를싸셔덥헛고혹은두놀
기잇눈것도잇스나네놀기잇는거시흔호디혹은압해두놀기눈아둔니는디쓰지안코
다만뒤헤잇눈두놀기를덥허보호ᄒᆞ여줄쓸이니그런고로압해잇눈두놀기눈두겁고든
든ᄒᆞ니이는시초(Elytra) (翅鞘)라ᄒᆞ는놀기집이라 190 그림을보시오가만히잇슬쌔에는
그뒷놀기눈잘긔켜셔시초(翅鞘)속에녀허두느니라 춤놀기눈다묽고얇으니나뷔과에
것밧긔눈놀기가다류리모양으로얇게빗최이느니라나뷔과에드러가눈놀기에몬지굿흔

흔니 손현미경으로보니 분명훈 비눌모양인디 그줄기로문의 돗은거시니 우보기됴흐니라

(ㄴ) 각식동물즁에 츙부에셔더 보기됴코 이샹흐게 문든거시 업느니 눈으로만볼지라도 아롬답거니와 현미경으로는 더옥보기가됴흐니라

(ㄷ) 츙부즁에 졔식기를 틱싱(胎生)으로 낫는것도 더러 잇스나 데일 흔훈 거슨 란싱(卵生)으로 알 나 하셔 셰 는거시니 그 알모양도 여러가지오 보가 흔것도 잇스니 그림을 보시오

(ㄹ) 츙부가 대단히 왕셩 호여가는 모양인디 벌중에 셕기치는 벌훈놈이 히마다 알스쳔만 기 식 낫코 진 두물은 미년에 훈놈의 난 거슬 낫코 흰 기암이 암것 훈놈이 히마다 알스쳔만 기식 낫코 두물은 미년에 훈놈의 난 거시 일빅 경식 되는 디 그러 나 약호게 문든 고로 어려셔 죽는거시 만흐니라 츙부가 온 셰샹에 다 퍼졋는 디 남북빙양에 도 여름동안은 잇스나 더운 디 잇는 거시 만 히도 흐고 아롬답기도 흔거시오 츙부가 각각 맛당훈곳에 잇스나 엇던거슨 널니 퍼졋스니 그즁에 집파리가 데일 널니퍼졋느니라

(ㅁ) 츙부에 데일 이샹 훈 거슨 화싱 흐 는 거시니 별노업시 거반 다 변화 흐야 나느니 처음에는 알에셔 화 흐야기 여 둔니는 버러지가 되고 다음에 는 몸이 드러가 잇슬곳을 예비 흐고 그 거긔드러 가 자기만 흐는 디 그 자 는 동안에 크게 변화 흐야 필경은 놀기잇는 동물이 되느니 잘 째에 는 그 놀거리를 잘긔 쳐 두엇다 가 긔 약이 되면 그 집에셔 나 오

데이십장

百六十一

뎨 이십 쟝

눈거시오나죵에는눈그집에셔나아와늘기를펴고잘놀아든니느니이거시온전ᄒ게일운거시니라

(ㄷ) 츙부가처음에알에셔산후에눈유츙(Larva)(幼虫)이라ᄒ고그후에집속에셔잘ᄯᅢ에유츙이변ᄒ거슬용(Pupa)(蛹)이라ᄒ고 192 그림을보시오 용(蛹)이졈졈변ᄒ야온젼ᄒ게된거슬시츙(翅虫)(Imago)이라ᄒᄂ니라

(ㄸ) 유츙(幼虫)은각각다른것셰가지가잇스니구덕(Maggot)이와굼벙이(Grub)와명령(Caterpillar)(蟓蛉)이라

(ㄸ) 용(蛹)에셔대단히변ᄒ거시니대개유츙과시츙을서로비교ᄒ면비슷지도안흔거시만홈이라모양으로말ᄒ면시츙은보기됴코아름다오나유츙젹에눈모양이보기슬흔것도잇고ᄯᅩ유츙젹에눈보기됴ᄒ여셔보기슬흔것도잇ᄂ니ᄯᅢ눈몸이둔ᄒ고ᄯᅥ게기여든니던거시신딕시셔가서로크게샹거가잇ᄂ니유츙으로잇슬ᄯᅢ눈몸이가빅압고가늘어잘아든니느니라

(띠) 유츙은알에셔나고알은온젼ᄒ시츙의게셔나ᄂ니알ᄶᅢ셔유츙으로처음나올ᄯᅢ에눈격으나그자라ᄂᆫ거시니파리죵에혼가지죵ᄌᆞᄂᆫ구덕이되엿슬ᄯᅢ에ᄒᆞᆯ날동안에졔중수의이빅곱졀이나더커지ᄂᆞ니구덕이가이러케속히자라기에식셩(食性)이대단ᄒ니라

(卵) 본릭 유충되엿슬때에 눈만히 먹는고로 만히 자랏거니와 시충될때에 눈집에셔 임의 귀셔 나왓스니 먹기도젹게 홀거시오 파리가 구덕이 젹에 눈 더러온 중에셔 만히 먹엇스나 파리된후에 눈 별노 만히 먹지 안코 식굿흔 것만 됴화 ᄒᆞᄂᆞ니라

(幼虫) 유충 이 속히 커지 눈 고로 몸에 허물을 자조 벗ᄂᆞ니 누의와 굿흔거 손 크 눈 동안 에 허물을 네번즘 벗 눈 거시오

(蛹) 용으로 잇슬때에 눈 각 버러지 가 다 다르게 ᄒᆞ고 잇스니 혹은 변ᄒᆞ야 갈때에 무엇의게 히 될셔렴 녀ᄒᆞ야 피ᄒᆞ랴고 죵용 ᄒᆞᆫ 듸 드러 가 눈 것도 잇고 혹은 나무닙 사귀로 제 몸을 싸 눈 것도 잇고 혹은 집을 지어셔 나무닙 사귀에 붓치 눈 것도 잇ᄂᆞ니라

(蛹) 이 거울 동안 을 그 되로 지내 랴 홀 때에 법 을 베프 러 그 치 운 거 슬막 을 터 이 니 가 을 이 되 면 허 다 ᄒᆞᆫ 충 부 들 이 ᄯᅡ 속 에 드러 가 셔 흙 으로 집 을 짓고 겨울 을 지 내 되 혹 은 졔 몸 에 셔 나 눈 쥬 실 노 그 방 안 을 ᄯᅡ 셔 치 운 거 슬 막 ᄂᆞ니 명령(螟蛉) 즁 에 혹 은 ᄯᅡ 우 헤 잇 셔 셜 너 셜 훈 면 쥬 실 노 고 치 를 지 으 되 사 룸 의 겨 울 옷 과 굿 치 두 겹 이 잇 셔 그 사 이 에 너 너 설 훈 면 쥬 실 이 잇 슴 으 로 치 움 과 습 기 를 막 ᄂᆞ니 나 뷔 과 즁 에 ᄒᆞᆫ 크 고 보 기 됴 흔 거 시 이 러 케 ᄒᆞᄂᆞ니라

193 그림을 보시오

뎨 이 십 쟝

百六十三

뎨 이십 쟝

습 문

문○무쳑동물이란것은무어시뇨○관졀동물에드러가는거시무어시뇨○그즁에긋흔거슨무어시뇨○그걱디기룰엇던모양으로몬드럿느뇨○힘줄은어디붓흔거시뇨○집기는엇더호뇨○피동호는거슨엇더호뇨○호흡호는모양은엇더호뇨○관졀동물에눈혼거슨무어시며도엇더호뇨○츙부의수눈엇더호뇨○츙부가무어슬먹고사느뇨○먹눈법이멧가지잇느뇨○슈염은무숨쓸디잇느뇨○츙부의오관은엇더호뇨○벌눈은엇더호뇨○그쇼화호눈긔계눈엇더호뇨○츙부에놀긔눈엇더케몬드럿느뇨○츙부의알이다호모양이뇨○나뷔과의눌긔지료눈다룬츙부와굿지아닌거시무어시뇨○츙부시쵸눈무어시뇨○츙부가왕셩호눈것이잇더호뇨○뎨일만히퍼지눈거시무어시뇨○츙부가멧번이나화싱호느뇨○유츙이무어시뇨○용이무어시뇨○시츙은무어시뇨○유츙과시츙의모양이굿호뇨○유츙이크눈거슨엇더호뇨○시츙의커지눈거슨엇더호뇨○유츙이허물버슨거시엇더호뇨○변호여갈째에유츙이각각다르게호눈거슨무어시뇨○겨울동안치운거슬방비호눈법이멧가지뇨

뎨이십일쟝 은경시(Coleoptera)(硬翅) 츙부를의론홈이라

(一) 츙부의 눈호인거슬 지금 혜아려보건뒤 날기가 각각 다른거슬 보고 아홉과에는 눈왓눈뒤 첫지 눈경시(Coleoptera)(硬翅) 츙부니 시초(翅鞘)잇눈 버러지눈 다 여긔 드러간 거시오 둘지 눈 직시(Orthoptera)(直翅) 츙부니 귀돌암이와 뫼둑이와 팟죵이와 박퀴 굿흔 거시오 셋지 눈 믹시(Neuroptera)(脉翅) 츙부니이눈 쟝슈잔자리와 하로사리 굿흔 거시오 넷지 눈 스모시(Hymenoptera)(四模翅) 츙부니 벌과 날나리 굿흔 거시오 다숫지 눈 린시(Lepidoptera)(鱗翅) 츙부니 낫에 둔니눈 나뷔와 밤에 둔니눈 박각씨 굿흔 거시오 여숫지 눈 반시(Hemiptera)(半翅) 츙부니이눈 믹암이와 진드물 굿흔 거시오 닐곱지 눈 쌍시(Diptera)(雙翅) 츙부니 모긔와 파리 굿흔 거시오 여둛지 눈 무시(Aptera)(無翅) 츙부니 니(虱) 여러가지 굿흔 거시오 아홉지 눈 미현시(Aphaniptera)(未現翅) 츙부니 벼록이 굿흔 거시 가 드러간 거시라

(二) 이 아홉 과 즁에 경시란 굿은 날기(Coleoptera) 잇눈 거시 뎨일 만흐니 임의 차자 보아 눈 거시 삼수쳔 가지오 아직 차자 보지 못흔 거시 그 즁에 엇던 거손 미우 젹으나 엇던 거손 츙부즁에 뎨일 큰 것도 잇소니 길이가 다숫 치 되눈 것도 잇느니라

데이십일장

경시츙부는가만히잇슬때에눈날기가업는것굿흔거시나시초(翅鞘)가굿고그등심이에쎅맛즌섁둑이라츰날기눈시초보다곱졀이나길기도ᄒᆞ고넓기도ᄒᆞ나날아가지아닐때에눈그날기를시초아릭잘젹겨둔고로보이지안느니라

(三) 이경시츙부는다화셩을잘ᄒᆞ는딕유츙되엿슬때에눈몸은부드럽고머리는든든ᄒᆞ거시니여러가지즁에혹흙이나나무부스럭이로집을지으며혹은졔몸에셔난쥬실굿흔거시나풀굿흔거스로졔잇는집을짓는거시오더러는용이되여셔여러히동안그딕로가만히잇는것도잇느니라

(四) 경시츙부를론ᄒᆞᆫ것세속이잇는딕

파지족쎄	쎄은작	과속류	죵
마버러은 날은굿먹기고			무당벌네
듸지기것			호피갑

첫지는다른버러지를잡아먹는거시오둘지는식물을먹는거시니이셰가지즁에첫지와둘지눈사름의게미우유익ᄒᆞ나가지즁에셋지는사름의게대단히히로온거시니라

(五) 이세가지를먹는것즁에각각두엇식만말ᄒᆞᆯ지니버러지를잡아먹는것즁에눈사름마다알기쉬온무당벌네(Lady birds)이버러지가유츙되엿슬때에사름의게유익ᄒᆞᆫ거시식물을흴히ᄒᆞ는진두물을잡아먹고삶이오유츙되여ᄒᆞᆫ보름잇다가납사귀에붓허셔허물을벗

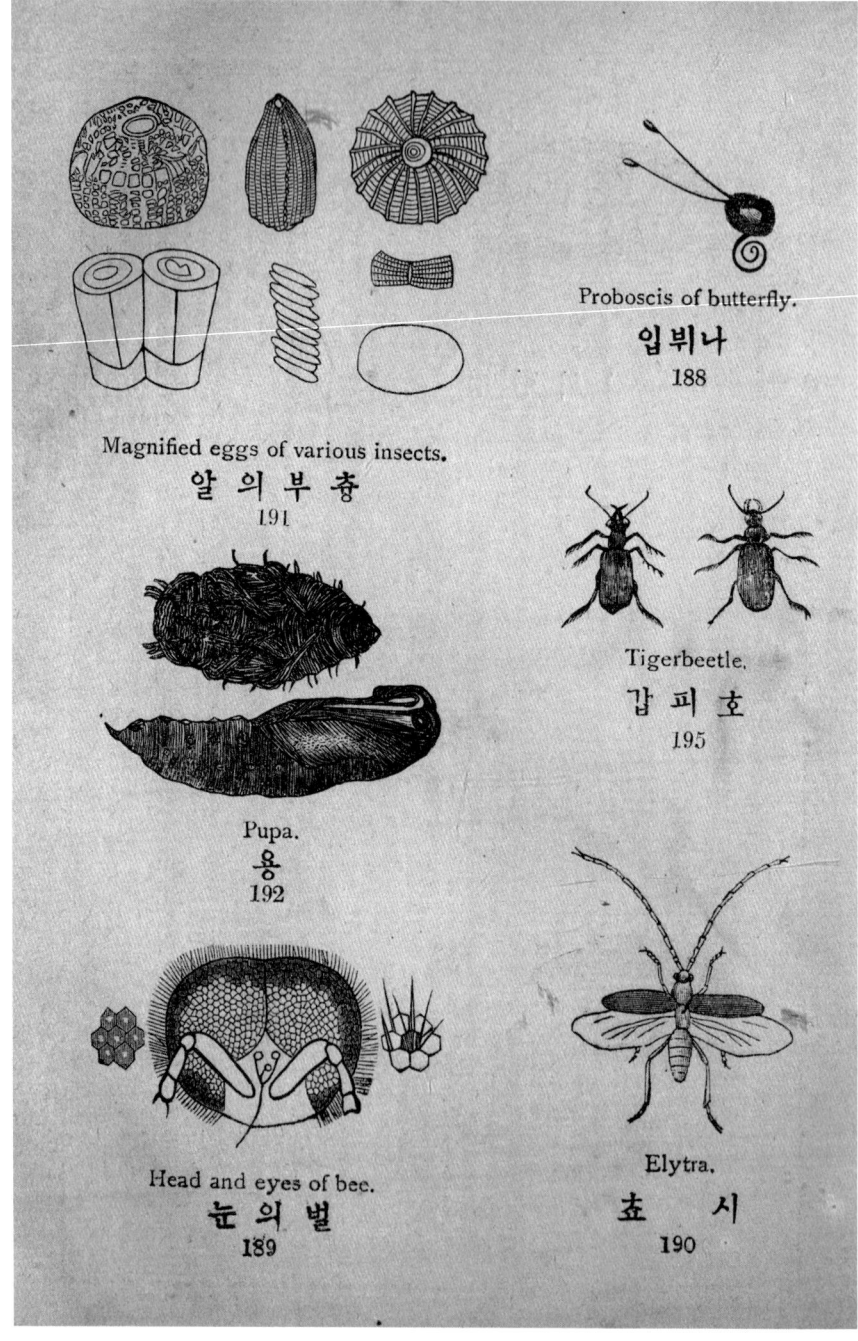

Magnified eggs of various insects.
알의부츙
191

Proboscis of butterfly.
입뷔나
188

Tigerbeetle.
갑피호
195

Pupa.
용
192

Head and eyes of bee.
눈의벌
189

Elytra.
쵸시
190

Cocoon.
집의령명
193

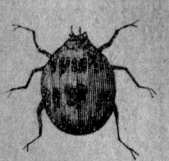
Lady Bird.
네별당무
194

Carrion Beetle.
츙미굴
196

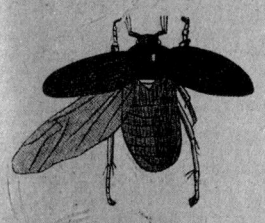
Junebug.
츙화박
197

Larva of Junebug.
츙유의츙화박
198

고곳치를짓고또보름동안을자다가온젼호무당벌네가되여나오는거시니이즁에호
지는호박나무히흐는버러지를잡아먹기됴화호는고로졔유츙과굿치호박나무에흥상
잇누니라•

(六) 호피갑 (Tiger beetle) (虎皮甲) 195蟲 은식량이대단히넓고몸에얼녁얼녁호뎜이
잇스니그런고로호피갑이라호느니라먹는거슨명령과파리와졔동류를잡아먹는거시
오유츙되엿슬때에는싸에구멍을쑤루고잇는듸먹을거슬잡는법은구멍속에가만히잇
셔다른버러지가지나가기를기느리다가지나가는거슬보면즉시나가셔잡아먹누니
라

지파	마	듸
족쎄은작 쎄과굿	러 버	지러
속류 물온쎅	날은굿 먹건	기 것눈
죵	탕량이	굴미츙

(七) 썩은물건먹는경시츙부는시초가빗나셔보기
됴흔것도만호니라발은싸을파기에뎍당호거시잇
고몸은더러온가온듸흥샹잇스나몸이씻굿호니라
이런버러지가사룸의게유익호거슨사룸의게히로
온썩은물건을업시홈이니흐놈의먹는거슬심각호
면얼마되지못호나여러놈의먹는거슬다합호야보
면대단히만호니라엇던거슨길이가다숏치나되게
큰것도잇스니젹도디방에잇느니라

百六十七

뎨이십일쟝

(八) 디챵츙(Dung beetle)(地蠶虫)은 탕량이라 ᄒᆞᄂᆞᆫ 거시니 진흙과 똥을 둥구럿케 빗져셔 그 가온디 알을 나 하두고 싸헤 구멍을 두어 자이나 깁히 판 후에 그 동굴림이를 감초와 두엇다가 온 것 도 잇ᄂᆞ니라 먹ᄂᆞᆫ 거스로 말ᄒᆞ면 새 죽은 거시나 여러 동물 죽은 거슬 맛나면 제 몸 디로 먹고 그 알을 그 시톄에 쓸되 그 중에 흔 가지는 구멍을 파고 죽은 동물을 뭇엇다가 그 알을 싸셔 먹되 여 나올 ᄯᅢ에 그 썩은 시톄를 먹고 사ᄂᆞ니라

(九) 굴민츙(Carrion beetle)(掘坟虫) 196 蠱은 여러 가지 눈이 엇던 거슨 모양이 심히 아름답다

지과	마	디
족쎼쎼은쟉과속류죵	러버	지러
미반반도박 샹묘뇌챵화 츙츙	날은굿 것눈먹물 식	긔 것

(十) 蠱은 식물을 먹ᄂᆞᆫ 속에 든 것들은 유츙 되엿슬 ᄯᅢ에 나ᄒᆞ샹 초목을 먹ᄂᆞ니 혹은 실과를 먹ᄂᆞᆫ 츙은 곡식을 먹고 혹은 닙사귀를 먹고 혹은 나무 지 먹ᄂᆞᆫ 것도 잇ᄂᆞ니 그림으로 사람의게 히 로온이라

(十一) 박화츙(June bug)(撲火虫) 197 198 蠱은 싸구멍에 알낫ᄂᆞᆫ디 스월에 낫ᄂᆞ니 셕들을 지내면 그 알이 싸셔 유츙이 되여 나아와 셔 허다ᄒᆞᆫ 치 소뿌리를 잘나 먹고 두어 히 동안을 지눈 후에 ᄯᅩ 변화ᄒᆞ랴고 집을 짓고 그 속에셔 용이 되여 겨울을 지닉면

쏘변화ᄒᆞ야시츙이되여날아둔니며닙스귀를먹ᄂᆞ니라

(三) 도챵츙 (Spring beetle) (跳螫虫) 199 虫豕 은사름이잡아셔빅가우ᄒᆞ로가게노ᄒᆞ면즉시뒤집혀바로업듸ᄂᆞ니라그즁에ᄒᆞ가지ᄂᆞᆫ길이가ᄒᆞ치반즘되ᄂᆞᆫ것도잇ᄂᆞᆫᄃᆡ몸좌우편에누룬뎜이잇셔빗치금강셕굿치잘나고빅아린도허리잘두막이에셔빗치나ᄂᆞ니라셔인듸스에규바란셤에부인들이이거슬잡아머리에고보기됴흔단쟝으로녁이ᄂᆞ니라

(卄) 곳곳마다흔이잇ᄂᆞᆫ반듸불 (Firefly) (螢) 도이속에드ᄂᆞᆫᄃᆡᄒᆞ나흘잡아보면그빗ᄎᆞᆫ비에두어잡ᄯᅮ막이에셔나ᄂᆞ니라

(卅) 반묘 (Spanish fly) (斑猫) 눈식물을먹ᄂᆞᆫ거시니빗촌푸른빗치라이버려지믈말녀보아셔고약을믄듯니라

(卅) 식물먹ᄂᆞᆫ버러지즁에열미와곡식을힉ᄒᆞᄂᆞᆫ거손미샹 (Weavel) (米象) 200 虫豕 인ᄃᆡ시츙되여셔그알을열미나곡식에쓴릿다가셔유츙될ᄯᅢ에구벙이가되여거긔잇눈실과나곡식을먹ᄂᆞ니라가령미샹즁에ᄒᆞᆫ죵즈ᄂᆞᆫ제알을여물지못ᄒᆞᆫ콩고토리에쏠어두면그알에셔나온유츙이그콩을먹고사ᄂᆞ니콩알을가지고조셰히보면은구멍이종종ᄒᆞ엿ᄉᆞ니이ᄂᆞᆫ미샹에셔나온유츙이그러케ᄒᆞᄂᆞᆫ거시오밤도쏙읠여보면거긔도미샹에셔나온유츙이잇고능금과다른실과에잇ᄂᆞᆫ구덱이와밀가루먹ᄂᆞᆫ것도다

ᄃᆡ이십일쟝

百六十九

그러ᄒᆞ니라 이 벌네가 곡식이나 열미를 쓰루는 거시 게가 잇는 고로 코기리와 굿다 ᄒᆞ야 미샹이라 ᄒᆞᄂᆞ니라 현미경으로 그림을 보면 크게 보이ᄂᆞ니라

습 문

무어슬 보고 츙부를 분별ᄒᆞᆯ 거시뇨 ○ 츙부가 멧 가지며 무어시뇨 ○ 그 아홉과 즁에 어느 거시 뎨일 만호뇨 ○ 경시 츙부에 든 벌네가 크며 젹음이 잇더 ᄒᆞ뇨 ○ 먹는 거시 멧 가지 분별이 잇ᄂᆞ뇨 ○ 무당벌네가 엇더 ᄒᆞ뇨 ○ 호피갑은 엇더 ᄒᆞ뇨 ○ 썩은 거슬 먹는 거신 엇더 ᄒᆞ뇨 ○ 탕량이가 엇더 ᄒᆞ뇨 ○ 굴미 츙이 엇더 ᄒᆞ뇨 ○ 식물을 먹는 거시 엇더 ᄒᆞ뇨 ○ 박화 츙이 엇더 ᄒᆞ뇨 ○ 도챵츙이 엇더 ᄒᆞ뇨 ○ 반묘는 엇더 ᄒᆞ뇨 ○ 반듸불은 엇더 ᄒᆞ뇨 ○ 미샹은 엇더 ᄒᆞ뇨

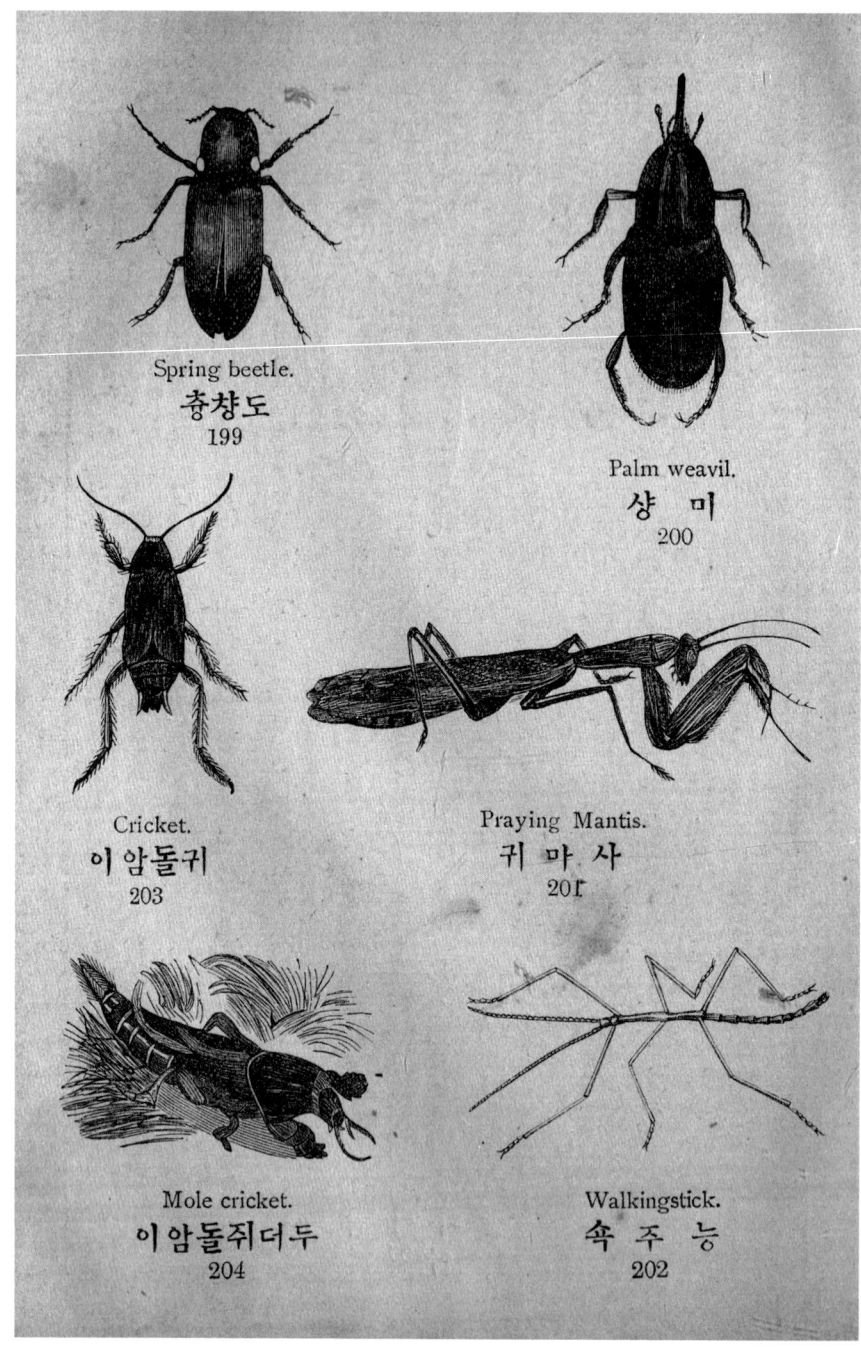

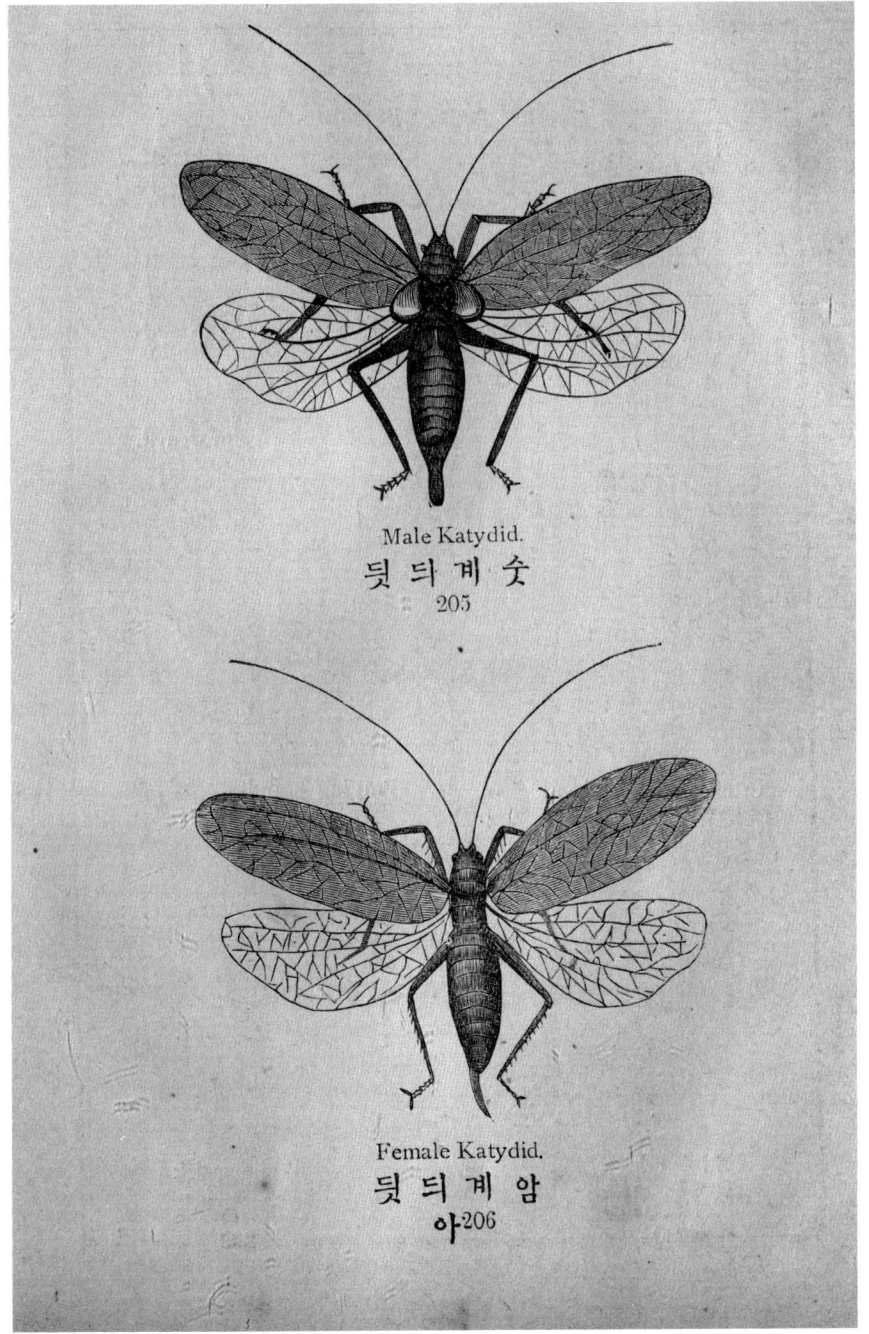

뎨이십이쟝은 직시(Orthoptera)(直翅) 충부를 의론홈이라

(一) 온 충부즁에 둘지 눈 직시 충부인 되 이 눈 곳은 날기 넷시 잇스니 가 만히 잇슬 때에 눈 뒷 날기 들은 붓쳐와 굿치 덥어 두 눈 거시오 그 압 날기 들은 좀 둙거워 뒤에 두 날기를 덥눈 거시 니 경시 충부의 게 잇눈 시초와 굿 기눈 호나 그 보다 엷고 만문호 거시라

(二) 이 과에 드러 간 버러지눈 변흥 기눈 호나 화싱은 채 못호 다 고 흘 거시 손용이 되여 얼마 동 안자 지 아니호 고 살 동안에 운신을 잘 호눈 거시 오 쳐음에 눈 날기 가 업스나 차차 크면서 날 기가 나고 커지눈 동안에 허 물을 여 솟 번 즘 벗눈 거시니 이 거슬 네 속에 눈 호 수 잇눈 되 첫지 눈 션주속(Cursoria)(善走屬)이 니 고 기를 먹 눈 거시 오 셋지 눈 션보속(Ambulatoria)(善步屬)이 니 것 시 눈 거시 식육속(Raptoria) 〈食肉屬〉이 니 고 기를 먹 눈 거시 오 셋지 눈 션보속(Ambulatoria)(善步屬)이 니 것 시 오 넷지 눈 비약속(Saltatoria)(飛躍屬)이 니 뛰눈 거시라

(三) 다라나 눈(善走) 것 즁에 박 퀴(Cockroach)(蟑螂) 가 드러가 눈 되 이 눈 사 룸의 집에 잇 눈 것도 잇고 밧헤 잇 눈 것도 잇 느 니 쳥국 과 아라 사에 심히 왕셩 호 야 사 룸이 평안히 거 호지 못 호 니 그 잇 눈 집을 불 노 살 와 박 퀴 ᄶᅳ 지 타 지게 호 다 더 라 그러 나 박 퀴 종 조 를 업시 호 랴 면 붕 사 론 가 루 약 으 로 박 퀴 잇 눈 ᄶᅩᆺ 에 잘 ᄲᅮ 리 면 걷 되 지 못 호 야 다 ᄶᅩᆺ 겨 나 눈 니 라

百七十一

지파 족 셰 쎼은작 과 속 류 종	마	듸	
	버	지	
	곳 은 날 긔 다라	것 것 눈 뛰눈	
나눈	박쉬		
	사마귀		
	능주수	귀돌암이	
		팟종이	

(四) 고기먹눈 (肉食類) 것즁에사마귀•(Praying mamtis) (螳螂) 201 屬 눈식량이크고셩을급히 내여싸홈을잘ᄒᆞ느니만일그두놈을잡아먹흔그릇 셰두면반드시서로잡아먹느니라압발둘은가시 가잇고힘이더잇셔능히버러지를잡아먹고눈은 큰듸동ᄌᆞ가맷빅이되느니라

(五) 것눈것 (善步屬) 즁에드러가눈벌네가만치 눈못ᄒᆞ나이샹ᄒᆞ거신듸이눈주슈 (Walkingstick) (能走樹) 202 屬 눈흥샹나무스이에잇셔기여 ᄃᆞ니느니그빗치나무빗과굿ᄒᆞ야나무와버러지 를잘분간흘수업고그즁에혹날기업눈것도잇셔

(六) 뛰눈것 (飛躍屬) 즁에드러간거순만ᄒᆞ니귀돌암이•(Cricket) (蟋蟀) 203 屬 눈사롬마다아눈거시니그즁에싸을파눈거시만ᄒᆞ나ᄒᆞ 가지눈두더쥐귀돌암이•(Mole Cricket) 라ᄒᆞ눈것잇소니 204 屬 그압발은두더쥐발과 굿치파기에덕당ᄒᆞ게싱겻고여러가지눈일도두더쥐와굿ᄒᆞ니라그즁에암컷소구멍 나무가지와굿게뵈이느니라

을 깁히 파고 그 속에 알쓰는디 이 빗브터 스빗알셕 지쓰느니라 귀돌암이 중에 또 한 가지는 다른 귀돌암이와 굿지 아니한 거시 나무에 잇고 나무 가지에 알을 쓰는 거시시며 그 소리는 쳐량호야 듯기가 됴호니 이는 입에셔 나지 안코 그 압날기를 좀 들석호고 마조 뷔벼셔 소리를 내느니라

(七) 뫼쑥이 (Grasshopper) (蚱蜢)는 귀돌암이와 굿지 아니한 거시 손 그 날기가 등심이 우헤 편편호게 붓지 아니호고 등심이 우헤는 두 날기가 놉게 싱기고 좌우편으로 누려 가면셔 졈졈 느즈져셔 맛치 곱새 모양과 굿호니라 뫼쑥이 여러 가지 중에 한 가지 큰 대한 사람은 쳥국민암이 (Chinese Locust)라 호고 미국 사람은 계듸뒷 (Katydid)이라 호느니 ²⁰⁵ 온 몸이 푸른 빗치 오 날기는 민우 얇아 항나와 굿한 거시 오 길이는 한 치 반즘 길고 날기를 펴 칠 째에 넓기가 셋 치나 되느니라 그림을 조셰히 보면 압 날기 좌우 밋헤 북과 굿한 핑핑한 가죽이 잇는디 그거슬 셔로 뷔비면 소리가 나느니라 그 암컷슨 이런 거계가 업는 고로 소리를 못 호느니라 아 ²⁰⁶ 그림을 보니 암컷의 몸 밋헤 검굿흔 거계가 잇는 디 이거슨 알을 둘 곳을 슉루는 디 떡당호 거시라 가을이 면 이 암컷시 싸헤 구멍을 슉루고 알을 두엇다가 후 봄에 그 알을 셔 눈 디 쳐음 셔 슐 째에는 날기가 업다가 차차 쟝셩호야 날기가 난 후에 숫거시 소리를 내느니라

(八) 팟죵 (Locust) (螽蝗) 야 䘀 이는 압 날기가 뫼쑥이와 굿치 등심이 우헤 놉히 붓고

뎨 이십 이 쟝

百七十三

데이십이쟝

좌우편으로졈졈느긋져셔맛치곱새모양과굿고쏘소리ᄒᆞ는거시오슈염은뫼뚝이슈염보다졂고다리도뫼뚝이보다졃고힘잇는거시라그알은싸속에나아두는듸식기는민우더듸ᄭᅢ셔나오고쏘나온후에도삼년동안은날긔가나지못ᄒᆞ야날아둔닐수업스니그런고로사름들이무슴방법으로그알을죽이며쏘날긔나기젼에죽이는날이팟죵이는츙부즁에뎨일식물을만히샹ᄒᆡᄒᆞ는거시니아프리까와아시아에만흔듸엇던히에물이너무만던지너무감을던지ᄒᆞ면얼마만흔지알수업느니크게쎼를지어돈니며곡식을먹는고로사름마다두려워ᄒᆞ고뭐워ᄒᆞ느니엇던ᄯᅢ에는바람이불면몰녀워바다에ᄯᅥ져죽기도ᄒᆞ고혹도량을치고거긔드러간
후에물을쓰쳐죽이기도ᄒᆞ느니라
(九) 아라비아사름들은셥흐로불을피우고놉히날아가는거슬잡아날긔를쓧고불에구어셔쑬과스탕에셕거먹느니이는음식이잘삭는다ᄒᆞ니라그사름들이팟죵이를무셔ᄒᆞ야말ᄒᆞ기를팟죵이머리는말과굿고눈은코기리와굿고목은황소와굿고가슴은ᄉᆞ쟈와굿고몸은젼갈과굿고긴다리는민와굿고씨리는롱과굿다ᄒᆞ더라
(十) 쳥국도팟죵이가만코잡는법이타국과비슷ᄒᆞ고만히잡는쟈는즁ᄒᆞ샹급을엇는다더ᄒᆞ되볏사름들은여름과가을에산팟죵이를만히잡아가지고눈ᄯᅴ져자에잇는사름들이사셔식찬으로먹으며쏘져자가온뒤셔오후즘되면숫을걸고팟죵이틀기름

으로지져셔저자사람의게파는디민우맛잇게먹느니라

습 문

직시층부의날기는엇더케싱긴거시뇨○이부에드러간거시엇더케변화ᄒᄂ뇨○눈 혼네가지무리눈무어시뇨○션슈속에드러간거손무어서뇨○박쥐눈엇더ᄒ뇨○사 마귀눈엇더ᄒ뇨○능주슈는엇더ᄒ뇨○비약속의드러간거손무어시뇨○두더쥐귀 돌암이눈엇더ᄒ뇨○뫼ᄯᅳᆨ이와귀돌암이의분간이무어시뇨○계되뒷은엇더ᄒ뇨○ 엇더케소리를내ᄂ뇨○팟죵이와뫼ᄯᅳᆨ이가다른것무어시뇨○어느디방에데일만ᄒ 뇨○아라비아사람들은팟죵이를엇덧타ᄒᄂ뇨

데이십이쟝

百七十五

데이십삼쟝은믹시(Neuroptera)(脈翅) 츙부물의론홈이라

(一) 이믹시(脉翅) 츙부에드러간버러지의입은경시츙부와굿치집쒭는디뎍당ᄒ게싱겻스나그날기눈굿지아니ᄒ거시니시초가업고날기ᄂ넷시다얇고묽은거시오그날기줄기에구물과굿흔문의가잇ᄂ니라 그림을보시오그뒷날기가압날기와굿흔거시흔ᄒ나엇던거손뒷날기가압날기보다젹은것도잇고엇던거손모지날기눈업눈것도잇ᄂ니라몸은길고쳑ᄒ고부드러온거신디이믹시츙부에드러간거시거반다ᄒ흣츙야대일큰것도별노업ᄂ니라온믹시츙부를혜아려보면쳔가지라ᄒ수잇눈듸그즁에화셩츙눈거손서로굿지아니ᄒ니엇던거손은젼히변화홈으로유츙보다시츙이대단히다르고엇던거손조곰만변홈으로유츙보다시츙이날기잇눈것밧긔눈다른거시업ᄂ니이눈직시츙에잇눈되둑이와팟죵이굿흔거시라

(二) 이화셩눈거시굿지아닌거슬보교두쇽에눈홀수잇스니쳣지눈용으로잇슬ᄯᅢ에운신ᄒ눈거시오둘지눈ᄉᆡ에자눈거시라쳣지에드눈즁에쟝슈쟌자리(Dragon flies)와ᄒ로살이(Dayflies)와ᄒᆡ긔암(White Ant)이가잇ᄂ니라

(三) 이세가지즁에쟝슈쟌자라와하로살이눈유츙과용으로잇슬동안에눈물에잇ᄂ니

지파족	쎄은작	과쇽	류종
마러버	피줄날	용이운신잘흠	쟝슈잔자리 하로살이 흰기암이
듸지기		용이운신잘못흠	만만이

물고기와 굿치 호흡흐는 긔계는 좌우편에 잇는 것도 잇고 몸읏헤에 잇는 것도 잇고 또 몸은 용으로 잇슬때 나시 흉되엿슬때 나 거 반굿 흔거시 오 잔•자리는 (Dragonflies) 207 隻 이 빅가지가 잇는 거 시 제비와 굿 치 날아가면셔 잡아 먹느니라 그러나 혼가지 굿치 아니 흔거 손 졔비 눈 쥐뎜이 로 먹을 거슬 잡 으나 이 잔자리 눈 집 킈로 잡느니라 그 날아 갈때 에 먹을 벌네를 잘 보 눈거 손 그눈이 수업눈 여러 겹은 눈이 합 흐야 흔 보 눈 긔계 가 된 거 시 라 207 그 림을 보시오 잔자리 가 사 름의 게 유익 흔 거 손 모긔를 만히 잡아 먹음이라 잔자리 알은 물에 잇눈 풀 닙헤 쓰 느 니 그 유츙이 흐샹 물에 잇다 가 흔히 동안을 지난 후에 화셩흐 는 듸 양력 오륙월즘 되면 그 유츙이 졈졈 변화 흐야 갈때 에 물에 잇 는 풀 줄기에 올나 가셔 두 시 동안에 변흐야 허물을 벗고 날기 잇눈 시츙이 되여 공즁으로 날아 가느니라

뎨이십삼쟝

百七十七

(四) 하로살이 (Dayflies) 눈시츙이되여셔는훈날만살지라도유츙되여셔는두어히동안잇느니라물에두어히동안잇슬째에좌우편에잇는거시오그후에시츙이되여날기가나셔물에서나올째ᄭᅥ지는날기를잘기겨두느니날기날동안에이벌네를용이라ᄒᆞ나유츙으로잇슐째와굿치운신을잘ᄒᆞ느니라물에잇는벌네가변ᄒᆞ야날아둔니는벌네되는거시맛치물에서바로날아가는것굿치속히되는거시오ᄯᅩ훈사름의념엇던젹삼을벗는것서쳐허물을벗고그허물우희서날기를펴고날아나느니라

(五) 흰기암이 (White Ants) (白蟻) 눈믹시츙부즁에이밧긔무리지여둔니는거시업느온디디방에혹잇ᄉᆞ나열듸디방에만히잇느니라믹시츙부즁에는흰기암이가무ᄉᆞ물건을뎨일잘샹ᄒᆞ는듸사름의먹을것만샹ᄒᆞᆯᄲᅮᆫ아니라이쳐럼여러가지물건을샹ᄒᆞ나무와울타리와집ᄭᅡ지라도먹어샹ᄒᆞᆯ수잇느니라이쳐혀사름보다ᄯᅱ여나ᄂᆞᆫᄇᆡ별홀지라도ᄒᆞ가지볼만훈거슬이샹ᄒᆞᆯ야도로혀사름보다ᄯᅱ여나ᄂᆞᆫᄇᆡ별법으로짓는다ᄒᆞᆯ수잇ᄉᆞ니집을짓는듸놉기는열자나열두자나되게짓고진흙을가지고사름이알수업는별법으로돌과굿치든든ᄒᆞ게문드러쓰고집짓는모양은방도만코골목도만케ᄒᆞᆫ는듸다든든진흙으로짓느니라

(六) 흰기암이집에흠씩ᄉᆞ는무리는수업시만흐되그즁에일군과병뎡208 쁍과그다스리는왕과왕후가209 쁍 잇ᄉᆞ니이왕과왕후밧긔는온젼히변화ᄒᆞ야시츙되는것업는

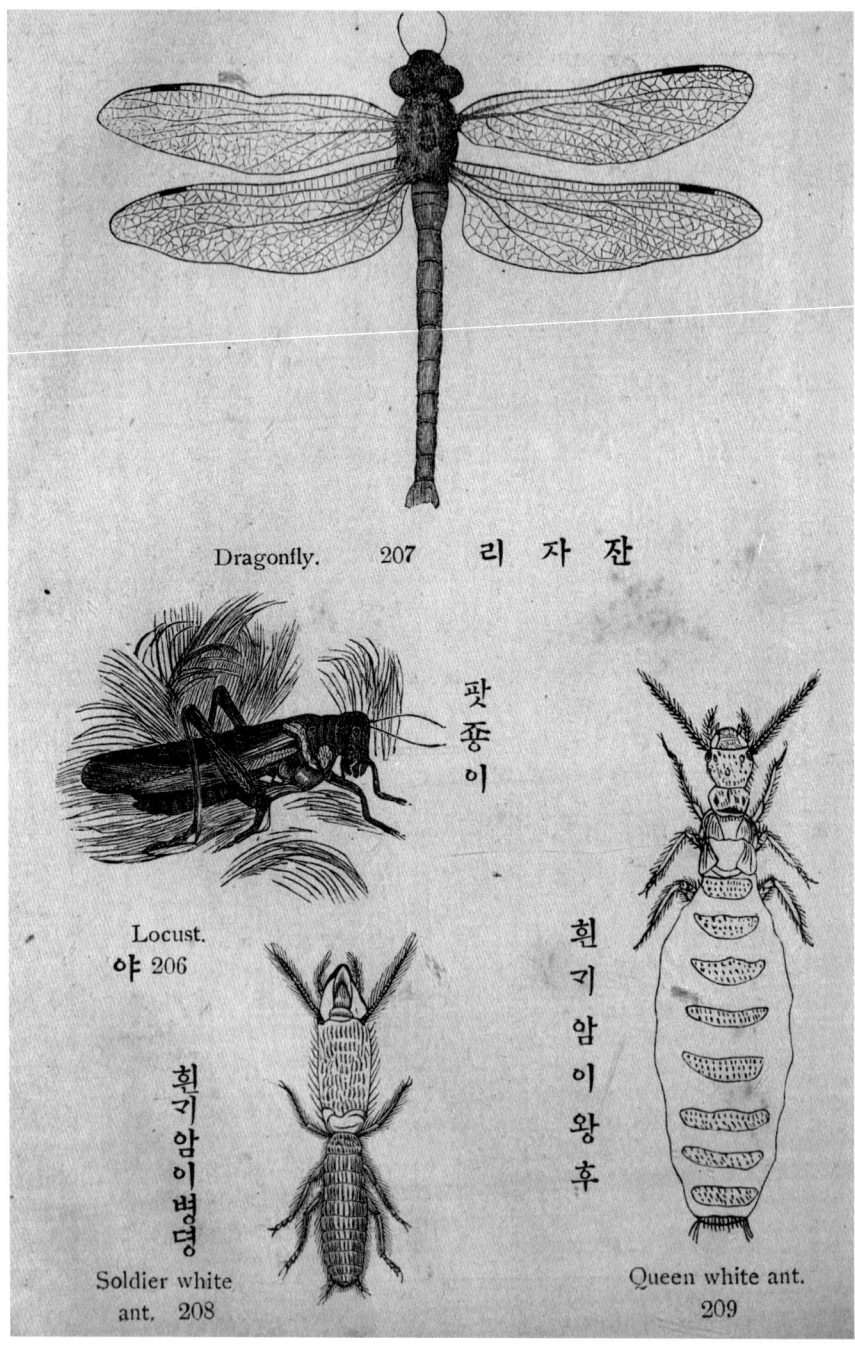

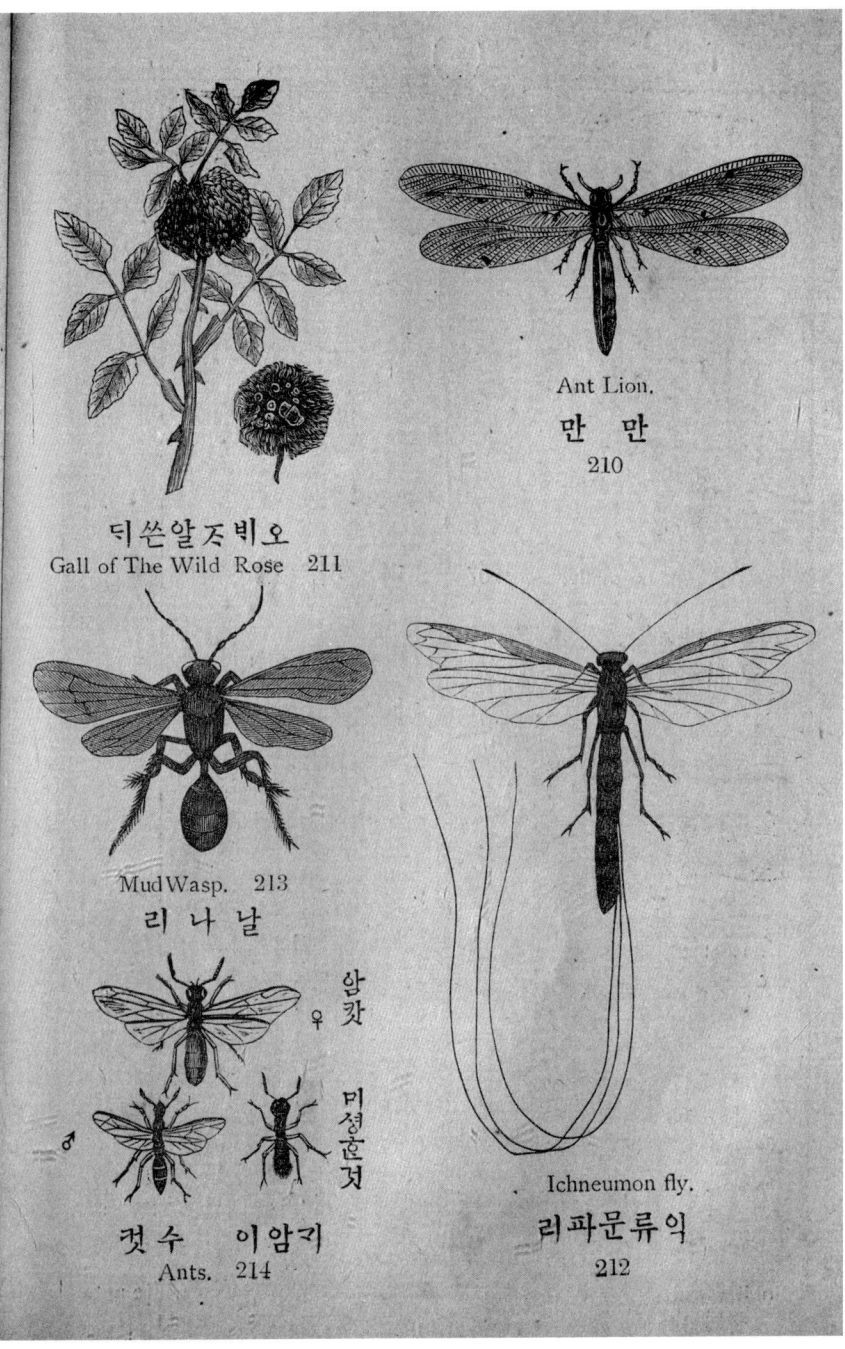

249 · 동물학

딕일군은미경훈유충이되여그딕로잇고날기가나지안눈거시오병뎡은도로혀용된거
시라왕후가알을다낫눈딕히마다오쳔만귀식낫ᄂᆞ니이알낫눈왕후를위ᄒᆞ야잘지은방
에혼자잇셔그알을낫ᄂᆞ니라그일군이알을가져다가식기잇슬방에두어두고쏘왕후에
그셕기를잘기르ᄂᆞ거시오일군이식기를샏ᆞ아니집을지고쏘곳치ᄂᆞᆫ것과여러가
지쓸거슬간직ᄒᆞᄂᆞᆫ것과여러가지맛당히훌일을다ᄒᆞᄂᆞ니라쏘병뎡은도로혀아모일도
아니ᄒᆞ고온무리를보호ᄒᆞ랴고문에셔파슈ᄒᆞ다가만일아모원슈라도보이면곳담대훈
모음으로압셔나아가셔원슈를딕젹ᄒᆞ고일군은집으로드러가잇ᄂᆞ니라왕후잇ᄂᆞᆫ방은
그집훈가온딕에잇ᄂᆞ딕그열으로나아갈수업게됨이라
후를수죵ᄒᆞᄂᆞ일군들도잇ᄂᆞᆫ딕왕후가ᄒᆞᆼ샹방에만잇ᄂᆞ거슨그몸이알을만히나흔고로
너무커져셔능히그문으로나아갈수업게됨이라

(七) 이믹시충부를론ᄒᆞᆫ즁에이제둘지를볼터인딕이둘지에드ᄂᆞᆫ거슨쳣지에드ᄂᆞᆫ것보
다 • 더온젼히변화ᄒᆞ야용이되엿슬ᄯᅢ에거반다운신ᄒᆞ지안ᄂᆞ니라그즁에뎨일이샹훈거
손만만(Ant lion)쵧 이니날기가업ᄂᆞ유충되엿슬ᄯᅢ에졔먹으랴ᄒᆞᄂᆞ기암이와혹다
른벌네를잣으랴고득별훈계교를베프러모리밧헤가셔삿싸이잣쳐노흔것과곳치웅텅
이를파고그속에업딕여잇ᄂᆞ니라만일이가몸눈비록젹으나그웅텅이깁기눈이십치나
되게ᄒᆞ고넓기눈삼십치나되게ᄒᆞᄂᆞ니라그웅텅이파눈법은처음에눈모리밧우헤다가

데이십삼쟝

百七十九

데이십삼쟝

동구렁케혼뎡을거어 노은후에제압발노모리를그머리우헤언고머리를갑쟉이뒤로잣쳐모리가혼덩밧긔로나가게호고그다음에눈차차안흐로드러가면셔그러케모릭를던져내여엽헤눈엿코가온되로드러가면셔눈뎜뎜깁게파닉고다혼후에눈그밋헤데일깁흔곳에업디여몸을감초고무슴벌레가그웅텅이에싸지기를오엇던째눈벌네가그밋헤셔지셴지안코도로나가랴흐면만이가즉시나아가모리로그벌네를 뭇고잡아먹느니라이러케훌째에구명이샹흥기쉬오니만일샹흥면속히잘곳치고먹을 거시쏘쌔지기를기드리느니라

습 문

믹시츙부를경시츙부와직시츙부에비교ᄒ면 몃 거시 무어시뇨○굿지아니혼거슨무어시뇨○무엇슬보고두속에분별ᄒᆞᆯ수잇ᄂ뇨○첫지속에드러간것이무어시뇨○ 세가지중에첫지와둘지ᄂ시츙되기젼에어ᄃ거ᄒᄂ뇨○잔자리ᄂ엇더ᄒ뇨○그알 은어ᄃ쓰ᄂ뇨○화셩츙ᄂ거시엇더케ᄒᄂ뇨○하로살이ᄂ엇더ᄒ뇨○흰긔암이ᄂ 무슴물건을잘먹ᄂ뇨○그집은엇더ᄒ뇨○흰긔암이무리중에멧등이나잇ᄂ뇨○일 군은엇더ᄒ뇨○병뎡은엇더ᄒ뇨○왕후와그잇ᄂ방은엇더ᄒ뇨○히마다알올멧긔식이나낫ᄂ뇨○왕후밧긔도알낫ᄂ것이잇ᄂ뇨○믹시츙부를론혼것중에둘지ᄂ엇더ᄒᄂ뇨○만만이ᄂ엇더ᄒ뇨

뎨이십스쟝 스모시 (Hymenoptera) (四膜翅) 츙부류의 론흠이라

(一) 이는믹시츙부와굿치날리가뭀으나믹시츙부와굿지아니ᄒᆞ거슨날리에그물모양굿흔줄기가업슴이라그중에혹줄기가도모지업논것도잇고그압날리가뒷날리보다큰디그뒷날리압술가리에잘붓눈긔계가잇셔날아갈ᄯᅢ에그압뒷날리를련폭ᄒᆞ고나ᄂᆞ니라그암컷은몸못헤긴살이잇눈디더러눈쏘논긔계라이스모시츙부의특별ᄒᆞ거슨지조와능간이뎨일만ᄒᆞ되그즁에벌이굿흔거슨지조가만ᄒᆞ니라

(二) 이과에든거슨용으로잇슬ᄯᅢ에운신치못ᄒᆞ고유츙으로잇슬ᄯᅢ에도다른과에든것보다뎨일완젼치못ᄒᆞ니화싱ᄒᆞ눈거슨아조온젼히ᄒᆞ다홀수잇ᄂᆞ니유츙은발이업셔디렁이와굿흔거시뎨일흔ᄒᆞ나명령과굿치발이여둡이나혹스물이나잇눈것도잇ᄂᆞ니라이과에드러간거시다졍ᄒᆞᆫ곳에잇ᄂᆞ니혹나무닙사귀나졔가지은집이나나무속에나ᄯᅡ속구멍굿흔ᄃᆡ잇고썩은것과거름굿흔ᄃᆡ러온ᄃᆡ잇지안ᄂᆞ니라

(三) 스모시츙부에드러간거슨큰거시별노업고엇던거시손미우젹으니라그만흔수효를말ᄒᆞ면경시츙부다음에가논거시니온셰상에잇논츙부의ᄉᆞ분지일이오더온ᄃᆡ잇논거손뎨일크기도ᄒᆞ고뎨일만키도ᄒᆞ나온셰상에넓게퍼졋ᄂᆞ니라이츙부논거반다일을부

뎨이십ᄉ쟝

ᄌ련히ᄒ며 잘ᄒ고 밤에 눈 아모 일도 ᄒ지 아니ᄒ고 쉬ᄂ니라 그 즁에 엇던 거슨 사람의게 대단히 유익ᄒᆫ 디 벌이 곳 흔 거슨 ᄭᅮᆯ을 내고 오빅ᄌ (五倍子)곳 흔 거슨 먹만드는 검은 지료와 염식ᄒᄂᆫ 물을 내ᄂᆫ 거시 오

(四) 이 부류두 무리에 눈 홀 수 잇ᄂᆫ ᄃᆡ 첫재 ᄂᆞᆫ 쑤루 ᄂᆞᆫ 거 (Borers) 시니 이 ᄂᆞᆫ 암컷의 몸 밋헤 ×ᄡᅳᄂᆞᆫ 긔계가 잇ᄂᆞᆫ 거시 오 둘재 ᄂᆞᆫ 쏘ᄂᆞᆫ 거 (Stingers) 시니 이 ᄂᆞᆫ 그 암컷의 몸 밋헤 쏘ᄂᆞᆫ 긔계가 잇셔 그 몸에 잇ᄂᆞᆫ 독ᄒᆫ 물 주머니와 셔로 통ᄒᆫ 거시라

파지족ᄭᅦᄭᅦ온쟉과속류	마버러ᄂᆞᆯ은엷	디지기	죵
		ᄯᅮᆯ	오빅ᄌ익류문파리
	것ᄂᆞᆫᄡᅩ	것ᄂᆞᆫ	워스프층워스프기암이벌

(五) ᄯᅮ루ᄂᆞᆫ 것 잇ᄉᆞ니 이ᄂᆞᆫ 그 ᄯᅮ루ᄂᆞᆫ 긔계로 식물 라 ᄒᆞᄂᆞᆫ 것 잇ᄉᆞ니 이ᄂᆞᆫ 그 ᄯᅮ루ᄂᆞᆫ 긔계로 식물 각 디 기를 배히고 그 속에 알을 ᄡᅳᆫ 거시라 그 식물 을 배힌 곳에 졔 몸에 잇ᄂᆞᆫ 독ᄒᆫ 물을 발으면 곳 허 러셔 일정 사람의 게 둣ᄂᆞᆫ 독 ᄒᆫ 물 굿치 되ᄂᆞ니 거 긔 쓰럿던 알을 ᄡᅡ셔 유충이 되여 나오면 그 사마 귀 굿흔 것 셰 속을 파 먹고 사ᄂᆞ니 라 에 이 엇던 ᄯᅢ에 보 면 나무에 사마귀 굿ᄒᆫ 거시 여러 모양으로 각 각 다르게 나ᄂᆞᆫ 거슨 오빅ᄌ 가 여러 가지 죵 즈가 잇ᄂᆞᆫ 셧 ᄃᆞᆰ이니 그 납사귀에 구슬 굿흔 거시 잇고 . 각 다르게 난 거슨 오빅ᄌ가 여러 가지 죵즈가 잇ᄂᆞᆫ ᄉᆞᆯ 다르 엇던 츰 나무를 보면 그 가지에 도 사마귀가 잇 고 그 납사귀에 구슬 굿흔 거시 잇고

그옷과쑤리신지라도사마귀가돗느니라쑤리에돗는거슨그속에살이일덩나무와굿고
쏘크게돗느니그속에오빅즛유츙이일쳔일빅이나잇슬수잇느니라오빅즛가춤나무에
알쓸기를데일됴화호나다른나무와다른잔사리에도알을쓰는디산에잇는월계나무에
그알을쓰느니돗눈사마귀는여러가지빗치잇셔연홍과아름답고겻헤는가시가잇느니
라만일그거슬베혀보면그속에오빅즛잇눈조곰아흔방을볼수잇느니라 211 蠹이러케되
눈사마귀즁에일든든혼거슨디즁회가헤셔나눈춤나무에셔나눈사마귀니이눈먹문
눈지료와염석호눈물을내눈거시니라

(六) 쑤루눈것즁에익류문(Ichneumon Fly)파리라호눈것잇눈디몸은길고쳑호며알쓰
눈긔계가길고슈염도길어흥샹흔들흔들호눈거시오그즁에혼가지눈알쓰눈긔계가대
단히긴디 212 그림을보시오알쓰눈긔계좌우편에잇눈거슨긔계를보호호눈거시니이벌
네무옴디로합호야알두눈긔계를잘덥느니라익류문에드러간벌네의숀눈일가온
디이샹흔거슨제알을다른벌네유츙의몸에쓰눈거시니알에셔셔드러눈식기가제잇눈유츙
의몸을먹고사느니라알쓰눈긔계눈나무겁디기나썩은나무를깁히쑤루고거긔
잇눈벌네유츙의계알을쓰고알을두눈거시잇느니로알을쓰러
붓치느니엇던때에보면어느유츙의등에죠고마흔곳치잇눈거슬볼수잇스니이거시익
류문유츙잇눈곳치니그유츙이명령의겁질속에잇셔그몸에잇눈기롬을먹고잇다가나

아와셔곳치를짓고용이되는거시라익류문의류는대단히만흔디유로바흔부쥬만보아
도소쳔가지가넘느니라
(七) 소•모•기•둘•지•무•리•눈•쏘•눈•거•시•니• 이것도두가지에눈홀수잇스니첫지는다•른•거•
슬•잡•아•먹•고•둘•지•눈•굴•을•간•직•흐•눈•거•시•니•라
(八) 다•른•벌•네•잡•아•먹•눈•워•스•프• (Sandle wood wasps) 無 무리즁에여러가지이잇스니더러는싸흘파고잇
눈•거•시•니•날나리가이무리를짓지안코혼자집
을짓고잇느니미셩흔일군은업시다암컷과숫컷만되느니라이암컷과숫컷이싸혜나나무에나
구멍을파고그속에알을쓸고또그알에쌀유츙먹을거슬예비흐랴고버러지여러솔죽여
셔그알과흠쇠두고잇던때에눈쥭이지안코산치로두되다른딕로도망호지못호리만치
쏘아두느니이러케벌네를쥭이지안코두엇다가그알에셔유츙이나올때에눈곳쥭이고
먹느니라
(九) 화싱흐야시츙된거손운신을잘흐야모리밧우헤로흥샹왓다갓다흐야날기가쉽시
업시둔니눈거시오시츙이먹눈기됴화흐눈거손솟에잇눈단물이니이눈식육이만흔유츙
되엿슬때에먹눈것보다대단히쳣지무리파눈것즁에모리를파눈것세다리
눈솔과굿흔거시잇스니이거스로제집을깁히파눈거시오나무를파눈것들은톱과굿치
베히눈집기여러시잇셔그집을팔때에나무에돕밥굿흔거솔내느니라

(十) 춤워스프 (True wasps) 눈 다른 소모시츙부에 드러간 것과 ᄀᆞᆺ지 아니ᄒᆞ거시 실쌔에 날기를 길게 ᄭᅥ려두는거시 나 이거슨 거반다 혼자 잇지 아니ᄒᆞ고 겨은 무리를 지어 잇ᄂᆞ니 그미셩훈 일ᄭᅮᆫ들은 ᄀᆡ암이 무리에 잇눈 일ᄭᅮᆫ과 ᄀᆞᆺ지 안코 날기가 잇ᄂᆞ니라 무각뒤 기부스럭이를 가지고 죠희 나리 즁에 여러 가지 잇스나 사름마다 알기 쉬온 거슨 나무 각뒤 기부스럭이를 가지고 죠희 ᄀᆞᆺ치 문드러셔 집을 짓ᄂᆞ니 이 죠희 ᄀᆞᆺ혼 거슨 일덩 사름의 죠희 문드ᄂᆞᆫ 법과 ᄀᆞᆺ치 ᄀᆞ료를 가져다가 부드럽게 ᄒᆞᆫ 후에 넓게 펴셔 말니우면 든든ᄒᆞ죠 희가 되ᄂᆞ니라

(土) ᄀᆡ암이 (Ants) (蟻) 들이 흰ᄀᆡ암이 류에 드러가지 안 눈 거슬 뉘 가 그 연 고를 뭇게 되면 흰ᄀᆡ암이 눈 믹시 츙부와 ᄀᆞᆺ치 날기에 그물 ᄀᆞᆺ혼 줄기가 잇스되 ᄂᆞ ᄀᆡ암이 눈 날기에 그 물 모양 업시 소모시츙부와 ᄀᆞᆺ치 라 그러나 그즁에 ᄒᆞᆫ 가지 ᄀᆞᆺ지 아닌 거슨 무리를 지어 싸 속에 잇눈 거시 니 엇던 거슨 흑을 가지고 담을 싸셔 집을 몬드눈 뒤 날기 눈 암컷과 숫컷만 잇ᄉᆞ니 날기 잇ᄂᆞᆫ 거슨 무리즁에 만 ᄎᆞ 못ᄒᆞ고 날기 업ᄂᆞᆫ 미셩훈 일ᄭᅮᆫ이 만 ᄒᆞ니 라 암컷 과 숫컷 시변 ᄒᆞ야 날기 가 난 다음에 눈 집에셔 나아 가셔 숫컷 손죽 고 암컷 즁에 더러 눈 본집에 드러 가셔 알 을 낫 코 더러 눈 다른 곳에 가셔 무리를 시로 짓ᄂᆞ니 라 이 암컷 시 알 쓸기를 시작 홀째 에 눈 날아가ᄂᆞᆫ 일이 업겟 눈 고로 그 날기를 ᄠᅥ여 ᄇᆞ 리 눈 뒤 혹졔 가스 스로 ᄠᅥ여 ᄇᆞ 리기 도 ᄒᆞ고 혹 일ᄭᅮᆫ의 게 ᄯᅦ우 기 도 ᄒᆞ눈 니라 이 일ᄭᅮᆫ들은 집만 지을 뿐 아니 라 알도 보호 ᄒᆞ며 거긔 도 ᄒᆞ 싸눈 유츙을 간슈 ᄒᆞ야 먹 이 고 히가 잘 나 눈 날 은 가지 고 집 밧긔 양디 겻헤 노아셔 히 빗출 쏘

뎨이십ᄉ쟝

百八十五

이다가 혹 날이 흐리거나 바람이 불면 다시 집으로 거두어 드리느니라

(二) 기암이 무리에 마다 세가지 분별이 잇스니 쳣지는 숫것시오 둘지는 암것시오 솃지는 미셩흔거시라 그러나 혹 엇던 무리에는 미셩흔것 중에 몸이 좀 다르게 성긴것도 잇스니 이거슨 병뎡이라 그는 직분은 흰기암이 무리에 잇는 병뎡과 굿치 흐느니라 엇던때 에는 셔샤나라에 싸홈흐는 것 굿치 기암이 셰리도 싸홈을 흐느니라

(三) 기암이 힝흐실 가온 디 데 일이 샹흔 거슨 기암이 중에 흔 가지는 다른 기암이 의 집에 가셔 그 일군을 도적흐여다가 제 종을 삼느니라 그 도적질 흐는 기암이는 빗치 붉거나 회석 빗치 오죵되는 기암이는 홍샹 검은 빗치 나라 이죵된 기암이를 시 츙된 기암이 룰 아오는 거시 아니오 용으로 잇슬때에 가져 오느니라 그런 고로 도적흐는 기암이 가 검온 기암이 용만히 되 기를 기드려셔 도젹흐야 오느니라 그때에 붉은 기암이와 검온 기암이 가 크게 졉젼흐야 초초 은기암이가 흉샹 승젼흐고 그 검은 기암이 집 가온디 간직흔 용을 가지고 제 집에 갓다 두면 그 붉은 기암이 의 일군 노릇흐는 기암이들이 져의 무리에 잇던것과 굿치 잘 간슈흐야 초초 변흐야 나오면 슈죵흐는 죵으로 부리느니라

(四) 쏘 는 것 즁에 둘지 쳘은 충부의 분별은 그 뒷밭에 쳣마디는 형샹이 네모 눈 목판 과 굿치 모나고 납작흔디 그 안에 오목흔 디 가 잇는 디 그 가호로 는 솔과 굿흔 털이 잇느니 그 오목흔 디에 화분(花粉)을 간직흐야 가지고 집에 도라가 는 거시 오 둘지 살 간직흐는

거(蜂)(Bees)(蜂) 이라 ㅎ 는 디 이 벌 즁 에 혼 자 ㅎ 는 것 (Solitary) 도 잇 고 무 리 를 지
여 ㅎ 눈 것(Social) 것도 잇 스 니 혼 자 ㅎ 는 벌 즁 에 혹 은 싸 흘 파 고 집 을 짓 는 것 도 잇 고 혹 은 여
러 간 되 는 집 을 지 어 모 릭 와 왕 모 릭 를 가 져 제 입 에 잇 는 춤 으 로 흙 씌 반 쥭 ㅎ 야 낙 여 셔 그 집
을 바 르 는 고 로 도 역 쟝 이 벌 이 (Mason Bees) 라 ㅎ 고 혹 은 죽 은 나 무 에 구 멍 을 파 고 집 을 짓
눈 고 로 목 슈 벌 (Carpenter Bees) 이 라 ㅎ 고 혹 은 닙 ㅅ 귀 가 지 고 졔 ㅁ 음 딕 로 버 혀 붓 쳐 집
을 짓 느 니 라
(五) 무 리 짓 는 벌 즁 에 두 가 지 가 잇 스 니 쳣 지 는 싸 벌 (Bumble Bees) (土蜂) 이 오 둘 지 는 집
벌 (Hive Bees) 이 라 쳣 지 싸 벌 즁 에 여 러 가 지 잇 스 니 혹 은 싸 속 에 졔 집 을 짓 고 혹 은 돌
나 무 슘 물 건 을 의 지 ㅎ 교 짓 눈 거 시 니 무 리 는 오 십 브 터 삼 빅 마 리 ㅅ 지 되 는 디 그 즁 에 셰 가
지 분 별 잇 는 거 ㅅ 숫 것 과 암 것 과 미 셩 ㅎ 일 군 이 니 이 셋 즁 에 암 것 만 겨 울 을 지 내 눈 것
이 업 는 거 ㅅ 이 암 것 ㅅ 겨 울 에 치 운 거 ㅅ 을 견 딕 눈 방 법 이 잇 스 니 져 희 들 을 위 ㅎ 야 잇 슬 집 을
예 비 ㅎ 고 그 속 에 마 른 잔 듸 와 바 위 옷 ㅅ 을 두 어 겨 울 동 안 평 안 히 지 닉 느 니 라
집 벌 은 무 리 를 짓 는 딕 척 능 이 잇 눈 거 ㅅ 나 타 벌 ㅅ 수 잇 느 니 라 한 무 리 에 눈 온 젼 한 암 것
ㅅ ㅎ 나 밧 긔 ㅅ 오 이 만 명 즘 되 는 미 셩 한 일 군 이 잇 ㅅ 니 그 즁 에 숫 것 ㅅ 수 빅 이 잇 스 니 이 는 실 업 쟝 이 라 ㅎ
고 그 밧 긔 쏘 이 만 명 즘 되 는 미 셩 한 일 군 이 잇 ㅅ 니 그 림 을 보 면 그 셰 가 지 별 을 볼 터 이 니
그 우 혜 잇 는 거 ㅅ 쟝 봉 이 오 그 올 흔 편 에 치 눈 실 업 쟝 이 벌 이 오 그 왼 편 에 잇 는 거 ㅅ 일 군 벌

데 이십 스 쟝

이라여름동안을지낼때에실업쟝이는쏘는긔계가업셔졔몸을잘보호훌수업는고로일군들이다쏘아죽이느니라그알간직훈집이굴가온딩흥샹잇느니이눈그중에예일쏫쏫훈곳이라실업쟝이벌은일군벌보다더크고로실업쟝이싸는알도일군싸는알보다크니라쏘쟝봉싸는알은다른것보다더크고쏘다르게만드럿느니라
(17) 집벌이는내여브려두면뷘나무동에드러가셔거긔굴간을몬들고잇스나사람이졔 잇술곳술예비호야주면녀희가즐거히드러가셔잇느니라굴간은밀노문드는디그밀은 그몸에잇는가는잘두막이사이에셔나는거시니이거슬집기로쥐역셔셔굴간을짓느니 라벌이집에셔쳣빅셰간나눈벌은묵은쟝봉이거느리고둘지빅셰간나눈벌이졈은쟝 봉이거느리고그집에셔너느거손다나아간후에눈그남은쟝봉들이ㅎ나만남기서지싸 홈을호느니이는그남는쟝봉들을거느눌셥아셔그잇는방은쟝봉잇는 을일흐면쟝봉을삼는법이이샹호니일군벌유충을거느훌셥아셔그잇눈방은쟝봉잇는 방과굿치넓게호고쟝봉만먹이는거슬가지고그유충을먹이면긔약이차셔분리일군될 유충이변호야쟝봉이되여나오느니라 215 蠟 그림을보니쟝봉될유충의잇는방이너느 벌될유충의방보다크고이샹히만든거슬볼수잇느니라

百八十八

습 문

소모시충부의날기가엇더ㅎ뇨○암컷의특별호거시무어시뇨○수모시충부의지능은엇더ㅎ뇨○변호는것엇더ㅎ뇨○유충은엇더ㅎ뇨○크고젹은것엇더ㅎ뇨○명슈는얼마나되느뇨○힝습이엇더ㅎ뇨○사름의게유익호것무어시뇨○이과롤멧가지에논호왓스며무어시뇨○오빅즛논엇더ㅎ뇨○춤나무의사마귀라ㅎ는무어시뇨○산월게에잇는사마귀는엇더ㅎ뇨○익류문이라고ㅎ는무리는분별홈이무어시뇨○알을어듸쓰느뇨○무리논멧가지에논호엿스며엇더ㅎ뇨○날나리는엇더ㅎ뇨○츔날나리는엇더ㅎ뇨○쏘논무리짓논츔날나리가집을무어스로짓느뇨○날나리는엇더ㅎ뇨○제동류롤도젹질ㅎ는것엇더ㅎ뇨○무리짓논사모충부에분별홈이무어시뇨○혼자ㅎ는벌은엇더ㅎ뇨○굴간직ㅎ는사모충부에분별홈이무어시뇨○혼자ㅎ는벌은엇더ㅎ뇨○집벌은엇ㅎ더뇨○셰간나논법이엇더ㅎ뇨○쟝봉을일흐면쟝봉몬드는법이엇더ㅎ뇨

데이십스쟝

百八十九

뎨이십오쟝은 린시(Lepidoptera) (鱗翅) 츙부를 의론홈이라

(一) 린시츙부의 분별은 날기에 가루굿흔 거시 잇스니 이는 만흔 비늘과 굿흐니라 누이나 뷔에 게 잇는 비늘을 헤여 보니 스십만이라 나뷔를 만지면 그 손가락에 붓는 가루가 곳 이 거시라 현미경으로 즛셰히 보면 비늘인 줄 알거시니 만일 이 비늘을 비비여 업시 호면 그 속 날 기는 다른 츙부의 날기와 굿흐니라 흑은 그 날기에 비늘이 쳐셔 가 잇게 된 거시니 그 형샹은 린시츙부에 잇는 무리마다 다르며 흔 무리 즁에라 도 다른 것이 잇느니라 그림을 보면 그 비늘이 여러 가지 모양이 잇는 거 슐 알거시니 이 린시츙 가온디 모양이 아름다온 거시 특별 히 만흔 거슨 그 비늘의 문의 가각 셕 빗치 잇셔 보기에 됴흠이라

(二) 이 우혜 다른 츙부의 과 눈은 다 집기 가 잇셔 널어먹으나 이 린시츙부와 이 아리 여러 벌네 의 과눈 다 쌔 눈 긔계 가 잇셔 먹을 거슬 쌔라 먹 교사 누나 경시츙부에 눈 널어먹는 거 시 웃듬이 오 린시 츙부 에는 쌔라 먹는거 시라 이 쌔라 먹는 긔계는 가령 나뷔 가 꼿 속에 단 물을 쌔라 먹 눈 것 과 굿 흐 니 그 싱긴 모양은 긴 실 과 굿흔 것 둘이 합호야 흔 동이 되엿느니 라

(三) 린시츙부의 유츙은 명령(Caterpillar) (蝟蛉) 이니 그 발은 츰 발과 거즛 발이 잇

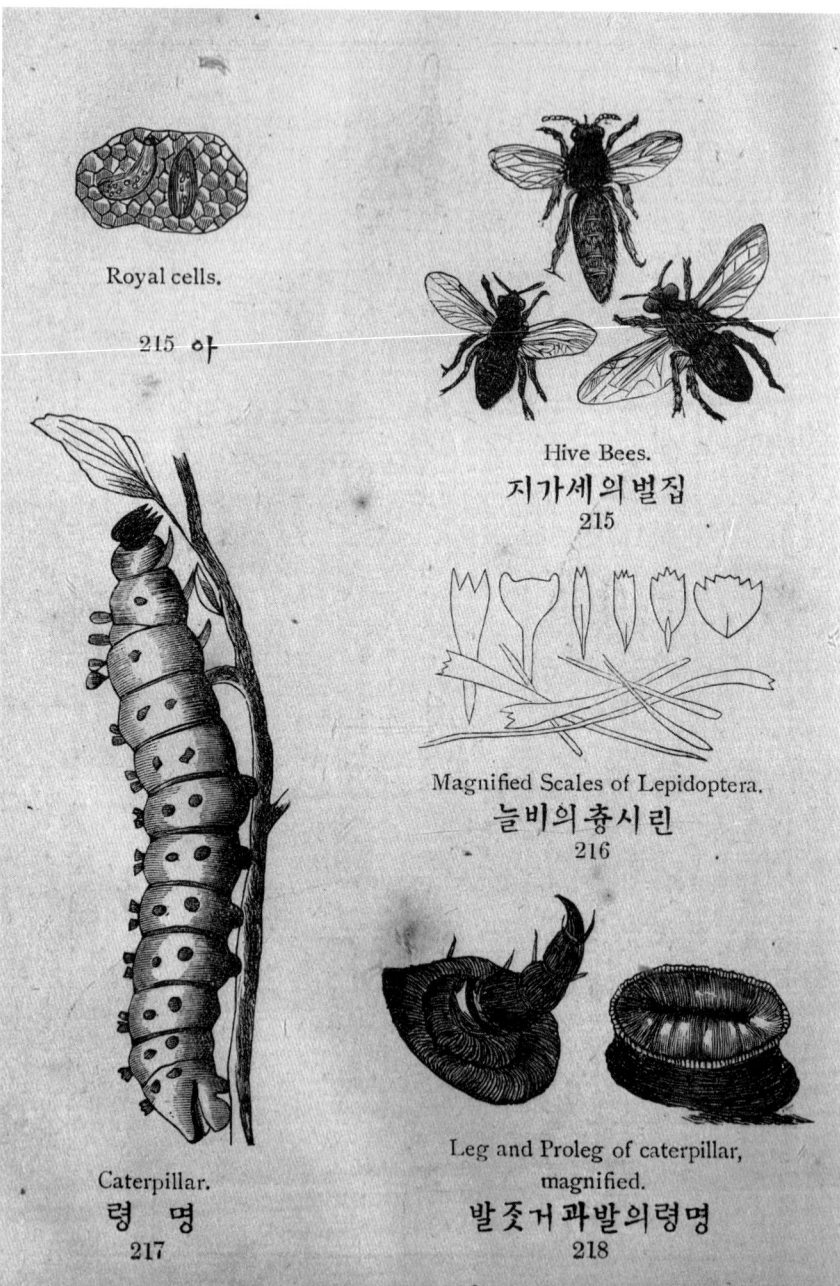

Royal cells.
215 아

Hive Bees.
지가세의벌집
215

Magnified Scales of Lepidoptera.
늘비의츙시린
216

Caterpillar.
령 명
217

Leg and Proleg of caterpillar, magnified.
발죳거과발의령명
218

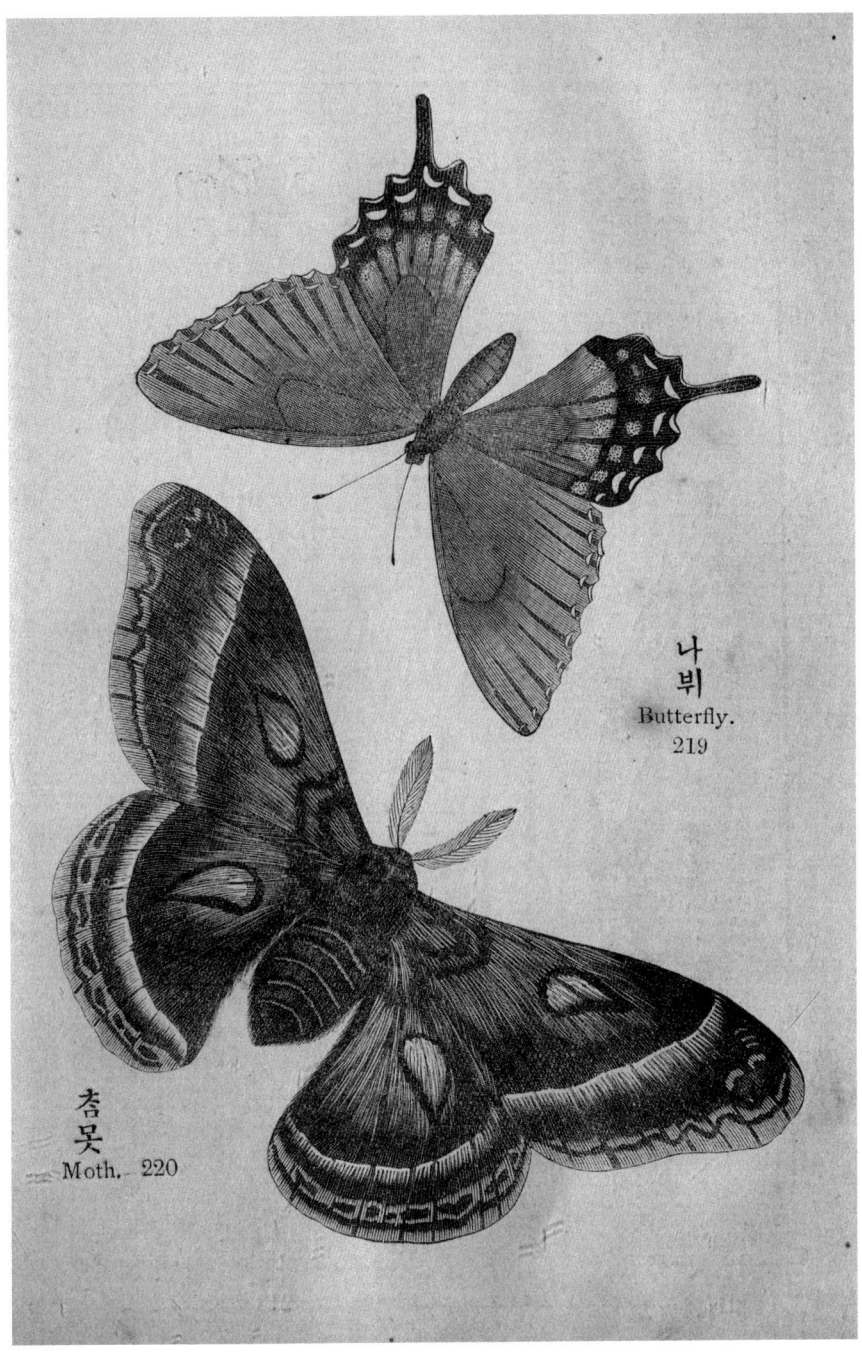

나뷔
Butterfly.
219

츔못
Moth. 220

눈딕 압해세 잘 두막이에 다리가 둘식 낫느니 이 눈 춤발이오 그 밧긔 뒤로 잇는 거슨 다 가복
쪽(pro leg)(假腹足)이란 거즛발이니 그 발밋헤어 석어 셕혼 잘붓는 긔계가 다 잇고 거즛
발에 수는 거 반열이니 그중에여 돕은 춤발 뒤에 나고 그 밧긔 즛발 둘은 몸 원녕 해 잇는 잘 두막이
에 나느니라 218 그림을 보면 현미경으로 크게 본 춤발과 거즛발을 볼거시니 라이 명령들이
그여 슷 춤발에 잇는 톱으로 제몸에 셔나 눈 줄을 잡고 올나 가기 쉽고 쏘 거러 갈때에 이 거즛
발을 의지 홈 야 나무가 지나아 모든 흔 곳에 잘 붓 느니 그 셕 듥은 그 거즛발 아리편 가 흐로
조고 마 혼 붓 치 는 긔계 들 만 잇슬 뿐 아니라 발 바 닥 에 싸 는 힘 이 잇 슴 이 니 라

(四) 그러나 명령의 기여가는 거시 각각 다 르니 온몸에 거즛발만 난 거 손 몸을 펴치 고 조곰
식 조곰 식 기여 나 가 고 거즛발이 만 치 안 코 춤발이 잇는 거 손 그 압 헤 춤 발 노 긋에 잡은 후에
뒤에 잇는 거 즛 발 을 다 음 겨 셔 몸 을 굽 히 엿 다 가 그 후 에 눈 뒤 에 잇 눈 거 즛 발 노 긋 께 건 히 붓 친
후에 압해 잇는 춤발을 옴기며 몸을 펴셔 나 가느니 이러케 몸을 굽 혓 다 폇 다 ᄒ 면서 발 마 나
가는 명령은 자징이 ••(Measuring worms)(尺蠖) 라 ᄒ 느 니 라

(五) 명령은 거 반 다 쵸 소 롤 잘 먹 느 니 흑은 누에가 쏭 나 무 닙 만 먹 눈 거 것 쳐 쵸 목 즁 에 흔 가
지 만 먹 는 거 시 도 잇 고 혹은 아 모 쵸 목 이 던 지 로 먹 는 거 시 도 잇 고 혹은 아 츰 과 져 녁 에
만 먹 고 혹은 밤에 만 먹 고 혹은 진 일 토 록 먹 는 거 시 도 잇 스 니 다 먹 셩 이 크 고 대 단 히 만 히 먹 느
니 라 엇 던 거 슨 ᄒ 로 에 제 몸 의 즁 수 보 다 두 곱 절 이 나 먹 는 거 시 도 잇 스 니 만 일 셰 샹 에 잇 는 동

데이십오쟝

百九十一

예 이 십 오 쟝

물이다이쳐럼먹으면셰샹에눈각먹을거시얼마안되여셔다엽셔지리라유츙은이긋치
만히먹고만이크나시츙되여셔눈조곰만먹고크지눈안느니라
(六)명령들은다질삼을잘ᄒᆞᄂᆞᆫ벌네인디그실이아릿입슈에셔나눈거시니이질삼ᄒᆞᄂᆞᆫ
거손용이잇슬곳만지을뿐아니오졔원슈를피ᄒᆞ랴고ᄒᆞᆯ때그실을의지ᄒᆞ야갑쟉이싸
에써러져숨ᄂᆞ니라
(七)명령즁에거반다혼자잇눈거시라그러나그즁에엇던거슨무리지여잇스니이러캐
ᄒᆞ눈것즁에혼가지눈쟝막치눈명령이라ᄒᆞ눈거시잇스니이눈실노나무
에큰쟝막굿흔집을짓ᄂᆞ니모양은험업눈것굿ᄒᆞ나비를잘막ᄂᆞ니이런거시잘번셩ᄒᆞ눈
되만일쳐음에지은쟝막흔나흘업시ᄒᆞ지안코두면츠츠퍼져오나무가지를다얼어미
ᄂᆞ니라

파지쪽쎄	마	디
쎄은작과속류종	러버	지
	늘비	ᄭᅵ날
뷔나나뷔	박각씨	못츔못

(八)린시츙부를두가지에눈홀수잇스니이눈나뷔
(Butter Flies)(蝴蝶)와 219 蠮 못시라(Moths) 220 蠮
나뷔와못의분별은나뷔눈쉬일때에그날기를뒤로
몸고잇눈거시오못슨쉬일때에그날기를페쳐고잇
스며쏘나뷔눈슈염쯧히굴거뭉투륵ᄒᆞ고못슨슈염
쯧히가늘어뭉투륵ᄒᆞ지안으나라쏘못슨거반다범

에돈니는거시니빗치환호지못호나나뷔는낫에돈니는거시니빗치환호야그날기아리우가다아롬다오니라

(九) 린시츙부즁에둘지는못시라이거슬두무리에논호수잇스니쳣지는박각• (Hawk moths) 시오둘지는춤못 (True moths) 시라박각시중에거반다어슬어슬훈밤에돈니나엇던거슨낫에힝호야그긴쌔눈긔계로못에잇는단물을싸라먹느니라낫에돈니는거슨빗치환호고밤에돈니는거슨회식빗치라이여러가지유츙이용되여갈때에혹곳치를짓거나혹은제몸을싸속에뭇는거시라시츙되여날아든날때에응응응는소리가나느니라

(十) 춤못슨못중에뎨일만흔딕박각시무리와굿기는호나그슈염은다른거슨슈염모양이좀넙작호야•나•가•다•가못흔좀쌀나진거시오 220 蠶蛾 그림을보면춤못중에보기됴흔못시라이춤못중에누의나뷔 (Silkworm moth) (蠶蛾) 도드러가고등나뷔도드러갓는듸그중에훈가지는알을양의털노믄든옷시나가쥭옷에쓸어두어그후에유츙이되여나올때에그양의털노믄든옷시나그알쓸엇던무숨옷슬먹고사느니라

습 문

린서츙부의날기는다른츙부의날기와분별이무어시뇨 ○츙부아홉과중에어느거시

뎨 이십 오 쟝

널어먹느뇨○쏘어느거시빠라먹느뇨○린시츙부의빠눈긔계눈엇더ᄒ뇨○그유츙의다리눈멧가지며엇더케쓰느뇨○그유츙의긔어가눈법이엇더ᄒ뇨○명령이무어슬먹느뇨○얼말나먹느뇨○질삼ᄒ눈거시엇더ᄒ뇨○나뷔와못셰분별이엇더ᄒ뇨○못세잇눈두무리눈무어시뇨○박각시눈엇더ᄒ뇨○그유츙이엇더ᄒ뇨○츔못슨엇더ᄒ뇨○옷슬먹눈못슨엇ᄒ뇨

데이십륙쟝은 반시(Hemiptera)(半翅) 츙부와 쌍시(Diptera)(雙翅) 츙부와 미현시(Aphaniptra)(未現翅) 츙부와 무시(Aptera)(無翅) 츙부를 의론홈이라

(一) 반시츙부즁에 드러간거슨 서로 크게 ㄱ치 아니ㅎ나 서로 ㄱ치 홋것은 나히 잇스니 이는 그 입은 다 혼 모양이라 그 입에 침동과 ㄱ치 혼 거시 잇는디 그 속에 침과 ㄱ치 섈족혼 긔계 넷시 잇스니 이 긔계 눈 씨두 고 짜라 먹 눈 디 뎍당 혼 거슨 몬져 그 섈죡혼 침 ㄱ치 혼 거 슬 그 동에 셔 내 여 싸루 고 쑬운 후에 눈 그 동을 그 쑬운 곳에 디 이고 그 진익을 짜라 먹 눈 거시 잇스나 그 즁에 식물의 즙을 짜라 먹 눈 거시 데 일 엇던 거슨 모든 동물의 피를 짜라 먹 눈 거시 잇스니 이 반시 츙부 즁에 흔 ㅎ 니라

(二) 반시츙부라 ㅎ 눈 거슨 무솜 ㅅ 신고 ㅎ 니 그 압 날 기 압죡 으로 혼 절 반은 둡겁 고 묽 지 안 으나 그 뒤 죡 절 반은 얇 고 묽 음 이 라 그 러 나 반 시 츙 부 즁 에 도 날 기 가 다 묽 은 것 도 혹 잇 고 날 기 가 도 모 지 업 눈 것 도 잇 스 니 이 눈 빈 딕 ㄱ 치 혼 거 시 라 그 러 나 이 날 기 업 눈 것 과 날 기 가 다 묽 은 것 도 그 에 침 동 ㄱ 치 혼 긔 계 가 잇 눈 고 로 다 이 과 에 드 럿 눈 니 라

(三) 반시츙부의 유츙은 린시츙부와 ㄱ 치 명 령 도 아 니 오 경 시 츙 부 와 ㄱ 치 굼 벙 이 도 아 니 오 시 모 시 츙 부 에 별 과 쌍 시 츙 부 에 파 리 ㄱ 치 구 덱 이 도 아 니 라 이 눈 알 에 셔 쳐 음 나 올 때 에

메이십륙쟝 百九十五

데이십륙쟝

날기논엽슬지라도거반다모양은온견ᄒ.게된거시라그러나그즁에미암이는그러치아
니ᄒ.야유츙이시츙보다대단히다르고유츙되여여러히동안을싸속에잇ᄂ.니라

파	마	듸
족셰은작과속류죵	버	지
	러	쳥괴
미암이		긔날반
진드물		긔날두
파리		
모긔		

(四) 미암이 (Cicada) (蟬) 논 알을 나무에 쓰
는듸 그 알에서 셕기를 싸면 즉시 싸에 드러가 나무쑠
리를 먹다가 그 후에 화ᄒ.야 날아 단니는 미암이가 되
여 갈때에는 싸속에서 나와서 나무가지나 울타리 굿
흔듸에 단단히 붓허져서 그 등이 터져 허물을 벗고 시츙
이 되여 날아가ᄂ.니 그 갑듸기는 치우나 무아릭에셔
엿을 수 잇ᄂ.니 이는 미암이 옷시라 ᄒ.ᄂ.니라 그런고로
그 소리는 쳐량ᄒ.야 듯기가 미우 됴ᄒ.니 그런고로
(五) 진드물은 몸이 격고 둥굴고 살진 벌네니 혹은 날기가 잇는 것도 잇고 업는 듸
나무에 놉ᄒ.앗ᄂ.듸 흔이 암이 는 응 즉 기린다 ᄒ.면 이라 번역 ᄒ.면 푸른 피화
시에 닐넷 스듸 쳥괴 ᄒ.니 일션 음이라 (靑槐高) ᄒ.니 (一蟬吟)
무리를 크게 지여 나무 넙히 에 잇서 그 진익을 싸라 먹ᄂ.니라 이 벌네 등심이에 조고
마흔 구멍들이 잇ᄂ.듸 그 구멍에 단 물둥이 흐르ᄂ.니 그런 고로 긔 암이 가 그 단
물이 미우 맛잇ᄂ.줄 알고 그 통에 셔 흐르ᄂ.단 물을 밧아 먹ᄂ.니라 긔 암이 즁에 두어 가지

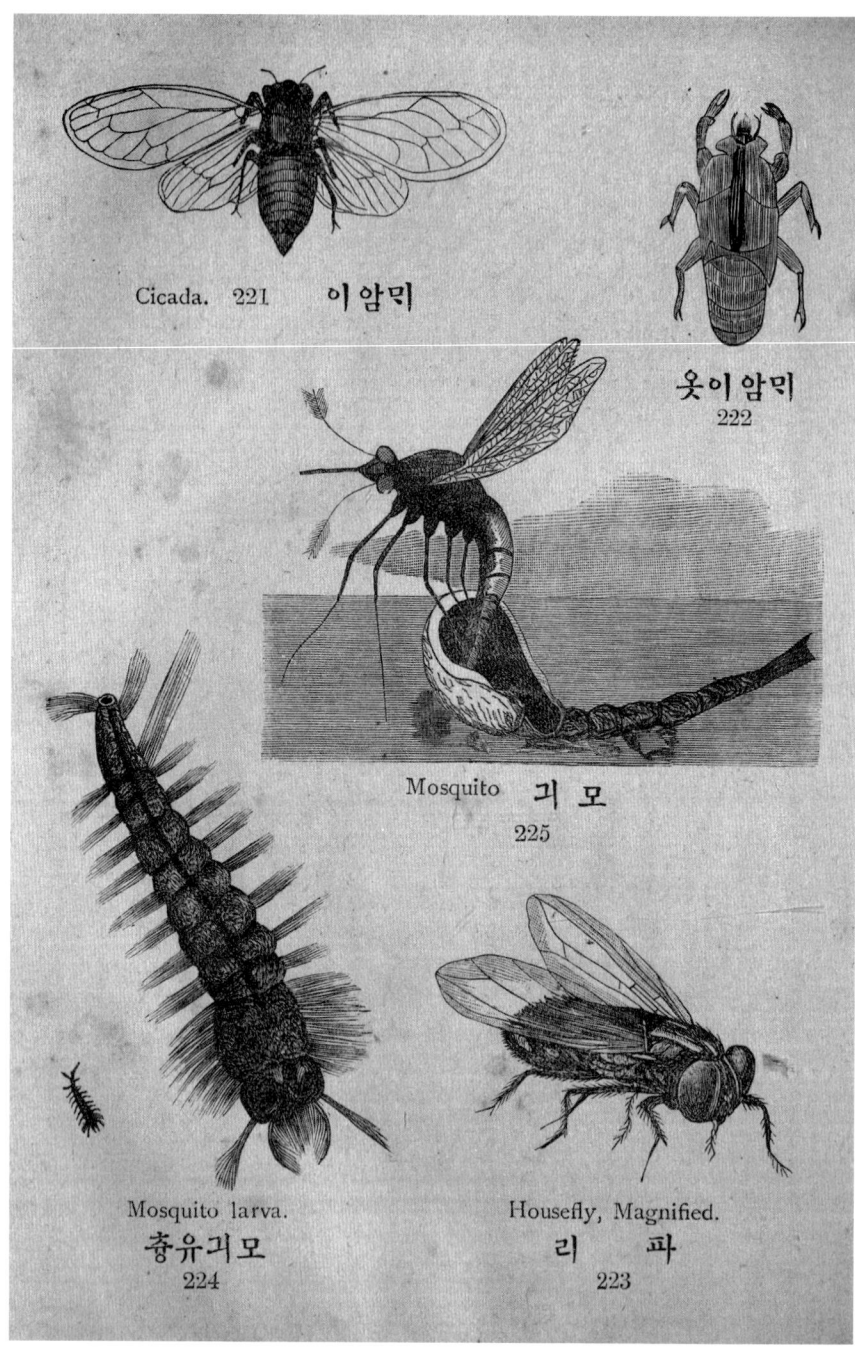

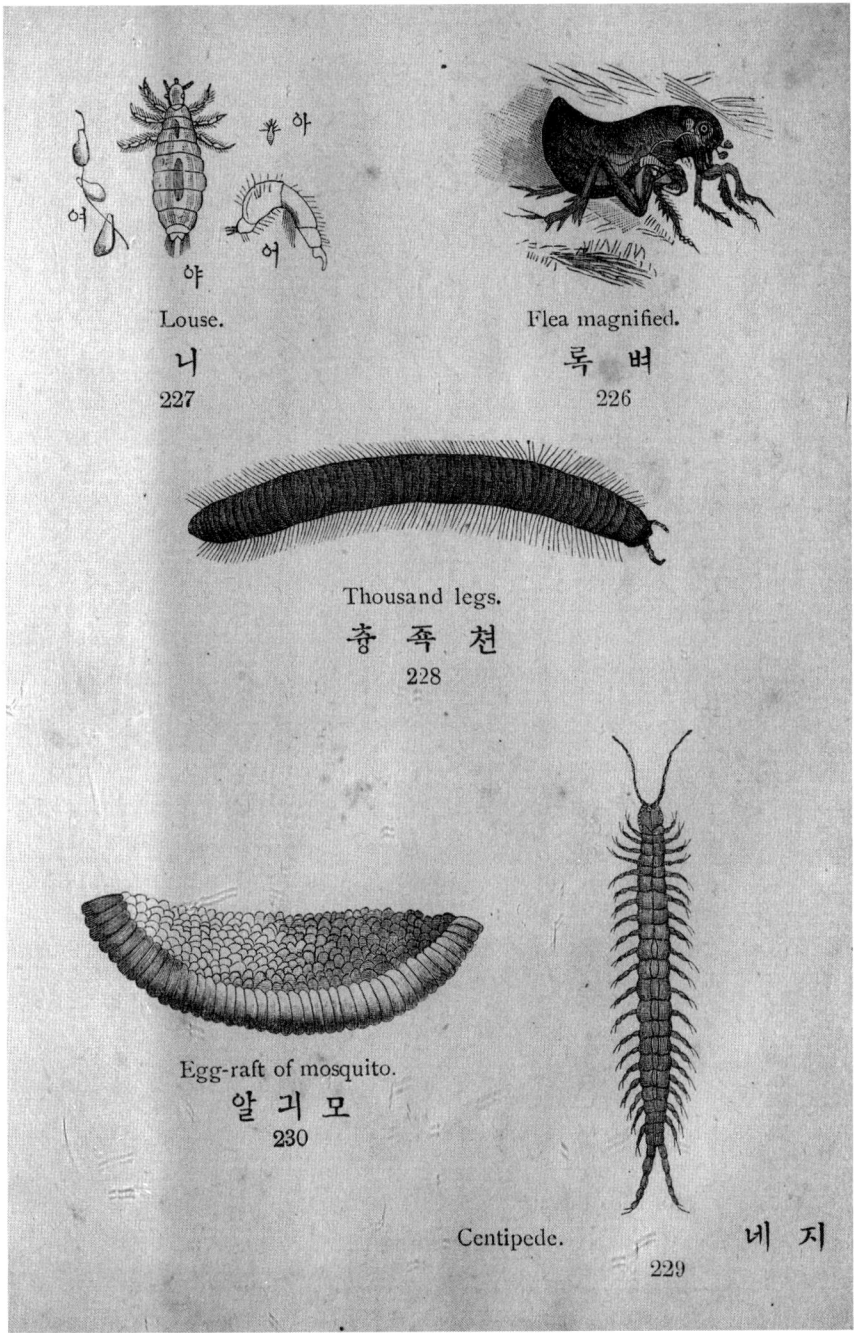

암이눈맛치사룸이집에도야지와둙을치눈것굿치기암이가진드물을만히모라다가졔집근쳐에두어두고단물을쌰라먹느니그런고로미국쇽담에진드물은귀암이의소라호느니라이벌네눈식물을대단히히롭게호느니라

(六)이과에드러가는날기업는벌네를두가지에눈홀수잇스니쳣지는류디에돈니는거시오둘지눈물에돈니눈거시라빈딕(Bedbug)(蠍虫)눈이쳣지에돈니눈거

(七)쌍시(雙翅)츙부에눈드러간거시대단히만흐니그즁에졍큰거손엽스나민우젹은거손니라빗츤환호거시시업고머리에눈잡은슈염둘이잇고눈은조고마호수업눈것도잇고엇던거손모긔와궂치단단호셥죡혼쌰눈긔계가잇고엇던거손입구멍만잇눈것도잇느니라또엷은날기둘이잇셔날아날째에소리호느니라이유츙은쳐우귀덱이되여셔빗츤회고발딕신소마귀굿혼거시잇셔기여가느니라유츙되엿슬째에눈더러온가온딕잇셔동이나혹썩은고기룰먹고사나화호야시츙된후에눈씩굿혼것밧괴눈잘먹지안느니리파리(Fly)蠅의수효가만흔딕유로바호부쥬로만말홀지라도칠빅가지죵즈가잇느니라

(八)쌍시츙부즁에모긔(Mosquito)(蚊)무리의눈이샹호것여러가지가잇스니모긔가쳐음알에셔쌀째에물에잇셔쉬지안코운신을잘호느니그림을보면그격은거소그벌

데이십륙쟝

네싱긴디로보이는거시오큰거슨현으로크게본거시라그일홈은곤두 (Wriggler)(水蛆) 벌네라 ᄒᆞ는디그벌네가비록물에잇슬지라도귀살미가업스니물고기와긋치능히공긔를호흡ᄒᆞ지못ᄒᆞ고물것헤나와셔쇠리로호흡ᄒᆞᄂᆞ니그런고로그쇠리를웅샹우흐로향ᄒᆞ고잇ᄂᆞ니라그호흡ᄒᆞ는긔계를보면혈노믄든동인디그큰그림쇠리우헤 (아) 라고ᄒᆞᆫ거슬보니그거시곳호흡ᄒᆞ는긔계나라이곤두벌네가ᄎᆞᄎᆞ커셔온젼ᄒᆞᆫ모긔가되여갈쌔에ᄂᆞᆫ물에쩌잇다가그등을터치고날아나오ᄂᆞ니그혹물은혹에열병이나ᄂᆞ니

225 ᄲᅦ모긔가알은삼빅즘이나셔ᄒᆞᆫ덩뭉쳐셔물와면에쩌잇ᄂᆞ니물며물쌔만사ᄅᆞᆷ을힘ᄒᆞᆯᄲᅮᆫ더러그즁에ᄒᆞᆫ가지모긔ᄂᆞᆫ사ᄅᆞᆷ을물면그후에열병이나ᄂᆞ니그런고로미국사ᄅᆞᆷ들은그리치를셧듯치를셔여방칙을내여그모긔알과유충잇ᄂᆞᆫ죽은물에셕유를셕거두어그모긔유충이공긔를호흡ᄒᆞ랴고물것헤나와셔셕유를먹고죽ᄂᆞ니라만일다른나라사ᄅᆞᆷ들도다이긋치ᄒᆞ면모긔의히흠을면ᄒᆞᆯ거시라

(九) 그쥐뎜이ᄂᆞᆫ칼집과긋흔디그가온디칼과긋흔간은줄긔가잇셔그거스로사ᄅᆞᆷ의살을쏘고그덥ᄂᆞᆫ동으로피를ᄲᅡ라먹ᄂᆞ니사ᄅᆞᆷ이모긔의게쏘이면곳죵쳐가되ᄂᆞ니그ᄉᆞ둙 230 은모긔가몬져그주머니에잇ᄂᆞᆫ독ᄒᆞᆫ물을사ᄅᆞᆷ의살속에드러보니여피를힘업게ᄒᆞᆫ후에ᄲᅡ라먹ᄂᆞ니라

(十) 미ᄒᆡᆫ시 (未現翅) 충부ᄂᆞᆫ벼룩 (Flea) (蚤) 이긋흔거신디이ᄂᆞᆫ잘뵈지안ᄂᆞᆫ날기밧긔

지파	마	듸
족	버	지
쎼	러	
작은쎼		
과속류죵	안뵈지 날기눈	날기 엇눈것
	벼룩	니

업스나 화성ᄒᆞ는거슨온젼ᄒᆞ게ᄒᆞ는듸 유츙이 용되
여갈ᄯᅢ 조곰마ᄒᆞᆫ곳치 를지어 졔몸을 덥ᄂᆞ니라
그림을 보면현미경으로크게본 벼룩이니 이 ᄯᅱ기
룰잘ᄒᆞᆫ눈듸 뫼쭉이와 팟죵이와 굿ᄒᆞ여 뒷다리가 대
단히 크니라
(十) 무시츙부는 날기가 도모지업 ᄂᆞᆫ 듸 이ᄂᆞᆫ 사람이
나다른동물을히롭게 ᄒᆞᄂᆞ니 (Lice)(虱) 굿ᄒᆞᆫ거시
라 그림을 보니 거긔 (아) 라고 ᄒᆞᆫ거슨그니 성긴
덕로그린거시오(야)라고ᄒᆞᆫ거슨 현미경으로크게 뵈인거시오 (어) 즈는그다리를현미
경으로크게 본거시오(여) 즈는그알을현미경으로크게 본거시라

습문

반시츙부의 ᄶᅡ는 긔계는 엇더ᄒᆞ뇨 ○ 그변ᄒᆞ야 화ᄒᆞ는 것 엇더ᄒᆞ뇨 ○ 미암이 변ᄒᆞᄂᆞᆫ
도이것과 곳ᄒᆞ뇨 ○ 진드물이 엇더ᄒᆞ뇨 ○ 며 그힘ᄒᆞᄂᆞᆫ 일이 엇더ᄒᆞ뇨 ○ ᄡᅡᆼ시츙부의 ᄲᅥ지ᄂᆞᆫ
것 엇더ᄒᆞ뇨 ○ 그 크고젹은 것 엇더ᄒᆞ뇨 ○ 집파리ᄂᆞᆫ 엇더ᄒᆞ뇨 ○ 모긔 유츙이 엇더ᄒᆞᄂᆞ
ᄒᆞ뇨 ○ 변ᄒᆞᄂᆞᆫ 것 엇더ᄒᆞ뇨 ○ 그 알이 엇더ᄒᆞ뇨 ○ 업시ᄒᆞᄂᆞᆫ 법은 엇더ᄒᆞ뇨 ○ 쥐뎀이 눈 엇더
ᄒᆞ뇨 ○ 미시츙부는 엇더ᄒᆞ뇨 ○ 무시츙부는 엇더ᄒᆞ뇨 ○

뎨이십륙쟝

뎨이십륙 쟝

뎨이십칠쟝은 다죡부 (Myriapoda)(多足部) 와 지쥬부 (Arachnida)(蜘蛛蠍) 룰 의론홈이라

(ㄱ) 관졀동물을 눈호 흔것 즁에 쳣지 츙부는 다 보앗스니 지금은 다죡부(多足部)를 볼터인 되 그 몸은 디렁이와 굿흐나 슈쪽이 잇스며 쏘마디가 현져ᄒ고 머리는 몸과 싸로 잇스나 그 가슴과 빅눈 다 흔 되 달녓스니 이는 다류디에 둔 •니눈 거시라 그 즁에 두가지 잇스니 쳣지눈
• 쳔다리(Milliapedes)(千足) 잇눈 것과 둘지 눈 빅다리(Centipedes)(百足) 잇눈 거시 신되 쳔 228 蟲 죡류는 몸이 둥그럽고 슈염이 쟑고 그몸 압혜 두 마디 밧긔 눈 마디마다 다리 둘식 잇느니라 이는 그 몸이 무엇의 게 상홀가 ᄒ야 몸을 굽혀 사리는 거시니 이류가 다 사람의 게 히롭 지 아니ᄒ고 유익흔 거슨 밤에 나와셔 썩은 초목을 먹
음이라

(ㄴ) 빅죡류눈 쳔죡류와 굿지 아니ᄒ니 이 거슨 몸이 납쟉ᄒ고 슈염은 길고 몸에 잇눈 잘 두 막이 마다 좌우 편에 다리 ᄒ나식 밧긔 더 나지 안는 거시오 쏘 이 거슨 초목을 먹지 안코 다른 동물을 잡아 먹으 니 그 압 다리 둘이 집게와 굿고 쏘 이 다리와 동흔 독흔 물 주머니 가

二百

파지	마	딕
쪽쎼		
쎼은작	려여	리다
은 과		
속		
류	빅다리	쳔다리
죵		

잇는고로 츙류나 또 곰아 혼즘성만 잡아 죽일뿐아니라 사람이라도 물면 사람이 크게히 로온지라 이즁에 데일 크고 사오나운거슨 열대에 잇는디 사람마다 알기쉬운지네 (Centipede) (蜈蚣) 229 曧 가이 빅다리류에 드러 갓느니라

(三) 관절동물즁에 셋지 눈 지쥬부(蜘蛛部) 인디 이 눈어느 사람은 즉 셰히 알지 못 흥 고츙 부라 흥기쉬오나 츙부와 굿지 아니 흔거시 여러가지 잇스니 츙부의 머리는 가슴과 합흥야 흔마디가 된거시오 쏘 츙부 눈 온젼히 변화 흥야 시츙 스나 지쥬부의 머리 눈 가슴과 합흥야 흔다 리가 여 슷밧긔 업스나 지쥬부 눈 다리가 여 덟이오 쏘 츙부의 눈은 여러 사합흥 될때에 눈다 리가 여 슷밧긔 업스나 지쥬부의 눈은 여러 사합흥 야 흔보 눈 게가 되기 쉬오 나 지쥬부 눈 그럿치 아니 호고 쏘 츙부 눈 슈염이 잇스나 치쥬부 눈 슈염이 업 느니라

(四) 지쥬부 눈 다른 동물을 잡아먹으되 그 동물에 살을 먹지 안코 다만 그 몸에 진 익만 빠라 먹 눈 디 이 부즁에 독 흔 물 주머니가 잇 눈 거시 흔 흐 니 이 이 더 보다 힘이만 흔 거시라도 죽이 기 쉽게 흠이라 쏘 츙부와 굿치 집기가 잇고 이즁에 다른 동물의 몸에 잇 눈 거슨 주덤이가 길고 침굿 흔 것이 잇고 쏘 전갈은 짜리 쓰 헤 구부러 지고 셋 죡 흔 게가 잇셔 제 게 잇 눈 집기로 그 먹으랴 눈 동물을 잡아이 구부러 진 쏘 눈 게로쎠 거긔 잇 눈 독 흔 물을 드러 보 니여 그 잡은 거슬 죽이 느니라

(五) 지쥬부의 호흡 흥 눈 거슬 보고 두 무리에 눈 홀수 잇스니 첫지 눈 츙부의 호흡 흥 눈 것과

뎨이십칠쟝

二百一

데이십칠쟝

굿지아니혼딕몸에공긔드러가는틈이업고그비에주머니굿흔둥여러시잇스니그속에여러갈피가잇눈딕공긔가그갈피가온딕드러가셔거긔잇눈피를맛나눈거시오이무리에드러간거시믜(Spider)와젼갈(Scorpions)이오둘지무리에호흡ᄒ는거시ᄂ충부와굿치ᄒ는니이눈벽슬(Mites)(壁虱)이니라

(六) 거믜(Spiders)(蜘蛛)눈거반다질삼을잘ᄒ는 디화ᄉᆨᄒ는일이업고로명령과굿치그몸을위ᄒ야질삼ᄒ는거시손업스나그질삼ᄒ는거시두가지셔 둙이잇는딕쳣직눈제잇슬곳슬짓눈거시오둘지눈 먹을거슬잡으랴고그믈을짓느니라

지파	마	딕
족쎼	거	믜
쎼은 작		
과속류종		
	젼갈 거믜	벽슬

(七) 명령이질삼ᄒᆞᆯᄯᅢ에눈머리에셔줄을내나거믜눈그몸뭇헤셔줄을내나누니라이질삼 ᄒ는법은대단히이샹ᄒ니그속에풀굿ᄒᆫ부드러온거시잇셔거긔셔줄이나오는딕로마르는거시오이줄은눈으로만보면ᄒ나만되눈것굿ᄒ나현미경으로ᄌᆞ셰히보면수쳔줄 이합ᄒᆞ야훈줄된거시라 231 그림을보면거믜가그줄에달녀셔그 나눈거슬볼수잇스니이둥군구멍에질삼ᄒ는 232 그림을보면그질삼ᄒ는 긔계를현미경으로크게본거슬볼수잇스니이줄이심히가눌어수빅만이나합 ᄒ여야사름의머리털훈오리기만ᄒ니라 233 그림을보면거믜의발을현미경으로크게본거

솔볼수잇는듸그발에톱셋이잇스니흔엄지손가락과굿고둘은빗술과굿흐니이는
그줄이서로얼키지안케빗질흐듯흐는듸쓰는거시오거믜가놉흔듸셔나즌듸로려
갓다가올나올째에그믜여달녓던줄을감으며올나가셔는그남은줄은실허브리느니
라

(八) 거믜가엇더케흐야이나무에셔더나나무에줄을건너붓혀그믈을지으며혹물잇는못
솔건너좌우언덕에줄을붓혀그믈을짓는거슬동물박학소들이만히궁구흐엿스나지금
섯지도엇더케흐는거슬조셰히아지못흐되그중에흔가지안거믜가그줄을내여바
람에날녀셔멀니가게흐고그줄이어듸가셔걸녓는지알고져흐야조발노그줄을담겨
보다가만일그줄이어듸가셔붓흔줄알면곳그줄을타고건너가며쏘흔줄을내여그줄에
덧붓치느니라거믜가그줄이바람을스려날지못흐고바람아리로날아가는고로그
리는바람부는듸로향호야두고그밋흘바람아리로두어거긔셔나는줄이바람아리로
가게흐느니라그런고로거믜의가비스공긋처흥샹바람을살펴보느니라

(九) 거믜가집을짓는법이여러가지잇스니그중에집에잇는거믜와밧헤잇는거믜의집
짓는거슨사람마다알겟스니말홀것업거니와거믜중에흙을가지고반죽흐야그집을짓
는것이잇스니이는토역쟝이거믜(Mason Spider)라흐느니라이거믜가싸에구멍을파
는듸이구멍은깁기가셋치오놉기는훈치나되게파고그담벽은흙을반죽흐야문든거시

뎨 이십칠 쟝

오 그 속에 눈거믜가 그물을 듯텁게 지어 치는디 그 그물을 써 노여 보면 일뎡호 가족으로 문둔 쥬렴과 굿흔거시오 쓰그집에 문도 이샹히 문 드럿눈디 거믜가 그물 십여 겹을 합호야 그 문과 돌져귀 선지 문 드는거시오 그림을 보시오 334

(十) 거믜즁에 민우 큰거믜 호가지 잇는디 이 거믜는 물에 잇기를 됴화호야 풀을 그줄노 얽어 쎼를 문 드러타 고 제 먹을 거슬 차즈러 나가 느니라 쏘 이 물거믜 즁에 집을 공긔게 짓눈거시 잇스니 이 눈그 줄노 둥구림이를 문 드러 그 둥구림이를 제 줄노 민여 빗 닷줄 모양곳 치어 듸던지 걸어 민눈디 혹은 둥구림이 가물에 잠기게 도 민고 혹은 반 만물에 잠기게 도 호며 반은 물우혜 드러나 게 민는것도 잇눈디 거믜가 공긔를 밧아 호흡호고 사 눈고로 그 둥 구림이에 잇던 공긔가 다 업서 지면 물외면에 나 와서 그 몸에 잇눈 털에 공긔를 밧아 녓고 다 시 그 둥구림이 에 드러 가서 물속으로 드러 가 느니라

(土) 전갈(Scorpion) (蠍) 235 蠍 은 임의 말호고 지 금은 지 쥬부즁에 둘지 무리 벽슬(Miter)을 말호터이니 이벽슬은 여러가지 잇눈디 혹은 식물에셔 사 눈것도 잇고 혹은 동물의 몸에 셔 사 눈것도 잇고 혹은 물에셔 사 눈것도 잇 느니 이 즁에 훈가지는 옴이란 병을 나 게 호느니 라 그림을 보면 현미경으로 옴 나게 호눈 벽슬을 크게 본 거시 눈디 이벽슬의 몸은 좀 둥글 고 입에 가시가 잇고 발은 여 둛이 잇눈디 그 즁에 넷손 싸 눈거 게 가 잇느니라 만일 이옴을 업시 호랴면 이 벽슬을 죽여야 홀터이 니 류황과 도야지 기름을 셕거 바르면 곳 치기 쉬오느 라 236

습 문

다족부는충부와분간이무어시뇨○그몸이엇더ᄒ뇨○쳔족류는엇더ᄒ뇨○빅죡류는엇더ᄒ뇨○지쥬부는충부와분간이무어시뇨○지쥬부는무어슬먹ᄂ뇨○먹을것죽이는법은엇더ᄒ뇨○젼갈은엇더ᄒ뇨○지쥬부의흔흔거손무어시뇨○거믜가무어슬위ᄒ야질삼ᄒᄂ뇨○거믜의질삼ᄒ는긔계는엇더ᄒ뇨○거믜가그줄을것너편에건의발은엇더ᄒ뇨○그빗살굿흔긔계는무어세쓰ᄂ뇨○거믜가그줄을엇더ᄒ뇨○거보닐때에엇더케ᄒᄂ뇨○도역쟝이거믜는집을엇더케짓ᄂ뇨○쳬를짓는거믜는엇더케ᄒᄂ뇨○물거믜즁에지간잇는거손엇더케ᄒᄂ뇨○지쥬부즁에둘지무리는무어시뇨○벽슬은엇더ᄒ뇨○옴나게ᄒ는벽슬의모양은엇더ᄒ뇨○죽이는법은엇더ᄒ뇨

데이십팔쟝은 갑각부 (Crustacea) (甲殼部) 와 련졉부 (Annelida) (連接部) 론홈이라

(一) 관졀동물중에 갑각부(甲殼)이란거슨듣든호각디기가잇단말이니이눈가지 (Lobster) (龍蝦) 와게 (Crab) (蟹) 와왕싱우 (Shrimps) (大蝦) 와젹은싱우 (Prawn) (小蝦) 와소리 (Barnacle) (螺) 와디박 (Sowbug) (地溥) 과하슬 (Sandhopper) (蝦虱) 굿흔거시 드러간거시라

(二) 이동물이츙부와 도좀비슷호고거믜와츙부와굿치두무리에눈홀수 잇스니이눈널어먹눈거과싸라먹눈거시라 이동물의눈도츙부의눈과굿치 여러동즛가 합호야호나보눈거계가 되엿고 슈염도잇느니라 그호흡호눈거계눈 츙부의호흡호눈거계 와굿지아니호느디이갑각부가다물에잇셔귀살미로호흡호느니라 그러나그즁에엇던 손류디에셔사 눈거시도잇느니 이거순거반다셔인듸아셤에잇눈되 그귀살미우혜히웅굿 흔거시잇셔거긔셔츅츅호거시싱겨셔 그귀살미가마르지안느니라

(三) 이동물의다리눈좌우편에 닐곱식잇눈것도잇고좌우편에다 솟식만잇눈것도잇느 니그다리싱긴모양은 여러가지로되여각각쓰기에뎍당호게 싱긴거시니 헴질잘호눈것 의다리눈넙젹호고얇은거시오 기여둔니기를잘호눈것의다리눈마듸로되엿눈듸 둥군

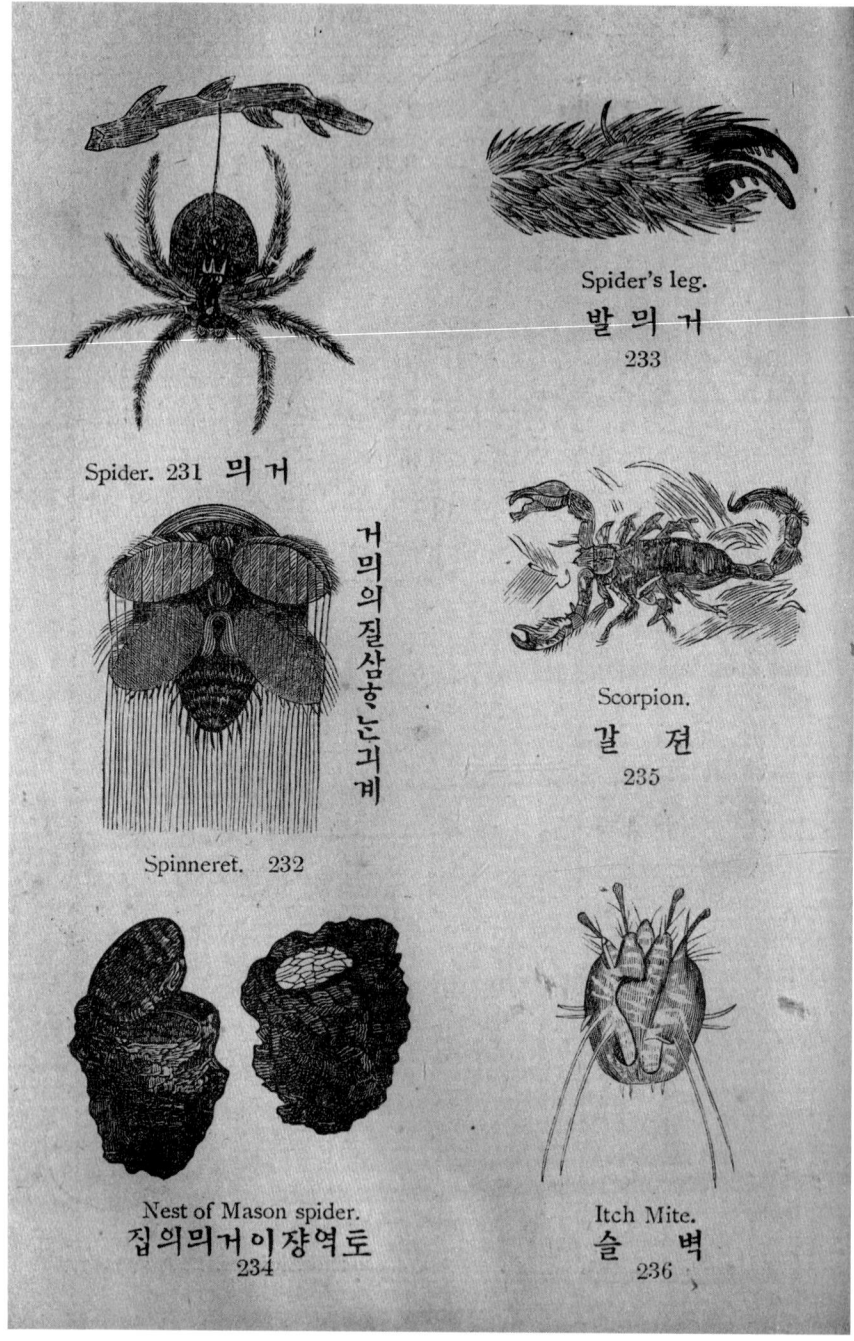

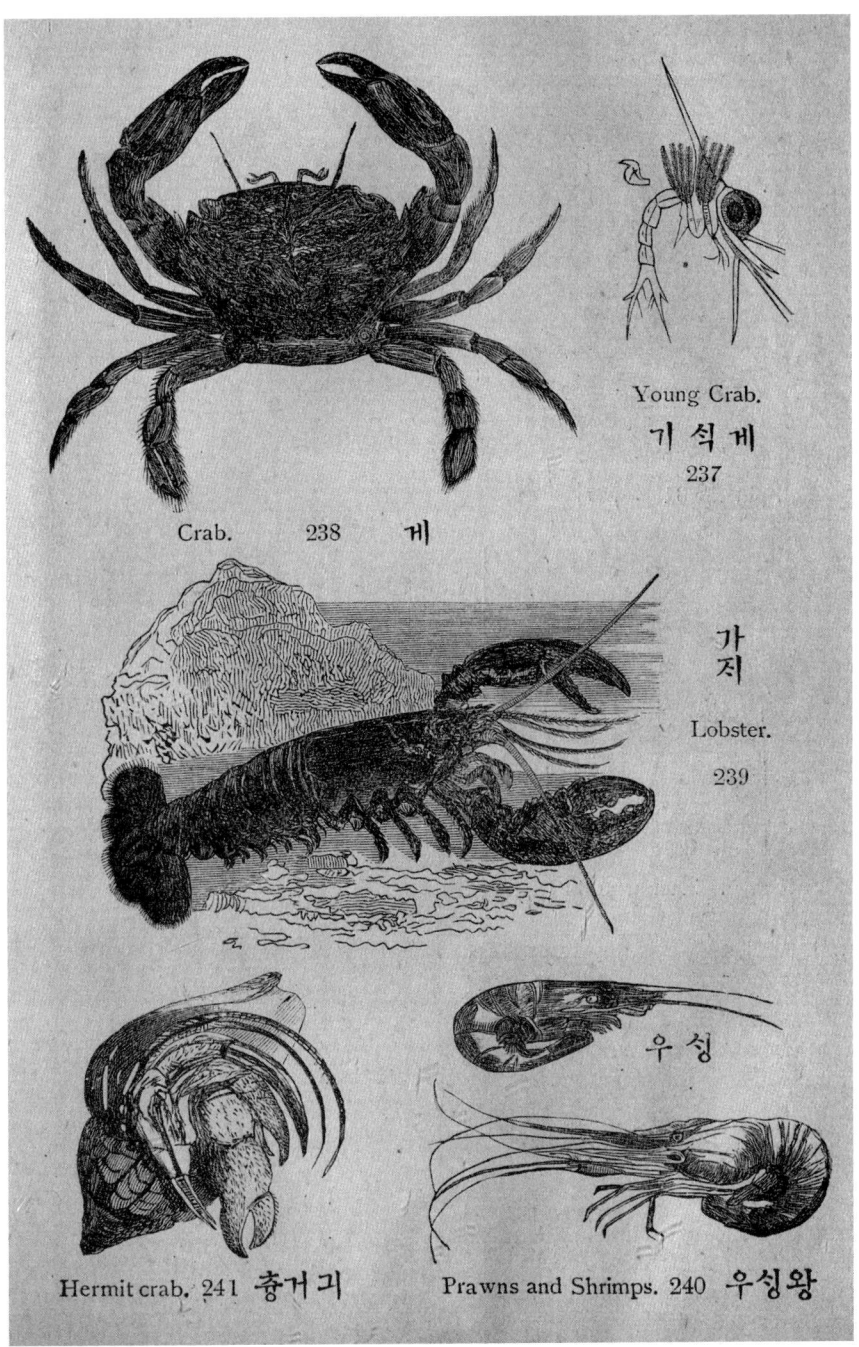

기동굿치싱겻고엇던거손다리가잘기여가는디도뎍당ㅎ고쌍을파눈디도뎍당ㅎ게싱
긴것도잇고엇던거손다리가집다가굿치되기여가기도잘ㅎ고먹을것도잘잡게싱긴것도
잇느니라이동물즁에가지와싱우굿흔거시헴질을잘ㅎ는디몸밋헤쏘리가잇셔헴질할
쌔에고리와굿치올녓다ㄴ렷다ㅎ는거시오게굿흔거손헴질ㅎ는것보다기기를잘ㅎ는
고로그쏘리가젹•고•몸•에•드•러•붓헛느니라
(四) 갑각부눈다알•에•셔•나•는디이알은그어미빗아릿편에쓰러붓치느니가지굿흔거손
그암컷흔놈에쓰러붓친알이일만이쳔이더되느니라
(五) 이무리논츙화싱ㅎ논것은업스나그즁에엇던거손쳐음싼것과쟝셩흔거시크베굿
지아니ㅎ니곳곳이흔이잇는게가그러ㅎ니라 237 그림을보면게가쳐음알에셔나온거술
볼수잇스니그큰거손현미경으로쏘젹은거시오싱긴디로그린거시라이
거시쟝셩ㅎ게와대단히굿지아니ㅎ거시맛치모긔유츙이모긔와굿지아닌것과방불ㅎ
지라갑각부가거반다몸이잘두막이로싱긴거시현져ㅎ나라그러나조셰히궁구ㅎ지못
ㅎ면그잘두믹이로문둔거슬셰듯지못ㅎ기쉬오니라가령게굿흔거손보면두막이로문
든거시업눈듯ㅎ나조셰히보면흔잘두막이눈크고그여에여려져은잘두막이잇는거슬
볼수잇느니라
(六) 이동물의각뒤기는든ㅎ야그속에잇는부드러운몸이크눈디로좃차크지못ㅎ니

뎨이십팔쟝

그런고로몸이크는 듸로 날은 각 듸기는 버셔 브리고 새 각 듸기를 마련 호여 흘터 인 고로 째때로 헉물을 벗고 다른 각 듸기를 쓰는 듸 그 허물 벗는 법이 좀 이샹 호니 허물 버슬 때가 되면 그 부드러온 몸이 주연 각 듸기와 써러지고 각 듸기가 터져 곳 그 속에 잇는 부드러온 동물이 나오 누니 가지 눈 등심이 가온 듸 브터 몬져 지 면 그 가 각 듸기를 벗고 나와셔 엇던 죵용 훈 곳에 드러 가 두어 날을 가만히 잇셔 그 새 각 듸기 가 싱 기기를 듸리 누니라

(七) 갑각부물 열네 과에 눈 홀 수 잇 스 나 그 중에 두어 만 혜 아려 볼 터인 듸 흔 열 발 잇

십 각 부 (Decapoda) (十足部) 니 이 눈 가 지 와 게 와 왕 싱 우 와 싱 우 굿 흔 거 시 라 갑 각 부 즁

파지	마	듸
죡		
쎄		
쎄은 작	것혼든든기듸각	
과		
속	것진가발열	
류		
죵	가지 베 왕싱우 싱우	

에 먹을 만 훈 거 슨 거 반 다 이 무리의 분별은 그 슈염 굿 흔 줄 기 굿 혜 눈 이 잇 고 쏘 거 반 다 물 에 잇 눈 거 시 라 그 러 나 귀 살 미 에 물 을 젓 쳐 덥 눈 거 시 잇 셔 셔 물 이 쉬 히 마 르 지 안 는 고 로 물 밧 긔 나 와 셔 오 리 잇 슬 지 라 도 관 계 치 아 니 호 니 라 이 거 시 론 동 물 을 잡 아 먹 고 쏘 식 셩 이 대 단 호 니 그 압 다 리 둘 은 힘 도 만 코 집 기 로 싱 겻 눈 듸 그 거 스 로 제 먹 을 거 슬 잡 아 입 에 넛 눈 니 그 입 이 이 샹 호 거 슨 집 기 여 숫 사 잇 눈 니 라 이 열 다 리 잇 는 갑 각 부 즁 에 가 지 239 와 게 238

二百八

눈임의 말ᄒᆞ엿더니 와싱우와 왕싱우는 데 용이 젹고 가히 먹을 만ᄒᆞᆫ 거시라·240 그림을 보면 그 우헤 잇는 거슨 싱우오 그 아리 잇는 거슨 왕싱우라

(八) 게ᄌᆢᆼ에 긔거ᄎᆢᆼ(Hermit Crab) (寄居虫)은 241 蠲 그 싱긴 모양과 힝실이 이샹ᄒᆞ니 그 버슨 몸을 보호ᄒᆞ랴고 든ᄒᆞᆫ 각디기는 몸 압편에만 잇고 그 뒤으로 졀반 덥ᄒᆞᆫ 것시 업스니 그 버슨 몸을 살고ᄌᆞ ᄒᆞᆯᄯᅢ에 그 빈 각디기를 슬슬 빈 각디기에 드러가 잇ᄂᆞᆫ 거시 오ᄯᅩ 먹을 거슬 차즈러 왓다갓다 ᄒᆞᆯᄯᅢ에 그 빈 각디기를 끌고 돈니며 혹 무엇의 게샹 홀가 겁낼ᄯᅢ에는 온 몸이 다 빈 각디기 속에 드러가셔 집키 ᄒᆞ나으로 구멍을 막고 잇ᄂᆞ니라 ᄯᅩᄒᆞᆫ 크는 디로 그 몸에 맛는 빈 각디기를 차자 잇ᄂᆞ니 차질 ᄯᅢ에 여러 빈 각디기에 드러가셔 그거시 제 몸에 맛는지 보는 거 시 대단히 우수운지라

(九) 이 동물에 드러간 것 중에 ᄒᆞᆫ 가지는 발에 톱 잇는 거시니 이는 조족 갑각부(Laemodipoda)(爪足甲殼部)니 고릭니(Whale louse)(鯨虱)라 242 蠲 이 고릭의 니가 그 힘만 ᄒᆞ홉으로 고릭 몸에 붓 헛는 디 엇던 ᄯᅢ에는 고릭 몸에 ᄒᆞᆯ 벌 덥혓 스니 먼 디셔 보면 고릭 몸이 흰 빗츠로 뵈이ᄂᆞ니라

(十) 그 중에 발에 솔 잇는 무리가 잇스니 이는 만·족·갑·

지파	마	티
쪽·쎼·쎼은 작		
과 속 류 종	발톱	것혼든든기티각
	고릭니	것논잇발솔
	소리	

뎨이십팔쟝

二百九

뎨 이십팔 쟝

● 각부 (Cirrhipoda) (蔓足甲殼部) 니 소립 (Barnacle) (蛭) 굿흔거시라 그 모양은 줄기 잇는 연례동물과 굿흐나 조셰히 보면 그 집과 굿흔 거시 다 솟조각으로 문든 각 되기가 잇눈 딕 그 구멍에셔 수죡굿흔 긔계 열 넷시 나 왓스니 그 즁에 둘은 크고 또 솃헤 싸 눈긔계가 잇셔 무어슬 잘 붓잡는거시오 그 외면에 머리털 흔 오리 기 굿흔 것 여러시 잇는 딕 이거시 흔들 흔들 홈으로 물이 왓다 항야 무 슴 먹을 거시 입으로 드러 오게 항 누니라 그림을 보니 각 되 기 졀 반 엽 게 항여 셔 그 몸을 다 뵈이눈 거시오 이 소리 가 항샹 써 잇는 눈 나무에 나 빅 밋헤 붓 허 잇는 거시오 이 동물이 집에 잇스 나 쳐음에 눈 연례동물에 드러 간 줄노 알앗더니 몸에 싱 긴 모양을 보고 분명 히 갑 부에 드러 간 줄 아 누니라

(土) 관졀동물 즁에 다 소 조 련 졉 부 (連接部) 란거 슨 그 즁 느 즌 무리에 드러 간 거시 니 마 딕 로 문 든 스 지 도 업 고

눈디렁이 (Worms) (蚯蚓) 와 검 아 리 (Leeches) (蛭) 굿흔 거 시 니 마 딕 로 문 든 스 지 도 업 고 온 몸 싱 긴 모 양 이 변 변 치 못 흐 느 니 라 그 러 나 이 것 도 다 른 관 졀 동 물 과 굿 치 몸 좌 우 편 이 둘 다 썩 굿 흔 거 시 오 몸 이 길 고 가 늘 고 둥 구 러 오 니 관 졀 동 물 의 몸 이 잘 두 막 이 로 싱 긴 표 가 몸 밧 긔 보 다 몸 속 이 더 현 져 호 고 밧 긔 눈 몸 에 주 름 지 눈 것 밧 긔 눈 잘 두 막 이 가 뵈 지 안 느 니 라

마디	파지족			
부졉련	쎼	쎼은작	과속류	죵
				검아리 지렁이

243 蠣그 모양은 줄기 잇눈 244

(三) 이런졉부즁에더운디방에대단히큰거시잇스니혹은길이가넉자이나되고그몸에 잘두막이가소오빅되는것이잇느니라

(三) 검아리(Leech)(蛭)눈지렁이와비슷ᄒᆞ나그입과둔니눈긔계가다르니그몸두끗헤 싸눈긔계가ᄒᆞ나식잇스니몬져압ᄉᆞᆯ홀내여븟쳐이굿치고그뒤끗홀압ᄉᆞᆯ붓쳔듸셧지옴겨붓쳐 고쏘압ᄉᆞᆯ씃은다시옴겨붓쳐이굿치좀쌜니홀수잇스니둔니눈긔계가져이눈명령의둔니 눈긔계와굿지눈아니ᄒᆞ나둔니눈모양은쏙몸이흐늘흐늘홈으로헴질도ᄒᆞ 니그입은압싸눈긔계가온틱잇고그입속에둡굿흔것셋시잇셔이거스로다른동물을물 고쏘싸눈긔계로그문동물의피를싸라먹느니라

(卤) 관절동물즁에여숫지눈데닉부(Entozoa)(體內部)니이눈다른동물의몸속에잇눈 거시듸그중에흔가지만혜아려볼터이나이눈물총굿치싱긴(Hairworms)거시라이거 슬쥭은물에셔나혹축축흔싸에셔보기쉬오나실샹은각셕ᄎᆞᆼ부몸에잇느니물에드러가 눈연고눈알쓰라눈쌔밧긔눈안드러나만일이거슬물에셔셔끼여말니으면쌧쌧 ᄒᆞ게굿어져셔실오리기와굿치되여싱명이업눈듯ᄒᆞ나물에다시두어두면살아느니 라

(효) 관절동물즁에닐곱직눈류젼부(Rotifera)(輪轉部)니이눈극미(Animalculae)(極 微)동물에드러간거시라대단히젹은거신듸흔치에오빅분지일만흔거시니그모양은

대이십팔쟝

二百十一

거믜똥나현미경업시는보지못ᄒᆞ는니라이거슨모든물에잇는거시신되그에잇는연모(軟毛)
룬머리털굿ᄒᆞᆫ거시혼츙이나두츙이나눈것도잇고ᄯᅩ이머리털굿ᄒᆞᆫ거시ᄒᆞᆼ샹수례박회
와굿치돌아가는것으로뵈임을인ᄒᆞ야륜젼이라ᄒᆞᄂᆞ니라

습 문

갑각부에드러간거시무어시뇨○웨갑각부라ᄒᆞᄂᆞ뇨○츙부와굿ᄒᆞᆫ것무어시뇨○거
반다어듸잇ᄂᆞ뇨○그즁에혼가지는엇더케륙디에돈녀도쥭지아니ᄒᆞᄂᆞ뇨○갑각부
의다리는엇더ᄒᆞ뇨○화ᄉᆡᆼᄒᆞ는것은엇더ᄒᆞ뇨○몸에잘두막이된것은엇더ᄒᆞ뇨○그각딕
기룰자조벗는연고는무어시뇨○그갑각부를멧가지에눈호흘수ᄂᆞ잇뇨○십쪽과의드
러간거시무어시뇨○그의분별ᄒᆞᆫ거시무어시뇨○싱우는엇더ᄒᆞᄂᆞ뇨○거츙은엇더
ᄒᆞ뇨○죠족과눈엇더ᄒᆞ며고릭의니는엇더ᄒᆞ뇨○만죡과는엇더ᄒᆞ뇨○소릭의싱긴
것과힝ᄒᆞ는거슬말ᄒᆞ오○련접부는엇더ᄒᆞ뇨○톄닉부는엇더ᄒᆞ뇨○륜젼부는엇더
ᄒᆞ뇨

뎨이십구쟝은 연톄(Mollusks)(軟體) 동물을 의론홈이라

(一) 이 지파에 드러간 거슨 다 몸이 부드러오니 그런고로 연톄동물이라 ᄒᆞᄂᆞ니라 가령 바다에 굴(Oyster)(蠔)이나 습디에 잇는 무실와(Slug)(無室蝸) ᄀᆞᆺᄒᆞᆫ 거슬 만져 보면 몸이 부드러온 것을 가히 알 수 잇ᄂᆞ니라 집에 잇는 동물이 거반 다 이 지파에 드러가고 쏘집업는락자(Cuttlefish)와 무실와(Slug) 도 이 지파에 드러갓ᄂᆞᆫ디 이 별거버셧단고ᄒᆞᄂᆞ니라 이 연톄동물은 몸속에나 밧긔나 쎠가 업ᄂᆞ니 그 각 디기ᄂᆞᆫ 쎠 ᄀᆞᆺ다 ᄒᆞᆯ 수 잇스나 다만 몸을 덥는 집이라 ᄒᆞᆯ 수 밧긔 업는 거시 각 디기ᄂᆞᆫ 유격동물의 게잇는 쎠와 도ᄀᆞᆺ지 안코 관졀동물의 게잇ᄂᆞᆫ 갑옷과 도 ᄀᆞᆺ지 아니ᄒᆞ니 대개 연톄동물이 운신 ᄒᆞᆯ 때에 그 각 디기와 힘줄이 붓허 합ᄒᆞᆫ 거시 아니오 져료 눈이 동물의 피에 셔여 나ᄂᆞᆫ 거시라

(二) 집으로 말ᄒᆞ면 두 가지 잇스나 쳣지ᄂᆞᆫ 조각으로 문든 거시 오 둘지ᄂᆞᆫ 두 조각이 돌져 귀로 련합ᄒᆞ게 문든 거시라 그림을 보면 쳣지 거시이 거시 오 둘지ᄂᆞᆫ 사람마다 아ᄂᆞᆫ 조기와 굴 ᄀᆞᆺ흔 거시라 이 거슨 그 집속에 잇는 몸이 커지는 디로 집도 차차 커지ᄂᆞ니라 그러나 차차 변ᄒᆞ여 셔ᄂᆞᆫ 은 것과 젊은 것이 서로 ᄀᆞᆺ지 안케 되여 ᄒᆞᆫ 가지 동물 아닌듯 ᄒᆞ게 되ᄂᆞ니라 그림을 보니 (아)ᄂᆞᆫ 졂은 거세 집이오 (야)ᄂᆞᆫ 쟝셩ᄒᆞᆫ 거세 집이라

뎨이십구쟝

(三) 연톄동물은 거반 다 운신을 조곰식만 ᄒ고 그중에 운신을 조곰도 못ᄒ는 것도 잇ᄂ니 집이 업는 거시나 몸을 그 집에셔 내여 보닐 수 잇는 외에ᄂ 운신을 잘 ᄒᆞᆯ 수 업ᄂᆞ니라 그중에 두 조각으로 된든 집에 잇는 흔ᄒᆫ 거시 그 살진 몸을 졔 집에셔 내여 보닐 수 잇스니 이 거 산밧(産) 이라 ᄒ는 거시 딕이 거 소로 혹 뛰기도 ᄒ고 혹 구멍을 뚜루기도 ᄒ고 혹 엇던 거 신 진으로 ᄒ임질 ᄒ고 엇던 거 신 실굿흔 것 여러시 나 셔 이실 노 바위에 나 어 딕ᄯᅥᆫ 지 붓는 거시 오또 ᄒᆫ 조각으로 된 집에 잇는 거 산 반 업스나 그 빗 아릿 편에 좀 둡겁고 편ᄒ게 성긴 거시 늘 엇다 ᄒ야 압흐로 나아 가ᄂᆞᆫ 딕 편 이 가 이 굿치 기여 가ᄂᆞ니라 연톄동물 중에 ᄯᅩ 집 업시 거 손 온 몸에 힘이 만 ᄒ야 운신을 ᄒ 느니라

(四) 이 연톄동물은 이굿치 가만히 잇셔 운신을 잘 ᄒ지 안코 먹음즉 ᄒ게 살져셔 바다에 잇 는 다른 동물의 먹을 것도 되고 사람의 먹을 것도 되 ᄂᆞ니라

(五) 이 동물은 거 반 다 귀 살미로 호흡 ᄒ나 그러나 달팡이와 무실 와 굿ᄒᆫ 거 손 류디에 잇는 거시니 허파 굿ᄒᆫ 거시 잇ᄂᆞ니라 피는 빗치 별노 업고 련통이 잇스니 피가 온몸에 둥괴 ᄒ ᄂᆞ

(六) 이 연톄동물을 두 ᄯᅦ에 ᄂ혼 왓는 딕 쳣지ᄂᆞ 머리 잇는 유두부(Cephalous)(有頭部) 요 둘지ᄂᆞ 머리 업ᄂᆞ 무두부(Acephalous)(無頭部) 니 유두부의 잇는 것 중에 집 잇는 거 손 다 ᄒᆫ 조각으로 된 거시라 이것도 셰 가지에 ᄂᆞᆫ 홀 수 잇스니 쳣지ᄂᆞ 두각쇽(Cephalopoda)

파지족	부드러온		
쎄은작	머리잇는것		
과속류종			
각두	시족	보복	
락지	샐니요썌 리알랴쓰	딜팡무실와 피조 글노크쓰	

(七) 이세속즁에호나식두엇만볼터인듸 두각속(頭脚屬)에드러간것즁에혹은발이심히기니이눈이샹호게싱긴락지(鬼魚)가그러호니라 247뱀이거손몸이부드럽고가죡굿호각되기밧긔덥눈것이업고그입가호로여듧발이나왓는듸발마다조고마훈쌔눈긔계가만히잇스니이쌔눈긔계로바위에붓허셔졔먹는것을거슬잡아먹는니그주뎸이와굿고힘이만하다른연례동물이나갑각부룰잡아셔그굿은각되기라도능히부스러치고쏘큰가지라도잡아셔긴발노감고수다훈쌔눈긔계로붓잡은후에무음되로쳔히그주뎸이로가져각되기룰부스러치고고기룰쏘아먹느니라인되아바다에이락

이세속즁에호나식두엇만볼터인듸 몸에셔나와느러진날기굿치둘이잇셔그 스로진으럼이굿치써셔헴질을잘호눈거시오셋 지눈복보속(Gasteropoda)(腹步屬)이니이눈빅 아릿편에넓은발호나히잇셔이거스로단니는거 시라이세속즁에첫지와둘지눈바다에만잇눈거 시오셋지속에드러간거슨바다에도잇고단물에 도잇고류디에도잇느니라

(頭脚屬)이니이눈발이머리가호로나눈거시오 둘지눈시쥭속(Pteropoda)(翅足屬)이니이눈그

뎨이십구쟝

二百十五

뎨 이십구 쟝

지가 대단히 큰 고로 사름의 게라도 위틱ᄒ고 무셔운 원슈가 되엿ᄂᆞ니라 이 락지의 몸에 먹
굿ᄒᆞᆫ 물이 잇스니 이 물이 요긴ᄒᆞᆫ 거슨 저를 잡으랴ᄂᆞᆫ 원슈가 올 ᄯᅢ에 이 먹 굿ᄒᆞᆫ 물을 ᄒᆞ
려 셔 보지 못ᄒᆞᆼ ᄋᆡᄒᆞ고 곳 피ᄒᆞᄂᆞ니라

(八) 시족쇽에 드러 간 거시 멧무리 되지는 못 ᄒᆞᆯ지라 시족쇽 즁에 혹은 집이 잇고 혹은 집이 업ᄂᆞᆫ 뒤 이 즁에
눈 업ᄉᆞ나 잇던 곳에 눈 대단히 만ᄒᆞ니라 시 거시 잇스니 248 䰡이 눈 남북 빙양 히변에
에 클리오 ᄲᅩ리알라쓰 (Clio Borealis) 이라 ᄒᆞᄂᆞᆫ 거시 잇스니 248 䰡이 눈 남북 빙양 히변에
만ᄒᆞ니라 이 거시 고릭의 먹는 물건이 되는 뒤 뎨 용은 겨ᄋᆞ나 수가 너무 만ᄒᆞᆫ 고로 고릭가 ᄒᆞᆫ
번 입을 벌닐 ᄯᅢ 마다 여러쳔 놈을 삼키 ᄂᆞ니라 이것의 눈도 심히 적ᄋᆞ나 싱긴 모양
은 온젼ᄒ며 ᄯᅩ 집기도 힘이 만코 나 가 잇ᄂᆞ니라

(九) 복보(腹步)란 연뎨 류동물은 거 반 다 ᄒᆞᆫ 조각으로 만든 집에 잇ᄂᆞ니 이 집은 나 사 못과 굿
치 싱긴 거시라 245 䰡 그러나 그 즁에 무실과 굿ᄒᆞᆫ 거슨 손 각 디기 가 업스니 벌거 버셧다 고 ᄒᆞᄂᆞ
니라 이 복보쇽은 머리가 잘 싱긴 것도 잇ᄂᆞ니라 ᄯᅩ 그 머리 쌀이
잇ᄂᆞᆫ 뒤 둘 브터 여슷 식지나 고 ᄯᅩ 그 빗바닥이 편ᄒᆞ고 넙자ᄒᆞᆫ 발이 잇ᄂᆞ니 이 즁에 각 딕
기 잇ᄂᆞᆫ 거슨 머리와 발 밧긔 눈 온 몸이 다 각 딕기 여 갈 ᄯᅢ에
눈 니 마럿 다 가 제 무 음 딕 로 집 쇽에 잇ᄂᆞ 니라 물에 잇ᄂᆞᆫ 복보쇽은 거 반 다 발 바닥
에 든ᄒᆞᆫ 가쥭이 잇ᄂᆞᆫ 뒤 머리와 발을 다 쥴어 쳐셔 집 쇽에 드러갈 ᄯᅢ에 눈이 든ᄒᆞᆫ 발 가쥭

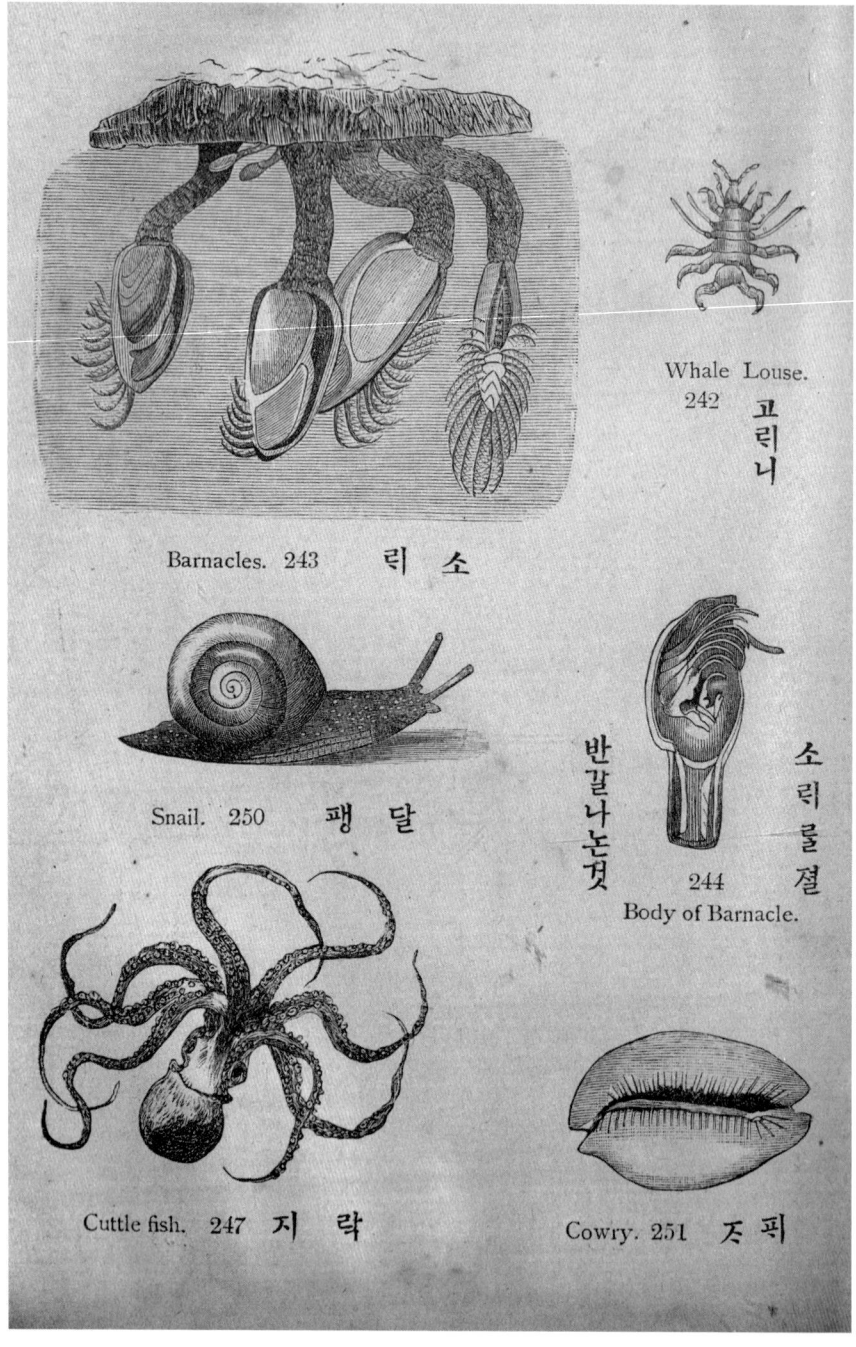

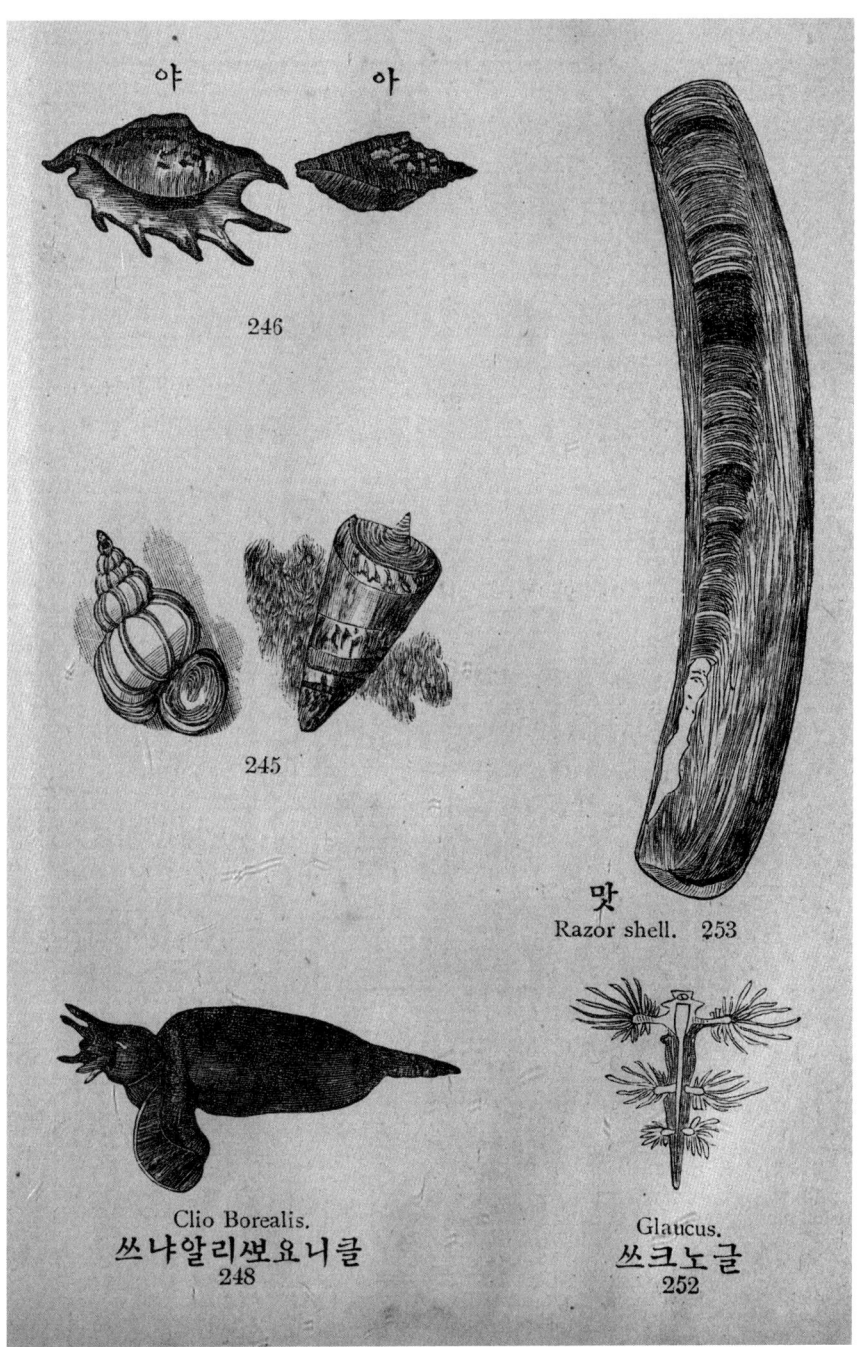

으로 그 집구멍을 막아 문 곳치 쓰느니 249 그림을 보면 이런 동물 흥 나히 그 머리와 발을 집에 셔 닉여 미는 거슬 볼 수 잇느니라

(十) 복 보속 즁에 치우돌 곳치 든든ㅎ니 잇는 거시만ㅎ니 이니 혀에셔도 나 고 빗에셔 삭지도 나느니라

(士) 이 무리 가온 뒤류디에 도 잇고 혹 단물에 도 잇스나 거 반다 바다에 잇느니라 이류디에 거긔 쓸 넷 시 잇셔 제 무 음 뒤로 그 쓸을 드러 보닉 기도 호고 도로 뒷혀 나 오게도 호느니 그 긴 쓸 갓헤 눈이 잇느니라 쏘 그 등심이 에 가쪽으로 문든 방 편 가 잇는 뒤 혹은 그 방 편 속에 조 고마흔 집이 잇셔 엇던 째에는 그 머리를 방 편 아리 드러 보닉 기도 ㅎ느니라 쏘 달 팡이 도 무 실와 와 싱 긴 거시 거 나 이 는 집이 잇서 몸을 다 줄어 쳐셔 집에 드러 갈 수 잇는 거시 오 쏘 달 팡이 의 낫 눈 알은 그 몸과 비교ㅎ면 대 단히 크니 그 알은 팟 알 만치 크 고 싸 속에 두어

(土) 이 즁에 달팡이 (Snails) 250 蠟 와 무실 와 (Slugs) 가 드는 뒤 엇던 무실 와 눈 머리 가 크 고 치를 드러 가 알을 낫느니라

(土) 복 보속 즁에 혹은 달팡이 와 무실 와 곳 치 허 파 로 호흡ㅎ나 물에 힝ㅎ느니 이 는 고리 나 다 른 허 파 가 잇 눈 물에 힝 ㅎ 눈 동물과 곳 ㅎ 야 공 긔 를 호흡ㅎ랴 고 물외 면에 올나 오느니라 255

그림을 보니 이러케 ㅎ는 거시라 이런 거 손 다 허 파 가 잇 스니 복 보속 즁에 쳣 지라

(圭) 둘 지 눈 귀 살 미 잇는 거슬 볼 터 인 뒤 이 둘 지 눈 크 고 각 되기 가 아 룸 답게 여러 빗 초로 된

뎨이십구쟝

것이잇느니라 그즁에 피즈(貝子)(Cowry)라 ᄒᆞ는 것 잇스니 251 鼊 쎈걸과 사앰과 아프리 싸 여러 곳에 잇는 토인들이 이 피즈를 가지고 돈으로 쓰는 듸 피즈 삼쳔팔빅 스십 기가 잇 스면 대한 돈으로 두량 닷돈에 쓰느니라

(卣) 귀살미 잇는 것 즁에 ᄒᆞᆫ가지 귀살미가 오목 ᄒᆞ지 안코 덥흔 것도 업시 등심이에 나 혹 좌우편에 두드러지게 나온 거시 잇고 그 즁에 혹 집잇는 것도 잇스나 거반 다 집이 업느니라 혹 그림을 보니 이 즁에 글노크쓰(Glaucus)라 ᄒᆞ는 거시 뎨 즁 ᄒᆡ 좌우편에 두어 픠기로 낫스니 이 춘쳥뎐 빗과 은빗 긋 ᄒᆞ 야 미우 아름다오니라 그 귀살미 눈호흡 ᄒᆞ는 긔계 쌘만 아니오 헴질 ᄭᅳ지 ᄒᆞ는 긔계니라

파지	것온러드부
족쎼	
쎼은쟉과 속류종	것눈엽리머
	것눈잇집
굴	
조긔	
맛	

(五) 연톄동물 즁에 쳣지 유두부를 보앗는 듸 지금은 둘지 머리 업는 무두부를 볼 터이니 이 거슬 두 무리에 눈ᄒᆞᆯ수 잇는 듸 쳣지는 집이 잇는 거시오 둘지 는 몸에 가족 긋흔 거스로 덥흔 거신 듸 쳣지 에 드는 거 셰 집은 거 반 다 두 조각으로 만든 거시니 굴 과(Oyster)조긔(Clam) 굿흔거시라 굴의 집을 보면 여러 갈 피가 잇게 만든 거 시라 그 직료는 다 그 동물의 가족에서 나 는 거시 오 그 갈 피 즁에 밧긔 잇는 갈 피가 뎨일 젹고 그 굴이 초 츠쟝

셩훙는뒤로그갈피마다그젼된것보다더크느니라굴집마다두조각이서로련합훈훌돌져
귀굿훈것훈나식잇는뒤이돌져귀에늘럿다줄엇다ᄒᆞ는힘줄숗ᄒᆞ나식잇셔집두조각이서
로쪄나게벌녀지느니그때에물이그귀살미잇는뒤션지드러왓다가나아가느니라쏘그
집두조각을굿게닷는힘줄이잇느니라

(六) 연례동물즁에데일큰거시조긔무리에잇느니이는쟝슈조긔 (Giant clam) 라ᄒᆞ는
뒤인뒤아바다와오스트렐니아갓가온바다에잇느니라거긔셔퍼리쓰에쟝슈조긔ᄒᆞ나
홀가져왓는뒤즁가오빅근이더된다ᄒᆞ엿느니라

(七) 쏘모릐쇽루는연례동물즁에맛시 (Razor shell) (馬蛤) 253 蟶 라ᄒᆞ것훈나히잇
는뒤이는싸훌파고날뇌드러가는고로잡기가어려오니라그뜻루는긔계는발인뒤제무
옴뒤로흘워길게ᄒᆞ여샏족ᄒᆞ는거시오쏘무엇의게샹훌가걱졍이잇슬때에는모릐
쇽에숨어물을내여보뇌느니이거슬잡는사름이그거슬보아잇는곳슬알고나오게ᄒᆞ랴
고소곰을좀가지고그물나오느니그명에손으로날뇌잡느니라
만일밧비아니ᄒᆞ면노아브리기쉬운거신급히구명으로도로드러감이라그구명뜻루는
법이좀이샹ᄒᆞ뒤그발을길게쎗여모릐에드러가게ᄒᆞ엿다가발을드러갈수잇느니라

(八) 연례동물의그발쓰는법이여러가지인뒤혹은맛과굿치구명을파고혹은발을내미
으로드러가게ᄒᆞ느니라이러케흠으로모릐쇽에날뇌드러갈수잇느니라

데이십구쟝

러셔 무어슬 붓잡고 그 몸을 줄어쳐셔 나가는 거시 오 혹은 발노 벗쳐셔 나가 기를 맛치 빗사공이 노로 써 싸흘 벗쳐셔 비가 나가게 ᄒᆞ는 것 ᄀᆞ치 ᄒᆞ고 혹은 그 발을 구부러쳣다가 갑작히 펴치며 압흐로 뛰여 나아가ᄂᆞᆫ 것도 잇ᄂᆞ니라
(九) 이 눈 혼것즁에 둘지 몸에 가족 ᄀᆞᆺ흔 거스로 덥눈 거슨 연ᄐᆡ동물에 드러간 거시나 샤형동물과 좀 ᄀᆞᆺ흔 거시 오 이 무리를 혜아려 볼 지 미가 잇기눈 잇스나 그만 지닐수 밧긔 업ᄂᆞ니라

습문

연ᄐᆡ동물이란 뜻슨 무어시뇨○벌거버슨 연ᄐᆡ동물은 엇더ᄒᆞ뇨○그 각딕기가 무슴 소용이 잇ᄂᆞ뇨○집 짓는 지료는 어듸셔 나ᄂᆞ뇨○집이 몃가지 며 엇더ᄒᆞ뇨○거질ᄯᅢ에 엇더케 ᄒᆞᄂᆞ뇨○연ᄐᆡ동물의 운신ᄒᆞ눈 것이 엇더ᄒᆞ뇨○그실 ᄀᆞᆺ흔 발이 엇더ᄒᆞ며 무어스로 쓰느뇨○혼조각으로 만든 집에 잇눈 연ᄐᆡ동물이 엇더케 운신ᄒᆞᄂᆞ뇨○집업눈거슨 엇더케 운신ᄒᆞᄂᆞ뇨○연ᄐᆡ동물의 특별흔 방척은 무어시뇨○호흡ᄒᆞ는 긔게가 엇더ᄒᆞᄂᆞ뇨○첫지에 드러간 무리가 몃치며 무어시뇨○두각 속즁에 락지란 지시 엇더ᄒᆞ뇨○시죡○피와 피가 그 몸에 통ᄒᆞ눈 거시 엇더ᄒᆞᄂᆞ뇨○이 세가지 즁에 어ᄂᆞ 거시 바다에 만 잇ᄂᆞ뇨○복보 속의 집은 거반다 엇더ᄒᆞ뇨○형속은 엇더ᄒᆞ뇨○큰 니요 ᄶᅩ리야 쓰눈 엇더ᄒᆞ뇨

뎨이십구쟝

샹은엇더ᄒᆞ뇨○벌거버슨복보쇽은엇ᄂᆞ뇨○이동물의싱긴모양이엇더ᄒᆞ뇨○니
은엇더ᄒᆞ뇨○륙디에잇ᄂᆞᆫ복보쇽은엇더ᄒᆞ뇨○무실와ᄂᆞᆫ엇더ᄒᆞ뇨○달팡이눈엇더
ᄒᆞ뇨○허파잇ᄂᆞᆫ복보쇽에드러간것무어시뇨○귀살미로호흡ᄒᆞᄂᆞᆫ거시엇더ᄒᆞ더
피죠ᄂᆞᆫ엇더ᄒᆞ뇨○쓸노크란것은엇더ᄒᆞ뇨○무두부릴ᄂᆞᆫ혼두무리ᄂᆞᆫ엇더ᄒᆞ뇨○무
쳣지에드러간거세집이엇더ᄒᆞ뇨○드러간것무어시뇨○집이엇더케싱겻ᄂᆞ뇨○
어스로련ᄒᆞ뇨○엇더케좀쩌나ᄂᆞ뇨○엇더케굿게뎟ᄂᆞ뇨○조키즁에뎨일큰것이
어듸셔나ᄂᆞ뇨○피리쓰에가져다둔것의즁수가얼마뇨○맛손엇더ᄒᆞ뇨○연뎨동물
은발을엇더케쓰ᄂᆞ뇨○가죡굿흔거ᄉ도덥ᄂᆞᆫ연뎨동물은엇더ᄒᆞ뇨

二百二十一

뎨삼십쟝

뎨삼십쟝은 샤형(Radiates)(射形) 동물을 의론ᄒᆞᆷ이라

(一) 온 동물을 논혼네 지파중에 마즈막 넷지 파를 이져 볼터이니 이 지파는 이젼에 본세 지 파와 굿지 아니ᄒᆞ고 몸의 싱긴 모양이 가온ᄃᆡ셔 시쟉ᄒᆞ야 소면으로 갈녀 나 가 기를 맛치 히 의 소면으로 쏘는 빗살 잇는 것 굿치 싱긴 고로 샤형(射形) 동물이라 ᄒᆞᄂᆞ니라 모양이 이러 케 싱긴 고로 식물과 굿ᄒᆞ니 이 지파에 드러간 거슬 식물(Plant)(植物) 동물(Animals)(動物) 이라 ᄒᆞᄂᆞ니라

(二) 토규(Actinia or Sea Anemone)(菟葵) 라 ᄒᆞ는 거슨 굿 셰히 보면 식물과 굿ᄒᆞᆫ 거슬 분명히 볼 수 잇ᄂᆞ니 토규의 싱긴 모양이 이 샹ᄒᆞ되 넙고 납쟉ᄒᆞ고 쏘 힘만흔 둥그러온 밋 챵이 잇 스니 그 거스로 바위나 무어슬 단단히 붓 잡는 거시 오 이 밋 챵우헤 눈 둥그러온 몸이 잇고 그 몸우헤 ᄒᆞᆫ 가온ᄃᆡ 입이 잇셔셔 버레 갓 다 담 으럿 다 ᄒᆞᄂᆞᆫᄃᆡ 그 입 가ᄒᆞ로 는 슈염굿ᄒᆞᆫ 거시 여러 츙으로 나 스니 입을 버릴때에 눈 그 모양이 퓐 ᄭᅩᆺ송이와 ᄉᆡᆨ굿 ᄒᆞ 노니라 그림을 보면 이 토규 룰 셰 가지 모양으로 볼수 잇 스니 그 우헤 잇 는 거슨 입을 담을고 슈염을 감쵸 이 게 ᄒᆞᆫ 거시오 그 아리 잇 는 거슨 입을 반만 치 벌 니 고 잇 는 거시오 그 아리 믈 속에 잇 는 거슨 크게 입을 벌녀 셔 ᄭᅩᆺ송이와 굿 게ᄒᆞᆫ 거시라

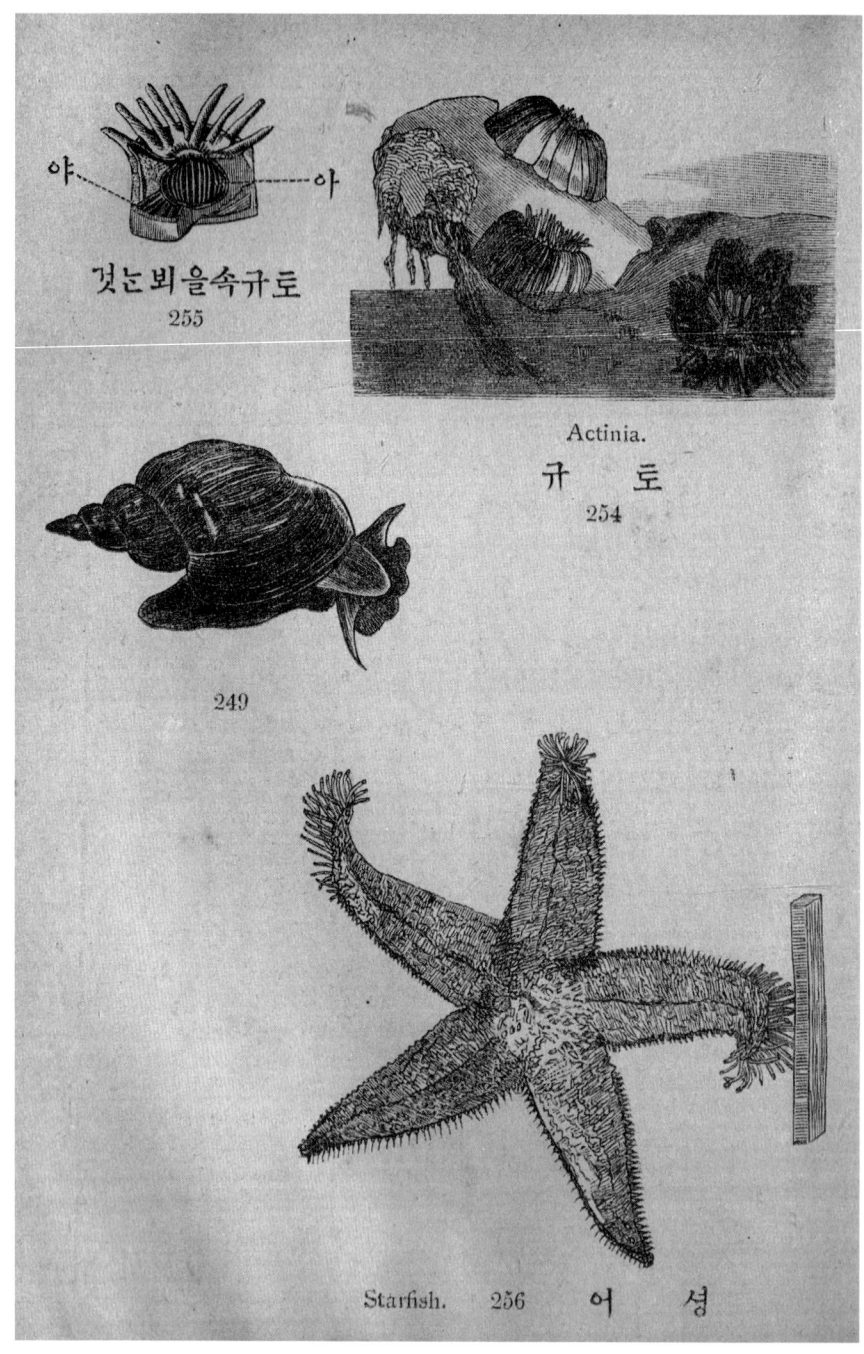

것눈뵈을속규도
255

Actinia.
규 도
254

249

Starfish. 256 어 셩

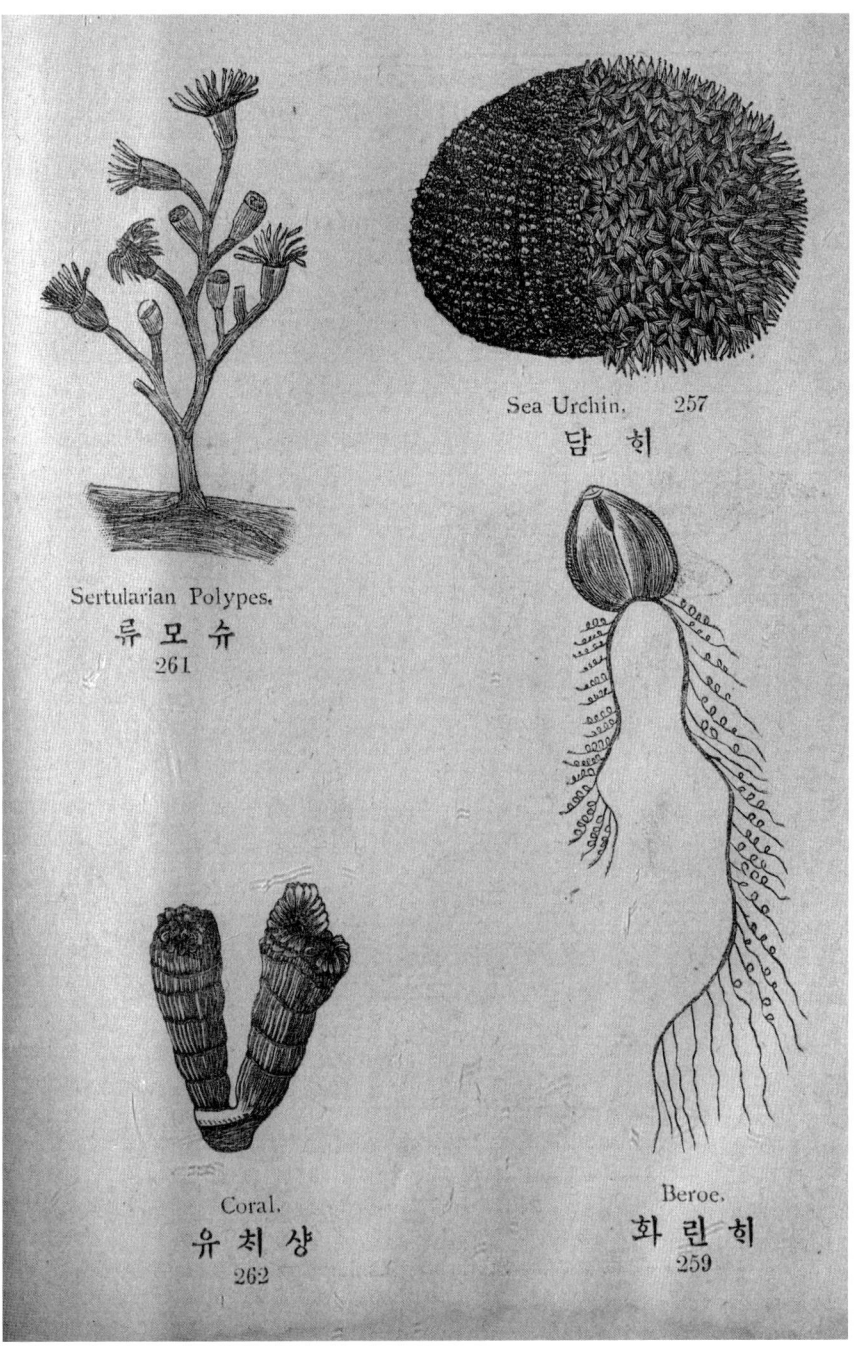

(三) 입아릭큰비가잇스니몸은비록적으나빅눈대단히크니라그슈염곳흔거세ㅎ는직분은먹을거슬잡아비에드려보닉는거시오 (아) 라ᄒ는거슨빅요 255 눈빅가ᄒ로잇는조고마흔집이니이집들은서로통ᄒ되슈염곳흔것과도동ᄒ엿는딕그슈염곳흔거슨속이뷔여물을쌔라먹엇다가도로닉여보낼수잇ᄂ니라이조마흔집에잇눈피가물에잇눈공긔를쏘이게ᄒᄂ니호흡ᄒ는긔게라ᄒ을수잇ᄂ니라이도규논아모바다가헤던지잇스니바위를붓잡고엇던째에눈물우헤잇고엇던째에눈물속에잇ᄂ니라

(四) 샤형동물이히의빗슬과굿치싱긴것중에데일분명히뵈이는거슨셩어 (Starfish) (星魚) 니 256 鼈이지파중에혹이러케된모양이잘뵈지안는것도잇고혹은빗슬모양은좀잇스나업는듯ᄒ니라그중에셩어무리가데일완연ᄒ야본딕가된다ᄒ을수잇ᄂ니라

(五) 샤형동물중에혹은능히운신ᄒ을수잇스나거반다식물과굿치잇는딕로잇고일싱운신치안ᄂ니라그런고로힘줄을보면샤형동물과연례동물이관절동물과크게다른거시니라

(六) 임의본식물과굿치싱긴것밧긔도두어가지잇스니대단히이샹흔거슨그몸이엇더케샹ᄒ야부러지면그조리에서다시새로돗아나오ᄂ니라쏘엇던째에는그몸에서눈이나면그눈이졈졈커져동물이쏘ᄒ나히되ᄂ니라이지파중에혹은여러몸이흔줄기에붓

데삼십쟝

二百二十三

뎨삼십 쟝

흔모양이쏙식물과ᄀᆞᆺ치되엿ᄂᆞ니라
(七) 이지파에드러간거시머리가업고오관즁에닷치는거슬셔듯는짓과맛보는것만잇
고보는것과듯는것과맛하보는거슨업는듯ᄒᆞ니라
(八) 샤형동물이거반다힘줄이업스나그ᄃᆞ신이샹흔것은나히잇스니나샤형동물의게뎨일만ᄒᆞ니
(軟毛) 라ᄒᆞ는거신디이거시다른동물의게도잇기는잇스나샤형동물의게뎨일만ᄒᆞ니라그헐
이엇던거슨졔ᄆᆞ음ᄃᆡ로뉘엿다ᄒᆞᆫ거시니동물외면에도잇고ᄯᅩ가헤도잇ᄂᆞ니라그헐
되로좃차눕는것도잇ᄂᆞ니라이연모를현미경으로밧긔ᄂᆞᆫ볼수업ᄂᆞᆫ딕현미경으로보면
그헐이일시에누엇다ᄒᆞ더셔ᄂᆞᆫ거시맛치밧헤잇ᄂᆞ나달나무가바람을맛나면누엇다ᄒᆞ니
러셧다ᄒᆞ는것과방불ᄒᆞᄂᆞ니라이연모들이이러케움작이ᄂᆞᆫ거시무슴소용이잇ᄂᆞᆫ거슨
그잇는곳에물을요동케ᄒᆞ여여러가지유익흔거시잇ᄂᆞ니가령연모가누엇다니럿다
흠으로물이새로그호흡ᄒᆞ는긔게에드러가게흠이라이런고로규빗아릭공긔호흡ᄒᆞ는방
에도갈피마다연모가낫ᄂᆞ니라이연모는운신치못ᄒᆞᄂᆞᆫ동물의게뎨일유익ᄒᆞ니그런고
로운신치못ᄒᆞᄂᆞᆫ동물의털이뎨일분명히뵈이ᄂᆞ니라
(九) 이지파를셰쩨에ᄂᆞᆫ홀수잇스니쳣지ᄂᆞᆫ즛피유(Echidno Dermata)(刺皮蟲)니이ᄂᆞᆫ

각디기에가시가잇는거시오둘지눈희쳘유(Acalephs)(海蜇蝓) 니이눈쏠수익(Sea-Nettles) 이무리오셋지눈샹치유(Phytozoa)(像菜蝓) 니이눈식물과굿ᄒ야운신치아니ᄒ고그입가ᄒ로녹질녹질ᄒᆞᆫ발이잇느니라

(十)즈피유즁에흔가지눈셩어(Starfish)(星魚) 니 256 이동물아리편에수다흔발이잇셔그발노바다밋ᄒ로돈니며먹을거슬차자맛나눈디로그입에쓰러넛느니입은빈바닥흔가온딕잇느니라발은살지고속이빈거시니쌰눈긔계를내밀어무어슬붓잡고주럿치면셔압엇다줄엇다홀수도잇눈딕기여갈때에쌰눈긔계릴내밀어무어슬붓잡고주럿치면셔압흐로나아가느니아모리밋그럽하라운바위에라도이러케올나가느니라

(十一)이동물이쌰눈긔계로돈닐분만아니오이거스로졔먹을것셔지잡느니라식셩이대단ᄒ고다른동물을잡아먹으되쌔눈긔계로벌닌후에쓰러녓느니라

(十二)셩어무리에드러간거시여러가지잇셔형상은거반다굿ᄒ나서로굿지아닌것도잇스니엇던거슨몸은젹고그가지눈크며엇던거슨그가지눈젹고몸은큰것도잇느니라

(十三)즈피유즁에도흔가지잇스니이눈희담(Echinus or Sea Urchin)(海膽) 이라ᄒ눈거시니 257 그림을보면희담의각디기가시잇눈딕로그리고흔편은가시가부스러진모양그럿느니라

(十四)희담이셩어와굿치수다흔발이잇스나셩어보다더크고먹을것잡눈힘도더만흐니

뎨 십일 쟝

쏘	눈	모	양	잇	눈	것	지파
	유치상		유철히		유피즈		족 쎄 은작 쎄 과 속 류
히웅	토규류	사호류	슈모	히린화	미두스	히셩담	종

라 히담이돈닐때에그쌔는긔계힘으로돈니나그러 나그가서 물의지흡이맛 치절누아리가버텅나무를의지호고가는것굿치호고가는이이양호다 기잇눈동물은호흡호는긔계와 쇼화호눈긔계가다 잇고또그입에날크라온나가잇느니라 그먹 눈거슨 이러 케 눈거시 거북의 각 다 기크는 것 과 굿 호 니 만 일이러케싱기지아니 호 였더 면이것도가지와 굿치 조곰아혼조각여러히합 호야 된거시나히담이오 조곰아혼갑각부와다른연례동물이오 그각디가눈 디로그각디기도조각마다가호로넓어져크느니라

(五)히철유는쏘눈살이잇소니쏠수잇(Sea Nettle)이라고도 호느니라 라몸이뎨일부드 럽고몸에물이만호니바다에셔건져낼때에눈즁수가여러근이되나말닌후에눈흔도 부족되느니라히철유에드러간거시만흔흑은몸이젹은못다 갈만도못 호 혹은큰 것도잇느니라

(六)이동물즁에사룸마다흔이보눈거슨미두스 • (Medusa)(米頭沙)니이거슨잔잔호고

(四)엇던때에그각 디기를 비리고 새각 디기나기를기 다릴수밧긔 업술번 호 였 느니라

二百二十六

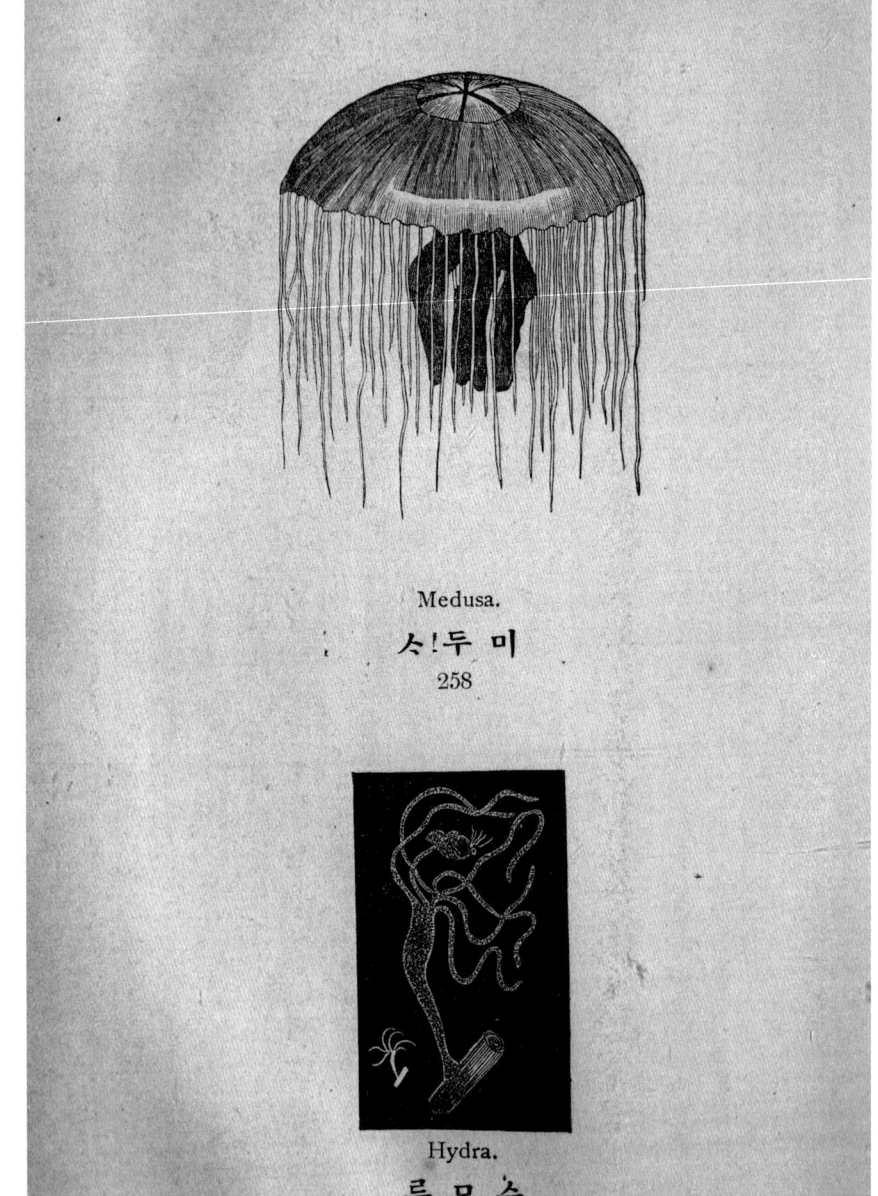

Medusa.
슈!두미
258

Hydra.
류모슈
260

제삼십장

붉은날에 큰무리를지어셔 바다가헤뗘여잇는거슬볼수잇스니 모양은 우산굿치성기고 몸가흐로는 실굿흔거시만히 느러지고 그우산굿흔몸이 흔들흔들함으로 운신ㅎ느니 그몸ㅎ가온딕입이잇고 입가헤 풀닙사귀굿흔것 넷시 느러져잇스니 그거스로 무어시 닷치는 거슬셰듯기도ㅎ고 먹을거슬잡기도ㅎ느니라 258 톄쏘흔 독히쏘는 긔계잇스니 이긔계가 견갈과 다른 독흔물을잇는 동물의 게 잇는것과 굿ㅎ니 이거스로 능히 잡아먹을거슬쏘아 죽이느니라 미두스의 몸이 거반다물노되 드럿스나 먹는거슨건지 긔 잇는거슬 먹으니 이 조고 마흔 갑각부와 연톄동물과 물고긔라

(七) 히린화 (Beroe) (海燐火) 259 톄 눈히쳘유즁에 흔가지니 흔이여름에 바다가에잇느니라 그몸은 츔외모양과 비슷ㅎ되 길이 눈흔치즘되고 류리와굿치 몱고 줄기 여둛이잇는 딕이줄기를 즈셰히보면 수업는 납작흔것 여러 조각이 ᄎ례로니여 되엿스니 물에 둔닐때에 그거슬 다니러쳐 세워 헴질 ㅎ 여 나가다가 도라셜대에 눈흔편치는 가만히 두어두고 흔편치만 놀니면 돌 아셰느니 오몸에 잇는 연모 눈히빗출 밧으면여러가지 빗치 령룡ㅎ게나 고어두 니라 도시 푸른 불빗츠로 환ㅎ게 빗최이 느니라 히린화의 운신ㅎ 눈긔 계가 아조가 ᄂ 고긔묘ㅎ게싱겻스 니길이게로 공교ㅎ게 싱겻슴으로 다아조 고 긴굿치가는 줄들이 잇는 딕 그줄을 길게펴치면 오륙치가 되나 제 무 음딕로 다 그몸속에 노긋치 가 는 줄들이 잇는 딕

二百二十七

데 삼십쟝

으로다드려보낼수도잇느니라쏘이줄에셔져은줄이자조미여달녓는디큰줄이드러갈
때에눈이젹은줄이다살이여지는거시오쏘이거스로먹을거슬잡아먹눈디잡눈법은맛
치게낙시질ᄒᆞ눈사람이강에긴줄을건너미고그줄에쏘조곰아콤ᄒᆞ줄을자조미고그뜻
헤혹쉬수이삭을미여달아셔게를잡눈것과굿치ᄒᆞ느니라

습 문

샤형동물의셩긴모양은엇더ᄒᆞ뇨○토규눈엇더케셩겻느뇨○그빗가흐로잇눈조곰
아흔방은무삼소용이잇느뇨○이동물의쟝본된무리가무어시뇨○샤형동물의운신
ᄒᆞ눈거슬말ᄒᆞ오○그셩긴모양과ᄒᆞ눈일이식물과굿흔거시무어시뇨○그오관은엇
더ᄒᆞ뇨○연모눈무엇시뇨○연모의운션ᄒᆞ눈거시무엇과굿ᄒᆞ뇨○운신ᄒᆞ눈공효가
무어시뇨○샤형동물을눈혼것멧치며무엇무어시뇨○셩어눈엇더케셩긴거시뇨
엇더케기여가느뇨○먹을거슬엇더케잡느뇨○셩어무리가서로굿지아닌것엇더ᄒᆞ
뇨○히담은엇더케기여가느뇨○쏘엇더케기여가느뇨○그각딕기가커지눈모양은엇
더ᄒᆞ뇨○샤형동물을눈혼것즁에둘지에드눈것엇더ᄒᆞ뇨○미두소눈엇더ᄒᆞ뇨○히
린화눈엇더ᄒᆞ뇨

뎨삼십일쟝은 샤형동물을다시 의론홈이라

(一) 또이져볼거슨임의본샤형동물과 크게굿지아니ᄒᆞᆫ것을나잇스니이눈운신ᄒᆞᆫ거
시오즛피유(刺皮蝓)ᄂᆞᆫ거반다기여가고혹은헴질ᄒᆞ며히쳘유(海蜇蝓)ᄂᆞᆫ다헴질ᄒᆞ나샹
치유(像菜蝓)ᄂᆞᆫ거반다식물과굿치난곳에그듸로잇ᄂᆞᆫ거시니이젼에동물박학ᄉᆞ가이
샹치유를보고식물인줄알아돌초목의꼿시 (Blossoms of Stony Plants) 라ᄒᆞ엿ᄂᆞ니라
그거시동물인줄노쪽쪽히안지ᄂᆞᆫ일빅삼십년되엿소나그싱긴것과ᄒᆡᆼᄒᆞᄂᆞᆫ거슬ᄌᆞ셰히
궁구ᄒᆞᆫ지ᄂᆞᆫ오릭지아니ᄒᆞ엿ᄂᆞ니라

(二) 온동물즁에샹치유의싱긴거시별노이샹ᄒᆞᆫ거슨업스나그즁에좀더이샹ᄒᆞᆫ것도잇
고좀덜이샹ᄒᆞᆫ것도잇ᄂᆞᆫ듸그즁에이샹스럽지아닌거슨슈모류(Hydra)(水母類)인듸
그림을보니그조고마ᄒᆞᆫ거슨싱긴듸로되ᄂᆞᆫ거시오큰거슨현미경으로크게뵈인거시라
이동물은빅와입과입가ᄒᆞ로잇ᄂᆞᆫ발긋흔것밧긔ᄂᆞᆫ업ᄂᆞ니이발긋흔거스로먹을거슬잡
아비에녓ᄂᆞ니라그싱긴모양과발쓰ᄂᆞᆫ거시락지와비슷ᄒᆞ나그발이락지굿치쌔ᄂᆞᆫ긔계
가업고연모(輭毛) 도업고조고마ᄒᆞᆫ가시가잇ᄂᆞᆫ듸이가시밋헤사마귀굿흔것ᄒᆞ나식잇
셔가서루쓰지아닐쌔에ᄂᆞᆫ그속에감초아두엇다가쓰라고ᄒᆞᆯᄶᆡ에ᄂᆞᆫ고양이가그발톱을
내여미ᄂᆞᆫ것굿치가시를내여미ᄂᆞ니라

(三) 슈모류의 몸에싸눈긔계가잇셔이긔계로무솜든든혼디에붓허셔먹을거슬차즐쌔에눈그발을물에쓰게ᄒᆞᄂᆞ니라갑작부나혹물에잇눈버러지를맛나면 그림에뵈눈것 굿치발노그먹을거슬감고쏘그가시를내머러쏘눈고로잘잡ᄂᆞ니라연례동물은이것의게잡힌지흔촘후에삼키지안코산쳐로노아주어도즉시죽눈거슬보니그가시가벌의쏘 눈긔계와독소의독흔물과굿치그가시에도독흔물이잇셔그잡힌거세몸에드러가눈줄알거시라그러나슈모류가갑작부굿흔거시나대단히든든흔동물은이러케죽지아니ᄒᆞ고데 흘수업ᄂᆞ니이런든든동물들은슈모류의빅속에드러가셔도날늬죽지아니ᄒᆞ고든니ᄂᆞ니대개슈모류의몸이대단히몱은고로그빅속에잇눈동물이올마든니눈거슬볼수잇 ᄂᆞ니라

(四) 슈모류는조곰만운신홀수잇는디어디로가랴홀쌔에눈자장이와(Measuring-worms) 굿치입으로나발노써무어슬든든히붓잡고몸을구부러쳤다펴쳤다ᄒᆞ야옴겨나가ᄂᆞ니 이러케ᄒᆞ여흔날동안에닐곱치즘나가ᄂᆞ니라그러나엇던쌔에눈날내가눈방법을내 여발노싸흘붓잡고몸을겨구리뒤집어셔나가기를맛치으ᄒᆞ들이지간넘눈것굿치ᄒᆞ눈거시오엇던쌔에눈이샹흔방법베프러빅타고가눈것과굿치그판판흔싸에눈긔계물에 디이고몸을걱구로세워셔힉빗헤말녀가지고빅둣디모양을삼고가ᄂᆞ니이러케ᄒᆞ여좀 멀니갈수잇ᄉᆞ나이눈바람을밧아셔.그러ᄒᆞ거나혹놋질ᄒᆞ여셔그러케ᄒᆞ눈거시라이동

물이 오관이별노업스니조미잇다홀수업스나이러케이샹스럽게둔니는거슬일뎡조미 잇게녁이느니라

(五) 슈모류의나눈법이두가지잇스니훈나흔알노나는거시선디이는그어미가가을에알을나아두엇다그후봄에셕기가나와셔어느든든훈디붓허셔무숨벌네를잡아먹기시쟉ᄒᆞ는거시오훈나흔눈으로나는거시니이눈동물이라도식물과굿흔거시식기가그어미와흠색붓허잇슬동안은비도ᄒᆞ되그식기가어미의게셔쩌러지기전에ᄒᆞ벌네몸에 셔눈이날수잇스나나죵에ᄒᆞ벌네몸에셔세가지가되느니라이러케속히번셩ᄒᆞ는고로 혼달동안에ᄒᆞ슈모류에셕기가빅만식치느니라

(六) 그즁에뎨일이샹훈거슨슈모류를가지고쑛어노흐면그조각마다졈졈온젼훈슈모 류가되느니이런고로훈나흘가지고삼십이나스십에나게홀수잇느니라그몸을이쳐럼 샹ᄒᆞ게ᄒᆞ나샹ᄒᆞ는줄모르고샹ᄒᆞ는듸로더나는거시오쪼훈나무를가지고졉붓치눈것

(七) 슈모류즁에쏘훈가지눈식물과더욱굿ᄒᆞ딕이눈줄기에셔가지가나고이가지에셔 가지가나니니이가지마다슈모류에셕기가나느니라 261 그림을보시오

(八) 토규 (Actinia) 즁에거반다바위에붓흔거시니너무든든히붓흔고로뉘가쩨이라고

뎨삼십일쟝

二百三十一

ᄒᆞ면찌어질수밧긔업ᄂᆞ니라그러나그붓흔남은조각에셔다시싱겨나ᄂᆞ니쏘ᄒᆞᆫ가지는다른동물의내여ᄇᆞ린집에잇는것도잇는듸

(九) 이중에큰거ᄉᆞᆫ힘줄잇는거시분명ᄒᆞ니대단히만하연례동물과조고마ᄒᆞᆫ갑각부류잡아먹을뿐만아니라게와싱우굿치큰갑각부ᄉᆞ지라도잡아먹을수잇ᄂᆞ니라이도규가식셩이대단ᄒᆞ여제가삼킬수업는큰거시라도잡아셔입에다먹지못ᄒᆞ나조곰식빗에드려보니여삭는듸로ᄂᆞ려드러보니ᄂᆞ니라

(十) 샹치유즁에혹은쎠가잇스니이눈그밋창에셔브터시쟉ᄒᆞ야우흐로졈졈올나가나무등과곳흔듸이쎠가몸에터가되여샹치유가이터를의지ᄒᆞ야잇ᄂᆞ니이쎠가다른동물의쎠와곳지아닌거ᄉᆞᆫ다른동물은사는동안에쎠가흥샹그티로잇스나이거ᄉᆞᆫ그럿치아니ᄒᆞ야흥샹새쎠가나ᄂᆞ니라이샹치유의밋창과쎠가흥샹죽어지안눈거ᄉᆞ니라는가죽눈듸로새쎠가나ᄂᆞ니나ᄉᆞ기는ᄉᆞ도이라그런고로이동물이누은쎠눈나셔새쎠가나ᄂᆞ니로더올나가ᄂᆞ니나죵에는쎠가기동모양이되여그우혜샹치유가잇ᄂᆞ니라

262鼉

(土) 샹치유즁에이러케쎠나ᄂᆞ는무리를산호 (珊瑚) 무리라ᄒᆞ눈거ᄉᆞᆫ그중에ᄒᆞᆫ가지는사룸이즁ᄒᆞ게쓰는산호를닉는셕되이라이쎼에드러간산호를닉는동물이만히싸혀셔나죵에눈큰셤을일우는것도잇스니누할난드근쳐에와굿치된셤이잇는듸길이눈삼쳔리

가더되고또오스트렐니아근처와인듸아바다에도만히잇느니라
(十二) 히웅(海絨)(Sponge)은오관이도모지업고뎨일쳔훈거시나알에셔나는거슬본즉
동물인줄아느니이거시빅오십가지나되느니라

습 문

운신ᄒ는거슬말ᄒ면샹치유가다른동물과굿지아는것무어시뇨○엇지ᄒ야오리동
안식물인줄알앗느뇨○슈모류의싱긴것엇더ᄒ뇨○슈모류가먹을것잡는법이엇더
ᄒ뇨○옴겨둔너는법이엇더ᄒ뇨○슈모류가왕셩ᄒ는법이엇더ᄒ뇨○뜻으면엇더
케되느뇨○능히졉붓칠수잇느뇨○도규는듯으면엇더케되느뇨○몸에힘은엇더ᄒ
뇨○식셩은엇더ᄒ뇨○샹쳐유중에혹은쎼가엇더ᄒ뇨○산호는어듸셔나느뇨○이
동물이무리진거시나죵에무어슬일울수잇느뇨○그러케된셤이어듸잇느뇨○히웅
은엇더ᄒ뇨○멧가지나되느뇨

동물 명목

명목											
	가치 鵲	가마귀 鴉	가지	가복족 龍蝦	각스 假腹足	각쳬됴 角蛇	간돌 角嘴鳥	갑각부 甲殼部	강말 江龜	강거북 河馬	긔류 狗類	긔 狗	긔암이 蟻	긔츄됴 鶎鶇鳥
	Magpie	Crow		Lobster	Proleg	Horned Viper	Hornbill	Condor	Crustacea	River Turtle	Hippopotamus	Canidae	Dog	Ant	Thrush
쟝	13	13	28	25	18	13	12	20	17	9	5	5	24	14
졀	7	1	3	12	11	21	10	6	14	1	2	11	4

一

명목 二

한글	한자	영문	쟝	절
셔비알		Gavial	17	19
거북	龜	Turtle	17	12
거믜	蜘蛛	Spider	27	3
거체도	巨嘴鳥	Toucan	15	5
거아라		Curlew	28	11
걸어		Swordfish	16	8
검류	蛭	Leech	19	7
게산		Gallinaceous	22	12
게듸딋		Katydid	16	7
계류	鵝	Goose	15	10
계시충	鷄類	Crab	27	1
경연	蠏	Coleoptera	21	1
고리니	硬翅虫	Fly-catcher	14	5
고리	京鸇	Whale	11	9
고양이	鯨魚	Whale louse	28	9
	貓虱	Cat	4	12

고슴돗치	Hedgehog	7장 5결
고기	Caucasian	1장 10결
두곤	Wriggler	26장 8결
곤이		16장 3결
골일나		3장 3결
곰쟉	Ursidae	6장 14결
공쟉	Gorilla	15장 21결
공류	Oriole	13장 8결
쇠고리		
교도	Swan	18장 7결
관비슈	Newt	16장 9결
관교	Stork	
관절동물	Porcupine Anteater or Echidna	8장 1결
관두	Articulates	1장 2결
구덕이	Kudu	11장 32결
구도	Maggot	20장 17결
굼벙이	Gull	16장 32결
	Grub	20장

명목

三

명목

굴미충	掘坟虫	Carrion Beetle	21장 9절
굴	蠔	Oyster	29장 1절
쌀곰	蜜熊	Honey Bear	6장 15절
귀돌암이	蟋蟀	Cricket	22장 6절
권쟈	勸者	Monitor	18장 13절
쎵	雉	Pheasant	15장 5절
규룡	虯龍	Iguana	18장 15절
극미동물	極微動物	Animalculae	28장 10절
금명		Curassow	29장 14절
굴노크쓰		Glaucus	15장 2절
괴거충	寄居虫	Hermit Crab	19장 16절
긔포	氣泡	Air Bladder	16장 7절
긔아		Penguin	8장 8절
킹가루		Kangaroo	25장 18절
나뷔	蝴蝶	Butterfly	9장
나귀	驢	Ass	

四

명목				
나는호리	飛狐狸	Flying Fox	…	4 장 3 절
날나리		Wood and Sand Wasps	…	24 장 16 절
너느미		Common Falcon	…	12 장 8 절
너구리	貉	Badger	…	6 장 14 절
베쌀돗치		Babyroussa	…	9 장 8 절
노쟈		Deer	…	10 장 18 절
노루	四角猪	Heron	…	16 장 5 절
누이나뷔	鷺鷥	Silk worm Moth	…	25 장 10 절
눈부헝이	蠶蛾	Snowy Owl	…	12 장 25 절
눈버슨쟝지빅암		Naked-eyed Serpent	…	18 장 9 절
눈새		Snow bird	…	13 장 3 절
능쥬슈	能走獸	Walking Stick	…	22 장 5 절
니	虱	Louse	…	26 장 11 절
니물		Lemur	…	3 장 13 절
니그로		Negro	…	1 장 10 절
다름쥐	松鼠	Squirrel	…	7 장 10 절

五

다죡부	多足部	Myriapoda	20 쟝 8 졀
달팡이		Snail	29 쟝 11 졀
대후	大猴	Mandril............	3 쟝 9 졀
대오긱		Auk	16 쟝 16 졀
대쟉명	大鷟鴌	Great Bustard ...	16 쟝 19 졀
대죡묘	大足鳥	Great Foot	15 쟝 3 졀
싸벌	土蜂	Bumble Bee	24 쟝 14 졀
싸거북	陸龜	Land Turtle......	17 쟝 10 졀
딕승	戴勝	Hoopoe............	14 쟝 4 졀
쩍더구리	啄木鳥	Wood pecker ...	15 쟝 12 졀
도창충	跳螬虫	Spring Beetle ...	21 쟝 11 졀
독ᄉ	毒蛇	Viper	15 쟝 9 졀
돗치	猪	Pig...............	7 쟝 3 졀
두더쥐	田鼠	Mole	22 쟝 6 졀
두더쥐귀돌암이		Mole-cricket ...	15 쟝 5 졀
두견새	杜鵑	Cuckoo	

명목

六

두각속	頭角屬	Cephalapoda	...	...	29장	6절
둑겁이	蟾	Toad	...	...	18장	20절
등골	脊骨	Spinal Cord	...	...	1장	2절
들고양이	野貓	Wild Cat	...	...	4장	16절
들돗치	野猪	Wild Hog	...	...	9장	7절
들소	野牛	Wild Ox	...	...	10장	10절
듸벳염소	西藏羊	Thibetan Goat	...	...	7장	16절
뛰논쥐	跳鼠	Jerboa	...	...	10장	9절
디챵츙	地蟞虫	Dung Beetle	...	...	21장	8절
디렁이	蚯蚓	Worm	...	...	28장	11절
디라니	遲羅利	Loris	...	...	3장	14절
디박	地溥	Lhama	...	...	28장	1절
라믁	兩生	Amphibia	...	...	4장	6절
락지	鬼魚	Cuttlefish	...	...	29장	1절
량싱					18장	15절
량새	梁鳥	King-fisher	...	...	14장	17절

명목 七

명목

한글	漢字	English	쟝	졀
량수동물	兩手動物	Bimana	1	9
련졉부	軟接部	Annelida	20	12
로시	騾	Mule	9	19
립윙		Lapwing	16	4
뢰근	腦筋	Nerve	16	11
래쿤		Raccoon	6	13
륜젼류	輪轉類	Rotifera	20	14
리우	里牛	Bison	10	12
린시층부	鱗翅虫部	Lepidoptera	21	1
마모셋		Marmoset	3	12
만만	蟻獅	Ant Lion	23	7
만리	鰻鱺	Eel	19	12
만샹량싱	鰻狀兩生	Siren	18	22
만족갑각부	蔓足甲殼部	Cirrhipoda	28	9
맛	馬蛤	Razor Shell	29	16
마어	馬魚	Sea-horse	19	8

마록	馬鹿	Gnu ……………………	쟝 11 절 4
물	馬	Horse …………………	쟝 9 절 15
미	鷹	Falcon …………………	쟝 12 절 15
미암이	蟬	Cicada …………………	쟝 26 절 4
믹시충	脉翅虫	Neuroptera ……………	쟝 21 절 1
멱즈귀	田鷄	Frog ……………………	쟝 8 절 18
명령	螟蛉	Caterpillar ……………	쟝 20 절 3
모괴	蚊	Musquito ………………	쟝 26 절 8
목슈벌		CarpenterBee …………	쟝 24 절 14
목구		Sloth …………………	쟝 8 절 4
못	木狗	Moth …………………	쟝 25 절 8
뫼독이	蚱蜢	Grasshopper …………	쟝 22 절 7
몽고리안	蒙古利亞	Mongolian ……………	쟝 1 절 10
무묘	霧鳥	Bird of Paradise ……	쟝 13 절 9
무시타묘		Apteryx ………………	쟝 15 절 22
무당벌레	無翅駝鳥	Ladybird ………………	쟝 21 절 5

명목 九

명 목

무아슈	無牙獸	Edentata	...	4 쟝	4 졀
무죡량싱	無足兩生	Apoda	...	18 쟝	23 졀
무쳑동물	無脊動物	Invertebrates	...	21 쟝	1 졀
무슈죡동물	無手足動物	Cetacea	...	1 쟝	6 졀
무두부	無頭部	Acephalous	...	29 쟝	1 졀
무시츙부	無翅虫部	Aptera	...	21 쟝	1 졀
문모묘	無室蝸	Goatsucker	...	29 쟝	13 졀
물고기	蚊母鳥	Slug	...	14 쟝	1 졀
물소	魚	Fish	...	19 쟝	9 졀
물아치	河牛	Water Buffalo	...	10 쟝	2 졀
뭐즈락이	江猪	Dolphin	...	10 쟝	16 졀
미샹	米象	Quail	...	15 쟝	15 졀
미현시츙부	麋	Weavil	...	21 쟝	20 졀
미두스	未現翅虫部	Aphaniptera	...	10 쟝	1 졀
	米度沙	Medusa	...	30 쟝	16 졀

十

한글	漢字	英名	장	졀
밀화부리		Grosbeak	쟝 13	졀 2
바다소	海牛	Dugong	쟝 11	졀 13
바다기	海狗	Seal	쟝 6	졀 17
바다스쟈	海獅	Sea-lion	쟝 6	졀 29
바다물	海馬	Sea-horse or Walrus	쟝 6	졀 22
바다코기리	海象	Sea-elephant	쟝 6	졀 23
바로쥐	撲火虫	Ichneumon rat	쟝 4	졀 14
박화충		Junebug	쟝 21	졀 4
박퀴	蟑螂	Roach	쟝 22	졀 1
박쥐	蝙蝠	Bat	쟝 4	졀 9
박각시		Hawk Moth	쟝 25	졀 13
반듸불	螢	Firefly	쟝 21	졀 14
반묘	班貓	Spanish Fly	쟝 21	졀 1
반시충부	半翅虫部	Hemiptera	쟝 21	졀 10
반쟉슈	返嚼獸	Ruminantia	쟝 9	졀
반후	攀猴	Spider Monkey	쟝 3	졀

名目

十一

명목

반목됴	攀木鳥	Scansores	12 쟝 12 결
밤새고리	夜鶯	Nightingale	14 쟝 23 결
버슨비암	裸蛇	Naked Serpent	18 쟝 3 결
벌	蜂	Bee	24 쟝 14 결
쎨줄	St. Bernard		12 쟝 20 결
쎳나트	蚤	Flea	5 쟝 3 결
벼룩	壁虱	Mite	26 쟝 10 결
벽슐	變色龍	Chameleon	27 쟝 5 결
변식룡	魚鷹	Osprey	18 쟝 3 결
별보리믜	腹步屬	Gasteropoda	12 쟝 18 결
복보속	蜂雀	Humming Bird	29 쟝 8 결
봉쟉	鵜鶘	Puffin	14 쟝 23 결
부부됴	呼々鳥	Owl	12 쟝 16 결
부헝이	Ventricle		6 쟝 5 결
분	嚬	Narwhal	17 쟝
불고리	角鯨		11 쟝 11 결

비어	飛魚	Flying Fish	19장	9절
비둙이	鳩	Pigeon	15장	8절
비약쇽	飛躍屬	Saltatoria	22장	2절
빈듸	蜰虫	Bedbug	26장	6절
빈취		Finch	13장	4절
비암	蛇	Serpent	18장	10절
쌔분		Baboon	3장	8절
빅령	百鴒	Mockingbird	14장	4절
빅다리	百足	Centipedes	27장	1절
빅셜됴	百舌鳥	Chatterers	14장	6절
사번	唦噃	Coney	9장	9절
사슴	鹿	Stag	10장	18절
사마귀	螳螂	Praying Mantis	22장	4절
사쵸됴	沙錐鳥	Snipe	16장	8절
산토기	山兎	Hare	7장	15절
쌍시충부	雙翅虫部	Diptera	21장	1절

명목

살디돗치	箭猪	Porcupine	7장 13졀
스쟈	獅	Lion	4장 9졀
스벽호	蛇壁虎	Snake lizard	18장 8졀
스슈동물	四手動物	Quadrumana	1장 9졀
스죡슈	四足獸	Quadruped	1장 9졀
스모시츙부	四膜翅虫部	Hymenoptera	21장 21졀
샤향노루	麝	Musk deer	10장 1졀
샤형동물	射形動物	Radiates...	1장 9졀
샹치유	像菜蝓	Phytozoa	30장 9졀
샹슈기	上樹蚖	Tree frog	9장 19졀
셔우	犀牛	Rhinoceros	9장 11졀
셔우됴	犀牛鳥	Rhinoceros bird	22장 12졀
션보속	善步屬	Ambulatoria...	22장 2졀
션주속	善走屬	Cursoria...	16장 1졀
셥슈됴	涉水鳥	Grallatores	30장 4졀
셩어	星魚	Star fish...		

十四

소라	螺	Barnacle	28 쟝 1 졀
소	牛	Ox	10 쟝 7 졀
소발됴		Rasores	12 쟝 12 졀
솔소의기	搔撥鳥	Ptarmigan	30 쟝 15 졀
송계	松鷄		15 쟝 ?6 졀
수달피	獱獺	Otter	6 쟝 15 졀
슈잘	水䳽	Grebe	16 쟝 7 졀
슈령거북	水濘龜	Marsh turtle	17 쟝 15 졀
슈륙병거	水陸並居	Amphibious	6 쟝 16 졀
슈모류	水母類	Hydra	31 쟝 2 졀
샤어	鯊魚	Shark	19 쟝 11 졀
시쵸	翅鞘	Elytra	20 쟝 26 졀
시츙	翅虫	Imago	20 쟝 31 졀
시죡속	翅足屬	Pteropoda	29 쟝 6 졀
식츙슈	食虫獸	Insectivora	4 쟝 4 졀
식육슈	食肉獸	Carnivora	4 쟝 4 졀

명목

十五

명목			
식육쇽	食肉屬	Raptoria...	22 쟝 2 졀
식육됴	食肉鳥	Raptores ...	12 쟝 12 졀
식봉됴	食蜂鳥	Bee-eaters ...	14 쟝 18 졀
식밀됴	食蜜鳥	Honey-suckers ...	14 쟝 10 졀
식초슈	食草獸	Herbivora ...	10 쟝 2 졀
식의슈	食蟻獸	Ant-eater ...	8 쟝 2 졀
식각물슈	食各物獸	Omnivorous...	6 쟝 15 졀
식츙쟉류	食虫雀類	Todies ...	14 쟝 10 졀
심황	鱘鰉	Sturgeon ...	19 쟝 7 졀
십죡갑각부	十足甲殼部	Decapoda ...	28 쟝 8 졀
싱쥐		Mouse ...	7 쟝 3 졀
아마딀노		Armadillo ...	8 쟝 5 졀
악어	鱷魚	Crocodile ...	11 쟝 28 졀
압쳬슈	鴨嘴獸	Duckbilled platypus	11 쟝 10 졀
앙계	秧鷄	Rail...	16 쟝 9 졀

十六

양젼	羊羚	Antelope ………	장 11 결 1
양	羊	Sheep ………	장 10 결 14
어들터들흔곰		Grizzly bear …	장 6 결 11
언셔		Tapir ………	장 9 결 10
엄체됴	掩嘴鳥	Sheathbill …	장 15 결 17
얼치슈	囓齒獸	Rodentia …	장 4 결 4
여호	狐	Fox ………	장 5 결 9
연모	軟毛	Cilia ………	장 30 결 8
연톄동물	軟體動物	Mollusks …	장 1 결 1
염소	羔	Goat ………	장 10 결 15
오링우텅		Orangoutang	장 3 결 4
오릭쓰		Oryx ………	장 11 결 3
오리	鴨	Duck ………	장 16 결 11
오비즈		Gallfly ………	장 24 결 5
올칭이	五倍子	Tadpole…	장 18 결 15
왕서		Kingbird …	장 14 결 5

명목

十七

명목

왕망	王蟒	Boa constrictor	쟝18 졀14
용	蛹	Pupa	쟝20 졀31
웅셩후	雄聲猴	Howling Monkey	쟝3 졀11
워스프		Wasp	쟝24 졀8
원록	麏鹿	Reindeer	쟝10 졀19
원초체됴	圓錐嘴鳥	Conivastras	쟝13 졀2
유두부	幽頰	Cephalous	쟝8 졀8
유알	幼虫	Larva	쟝29 졀6
유총	有頭部		
유영됴	游泳鳥	Natatores	쟝21 졀31
유디슈	有袋獸	Marsupialia	쟝16 졀1
유뎨슈	有蹄獸	Ungulata	쟝4 졀1
유조슈	有爪獸	Unguiculata	쟝4 졀4
유쳑동물	有脊動物	Vertebrates	쟝4 졀4
은셔	銀鼠	Ermine	쟝6 졀3
이리	豺狼	Wolf	쟝5 졀7

十八

이륜	耳輪	Auricle	쟝17결5
익류문파리	Ichneumon fly		쟝24결6
익슈동물	Cheiroptera		쟝1결9
인듸안	Indian		쟝1결10
인듸아우	Zebu		쟝10결8
입슈됴	Diver		쟝16결15
일됴	日鳥	Sunbird	쟝14결9
일너게들	鸚鵡	Alligator	쟝17결20
잉무새	Parrot		쟝15결2
작은성우	Inessores		쟝28결1
쟉속류	雀屬類	Bustard	쟝12결12
쟉명	鵲名	Mink	쟝16결3
쟈됴	紫貂	Lizard	쟝6결5
쟝지빅암	壁虎	Caucasian Ibex	쟝18결1
쟝각염소	長角羊	Entellus	쟝10결17
쟝미후	長尾猴		쟝3결7

名目

十九

명 목

쟝비후	長鼻猴	Proboscis Monkey	쟝 6 졀
쟝굉오후	長肱烏猴	Gibbon	쟝 3 졀 5
쟝경록	長頸鹿	Giraffe	쟝 3 졀 7
쟝힝슈	掌行獸	Plantigrade	쟝 11 졀 8
쟝수잔자리	蜻蜓	Dragon Fly	쟝 6 졀 16
쟝수조기	長水鳥	Giant Clam	쟝 23 졀 2
쟝쳠훼됴	長尖嘴鳥	Tenuirostres	쟝 29 졀 18
쟝익슈됴	長翼水鳥	Tern	쟝 16 졀 2
쟝아	塘鵝	Pelican	쟝 13 졀 19
졔비	薰	Swallow	쟝 14 졀 14
젹도새		Tropic bird	쟝 16 졀 20
젼션	電鱔	Electric eel	쟝 19 졀 14
젼갈	蠍	Scorpion	쟝 27 졀 5
조기	蛤	Clam	쟝 29 졀 15
죡족갑각부	爪足甲殼部	Laemodipoda	쟝 28 졀 9
죡져비류	黃狼類	Mustelidae	쟝 6 졀 1

二十

명목

名	漢名	English	장	절
족져비	黃狼	Weasel	6	2
죵다리		Lark	13	4
쥐	鼠	Rat	7	7
쥬계	珠鷄	Guinea fowl	15	15
지힝슈	趾行獸	Digitigrade	6	8
지네	蜈蚣	Centipede	27	2
지쥬부	蜘蛛部	Arachnida	20	2
직시츙부	直翅虫部	Orthoptera	21	1
진드물		Aphis	26	5
짐판시		Chimpanzee	3	2
쎄울복근		Gyrfalcon	12	17
집벌		Hive bee	24	15
즛피유	刺皮蟲	Echino-dermata	30	9
쟈징이	尺蠖	Measuring-worm	25	4
직울		Jackal	5	11
츙새	麻雀	Sparrow	13	5

二十一

명 목

춤못		True moth	29 쟝 8 졀
춤웡스프		True wasp	10 쟝 2 졀
춤쟝지비암		True lizard	15 쟝 16 졀
췌묘	臭猫	Skunk	12 쟝 12 졀
췌아됴	嘴牙鳥	Dentirostres	6 쟝 1 졀
쳬니부	體內部	Entozoa	20 쟝 7 졀
쳔산갑	穿山甲	Pangolin or Manis	14 쟝 11 졀
쳔다리	千足	Millepede	22 쟝 7 졀
쳥국믜암이		Chinese Locust	27 쟝 1 졀
쵸뇨	鶬鷞	Creepers	8 쟝 5 졀
츙부	虫部	Insects	20 쟝 13 졀
츙형동물	虫形動物	Cursores	13 쟝 2 졀
치쥬됴	馳走鳥	Vermiform	6 쟝 6 졀
치구	雉鳩	Grouse	18 쟝 7 졀
코기리	象	Elephant	24 쟝 10 졀
클니오쌴리알랴쓰		Clio Borealis	25 쟝 9 졀

타됴	Ostrich	15 쟝	21 졀
탕랑이	Dung beetle	15 쟝	8 졀
털키버슬드	Turkey Buzzard	21 쟝	22 졀
털소 毛牛	Yak	12 쟝	10 졀
테나무쓰	Tinamous	10 쟝	18 졀
도밧기 土撥鼠	Guinea pig	15 쟝	11 졀
톡기 兎	Rabbit	7 쟝	14 졀
도역쟝이거믜	Mason Spider	7 쟝	9 졀
도역쟝이벌 Mason Bee		27 쟝	14 졀
도규 菟葵	Actinia	24 쟝	2 졀
파힝부 爬行部	Reptiles	30 쟝	1 졀
파리 蠅	Fly	17 쟝	7 졀
팟죵이 螽蝗	Locust	26 쟝	8 졀
픠즈 貝子	Cowry	22 쟝	13 졀
포표 豹	Leopard	29 쟝	18 졀
포유슈 哺乳獸	Mammalia	1 쟝	8 졀

명목 二十三

명 목

푸마		Puma	30쟝 9졀
피득됴	彼得鳥	Petrel	30쟝 13졀
피먹눈박쥐	食血蝙蝠	Vampire bat	30쟝 17졀
하이나		Hyena	16쟝 17졀
하슬	蝦虱	Sand flea	16쟝 13졀
학	鶴	Crane	16쟝 4졀
한셔표	寒暑表	Thermometer	7쟝 12졀
합긔	蛤蚧	Gecko	23쟝 2졀
ᄒᆞ로살이		Dayfly	18쟝 4졀
ᄒᆞ라	海騾	Beaver	17쟝 2졀
희변됴	海邊鳥	Plover	16쟝 4졀
희압	海鴨	Eider duck	28쟝 1졀
희계모	海鷄母	Albatross	5쟝 12졀
희린화	海燐火	Beroe	4쟝 2졀
희담	海膽	Sea-urchin	16쟝 17졀
희쳘유	海蜇蝓	Acaleph...	4쟝 12졀

二十四

히웅	海絨	Sponge ... 31 쟝 12 졀
향리	香狸	Civet Cat ... 4 쟝 13 졀
향우	香牛	Musk ox ... 10 쟝 11 졀
향미ᄉ	響尾蛇	Rattle snake ... 18 쟝 13 졀
호랑이	虎皮甲	Tiger beetle ... 4 쟝 10 졀
호피갑	虎	Tiger ... 21 쟝 6 졀
회토	灰貂	Marten or Sable ... 6 쟝 4 졀
횡쳬됴	橫嘴鳥	Cross bill ... 13 쟝 10 졀
화령마	花條馬	Zebra ... 9 쟝 20 졀
화됴됴	花鴿	Starling ... 14 쟝 8 졀
화려	華麗	Trogon ... 13 쟝 16 졀
화뎡됴	花亭鳥	Bowerbird ... 15 쟝 8 졀
화계	火鷄	Turkey ... 16 쟝 12 졀
화녈됴	火烈鳥	Flamingo ... 16 쟝 14 졀
활구됴	闊口鳥	Fissirostres ... 13 쟝 2 졀
화ᄉ	火蛇	Salamander ... 18 쟝 21 졀

명목 二十五

화분	花粉	Pollen	24 쟝 14 졀
황환어	黃鮝魚	Torpedo	19 쟝 15 졀
후피슈	厚皮獸	Pachydermata	9 쟝 1 졀
흰기암이	白蟻	White ant	23 쟝 2 졀
흰곰	白熊	White or Polar bear	6 쟝 12 졀

명목

二十六

343 · 동물학